U0160999

现代水声技术与应用丛书
杨德森　主编

海洋生物声学信号处理

刘淞佐　乔　钢　著

科学出版社
龙门书局
北　京

内 容 简 介

海洋生物声学对海洋生物的调查、研究与保护具有重要意义，也是人类探索海洋、认识海洋的重要科学工具之一，例如海洋生物声学信号处理技术可采用水声原理与技术来定位、跟踪和获取海洋哺乳动物的统计数据。本书从海洋生物两种典型宽带声信号（哨声与嘀嗒声）采集与测量出发，分析其信号特性，并进行了特征提取与建模合成。在此基础上，给出了关于两种信号的检测、分类、定位等海洋生物声学关键技术，并给出了翔实的科研案例，从理论、技术、实现及最终结果全方位、全链条贯通展示了海洋生物声学信号的完整处理流程。

本书可作为从水下信号处理基本知识学习向水下声信号盲处理进阶的参考书，同时可作为高校和科研院所水声工程、海洋工程、海洋生物学及相关专业本科生和研究生的辅助书籍。

图书在版编目（CIP）数据

海洋生物声学信号处理 / 刘凇佐，乔钢著. —北京：龙门书局，2023.12
（现代水声技术与应用丛书 / 杨德森主编）

国家出版基金项目

ISBN 978-7-5088-6376-4

Ⅰ. ①海⋯　Ⅱ. ①刘⋯　②乔⋯　Ⅲ. ①海洋生物-水体声学-信号处理　Ⅳ. ①TN929.3

中国国家版本馆 CIP 数据核字（2023）第 246675 号

责任编辑：王喜军　纪四稳　张　震 / 责任校对：任苗苗
责任印制：徐晓晨 / 封面设计：无极书装

科学出版社 出版
龙门书局
北京东黄城根北街 16 号
邮政编码：100717
http://www.sciencep.com

三河市春园印刷有限公司印刷
科学出版社发行　各地新华书店经销

*

2023 年 12 月第 一 版　开本：720 × 1000　1/16
2023 年 12 月第一次印刷　印张：16　插页：4
字数：332 000
定价：148.00 元
（如有印装质量问题，我社负责调换）

丛 书 序

海洋面积约占地球表面积的三分之二，但人类已探索的海洋面积仅占海洋总面积的百分之五左右。由于缺乏水下获取信息的手段，海洋深处对我们来说几乎是黑暗、深邃和未知的。

新时代实施海洋强国战略、提高海洋资源开发能力、保护海洋生态环境、发展海洋科学技术、维护国家海洋权益，都离不开水声科学技术。同时，我国海岸线漫长，沿海大型城市和军事要地众多，这都对水声科学技术及其应用的快速发展提出了更高要求。

海洋强国，必兴水声。 声波是迄今水下远程无线传递信息唯一有效的载体。水声技术利用声波实现水下探测、通信、定位等功能，相当于水下装备的眼睛、耳朵、嘴巴，是海洋资源勘探开发、海军舰船探测定位、水下兵器跟踪导引的必备技术，是关心海洋、认知海洋、经略海洋无可替代的手段，在各国海洋经济、军事发展中占有战略地位。

从 1953 年中国人民解放军军事工程学院（即"哈军工"）创建全国首个声呐专业开始，经过数十年的发展，我国已建成了由一大批高校、科研院所和企业构成的水声教学、科研和生产体系。然而，我国的水声基础研究、技术研发、水声装备等与海洋科技发达的国家相比还存在较大差距，需要国家持续投入更多的资源，需要更多的有志青年投入水声事业当中，实现水声技术从跟跑到并跑再到领跑，不断为海洋强国发展注入新动力。

水声之兴，关键在人。 水声科学技术是融合了多学科的声机电信息一体化的高科技领域。目前，我国水声专业人才只有万余人，现有人员规模和培养规模远不能满足行业需求，水声专业人才严重短缺。

人才培养，著书为纲。 书是人类进步的阶梯。推进水声领域高层次人才培养从而支撑学科的高质量发展是本丛书编撰的目的之一。本丛书由哈尔滨工程大学水声工程学院发起，与国内相关水声技术优势单位合作，汇聚教学科研方面的精英力量，共同撰写。丛书内容全面、叙述精准、深入浅出、图文并茂，基本涵盖了现代水声科学技术与应用的知识框架、技术体系、最新科研成果及未来发展方向，包括矢量声学、水声信号处理、目标识别、侦察、探测、通信、水下对抗、传感器及声系统、计量与测试技术、海洋水声环境、海洋噪声和混响、海洋生物声学、极地声学等。本丛书的出版可谓应运而生、恰逢其时，相信会对推动我国水声事业的发展发挥重要作用，为海洋强国战略的实施做出新的贡献。

在此，向 60 多年来为我国水声事业奋斗、耕耘的教育科研工作者表示深深的敬意！向参与本丛书编撰、出版的组织者和作者表示由衷的感谢！

中国工程院院士　杨德森

2018 年 11 月

自 序

海洋浩瀚无垠、深邃神秘，千百年来一直吸引着人类好奇心和探索欲。关心海洋、认识海洋、经略海洋，推动我国海洋强国建设，更是新时代科技工作者的使命。海洋是巨大的宝库，也是生命的摇篮，水下生活着数以亿万计的生物，覆盖了从极小的海洋生物硅藻到地球最大的哺乳动物蓝鲸。探究海洋生物是一个颇为艰巨的研究命题，主因在于海洋环境的广袤、深海条件的恶劣以及出于对海洋自身生物保护的要求。声波在海洋中传播的能力远远强于光波，因此很多海洋动物尤其是海洋哺乳动物的听觉器官和发声器官进化得很发达，可以利用声波进行交流和觅食等。同时科学家也采用声波对海洋动物的位置、运动、社交、密度及其他生态信息等方面进行研究，这是海洋生物声学研究的主要目的之一。海洋生物声学具有跨学科交叉的特点，涉及海洋生物、信号处理及生理学研究等多个领域。

国内现有的关于海洋生物声学方面的相关教材和参考书较少，特别是缺少一部专门针对海洋生物声学信号处理过程的系统性著作。海洋生物声学信号处理针对海洋生物所发射的典型声信号进行分析，并给出对声信号进行应用的实用范例，涉及信号基本的时域、频域和时频域的信号分析方案以及音频信号处理、图像处理、被动定位等处理手段。同时水下声波的产生、传播、接收、处理等内容必然涉及水声学的相关知识，通过本书在水声学与海洋生物声学之间建立桥梁，加深读者对海洋生物声学信号处理的整体认识，亦是作者的初衷。

本书以水声学、海洋生物声学和水下声信号处理为基础，尝试从声学信号处理角度建立三者之间的关联，帮助海洋生物学者通过声学完成对海洋生物的检测、定位及分类等任务。重点从水声传播原理入手，给出常用的海洋生物叫声特性分析及叫声建模方法。最终给读者展示针对海洋生物声学的关键问题，即检测、分类及定位等，并给出相应的解决方案。

本书由三部分组成，分别是水下声信道、海洋生物声学信号特性和生物声学信号处理技术，具体分为 11 章：第 1 章重点阐述海洋生物声学定义，其中包含海洋中的发声生物及其相对应的发声机理；第 2 章主要阐述海洋生物叫声传播特性，主要从水下声信道的角度对鲸豚类动物发声的传播进行介绍；第 3 章阐述海洋生物叫声信号采集，主要讲述不同海洋生物被动声学监测系统；第 4 章主要阐述海洋生物叫声信号分析，主要介绍基于时域、频域及时频域对叫声信号的分析手段和具体方法；第 5 章主要阐述海洋生物叫声信号特性与参数统计，分别介绍海洋哺乳动物、鳍足类、鱼类及无脊椎动物的叫声信号特性与参数统计；第 6 章阐述鲸豚哨声信号检测技术，针对哨声信号时域特性与时频域特性，给出其相应的预处理方法与基于不同特性的信号端点检测实例；第 7 章阐述鲸豚动物哨声信号特征提取与建模合成，分别为哨声信号特征提取方法及哨声信号建模合成方法；第 8 章阐述哨声信号分类，分别采用有监督的基于局部二值模式与 K-最近邻法相结合以及基于特征谱图与卷积神经网络相结合的哨声信号分类方法；第 9 章阐述鲸豚嘀嗒声检测与特征提取方法，分别为嘀嗒声信号端点检测方法及嘀嗒声特征提取方法；第 10 章阐述鲸豚嘀嗒声建模合成方法，主要为针对提取后的嘀嗒声信号特征，利用回波的脉冲串建模方法；第 11 章阐述嘀嗒声信号定位方法，即如何利用水声学中的测距方法对嘀嗒声信号进行定位。

　　在本书出版之际，感谢中国石油大学（华东）海洋与空间信息学院李磊老师对本书撰写与校对文稿所作出的极大贡献。李磊老师从在作者科研团队开展博士课题研究直至工作以后一直从事海洋哺乳动物被动声学监测相关技术的研究。感谢水声网络通信课题组的团队成员青昕老师对本书完成提供的支持和帮助，同时感谢课题组团队学生马天龙、赵翌博、王蕴聪、段悦、李家宜、王德旭、颜宏璐、浦王轶以及王虔对本书提供的资料。本书为作者科研团队海洋生物声学小组、仿生通信与探测小组多年来共同科研实践的成果。此外，本书的研究工作得到了国家自然科学基金重点项目（62231011）和国家自然科学基金面上项目（61771152）的支持，在此表示感谢。

　　限于作者水平，书中难免存在不足之处，敬请广大读者批评指正。

作　者

2023 年 4 月 27 日于哈尔滨

目　　录

丛书序
自序
第1章　海洋生物声学概述 ··· 1
　1.1　海洋生物声学与声学信号处理 ··· 1
　　1.1.1　海洋生物声学 ·· 1
　　1.1.2　海洋生物声学信号处理 ·· 2
　1.2　海洋中的发声生物 ·· 3
　1.3　海洋生物发声机理 ·· 4
　　1.3.1　齿鲸发声机理 ·· 4
　　1.3.2　须鲸发声机理 ·· 8
　　1.3.3　海洋鱼类发声机理 ·· 9
　　1.3.4　海洋无脊椎动物发声机理 ··· 11
　1.4　本章小结 ··· 14
　参考文献 ··· 14
第2章　海洋生物叫声传播特性 ·· 16
　2.1　海洋生物叫声的传播速度 ·· 16
　　2.1.1　海水中的声经验公式 ··· 16
　　2.1.2　海水中的声速变化 ·· 17
　2.2　海洋生物叫声传播过程中的折射、反射和散射 ······················ 18
　　2.2.1　分层介质条件下的射线声学 ··· 19
　　2.2.2　Snell 定律 ··· 21
　　2.2.3　多径效应 ··· 21
　2.3　典型声速剖面下的海洋生物叫声传播 ···································· 23
　2.4　海洋生物叫声传播过程中的多普勒效应 ································· 27
　2.5　声呐方程 ··· 28
　　2.5.1　参数定义 ··· 29
　　2.5.2　主动声呐方程 ·· 33
　　2.5.3　被动声呐方程 ·· 33
　2.6　本章小结 ··· 33

参考文献 ···34

第3章　海洋生物叫声信号采集···35

3.1　海洋生物叫声信号采集系统整体概述·······························35

　　3.1.1　水听器···36

　　3.1.2　前置放大器···40

　　3.1.3　滤波电路···40

　　3.1.4　模数转换器···40

　　3.1.5　中央处理器···41

3.2　采集系统技术指标···42

　　3.2.1　采集系统本底噪声···42

　　3.2.2　采集系统动态范围···42

　　3.2.3　同步误差···43

　　3.2.4　系统幅频特性和相频特性·······································43

　　3.2.5　幅度、相位一致性···44

　　3.2.6　通道间串扰···44

3.3　吸附式多参数声学采集系统···45

　　3.3.1　系统概述···45

　　3.3.2　吸附式多参数声学监测系统整体设计·······················46

　　3.3.3　关键技术···50

3.4　锚系式声学采集系统···52

　　3.4.1　系统概述···53

　　3.4.2　潜标系统整体设计···55

3.5　本章小结···56

参考文献 ···57

第4章　海洋生物叫声信号分析···58

4.1　海洋生物叫声信号时域分析方法·······································58

　　4.1.1　自相关···58

　　4.1.2　互相关···58

　　4.1.3　峰度···60

4.2　海洋生物叫声信号频域分析方法·······································60

　　4.2.1　傅里叶变换···60

　　4.2.2　快速傅里叶变换···61

4.3　海洋生物哨声信号时频分析方法·······································61

　　4.3.1　基于短时傅里叶变换的海洋生物哨声信号时频分析·······62

　　4.3.2　基于连续小波变换的海洋生物哨声信号时频分析···········65

　　　4.3.3　基于同步压缩小波变换的海洋生物哨声信号时频分析·······················70

　　　4.3.4　基于维格纳分布的海洋生物哨声信号时频分析 ·····························74

　　　4.3.5　海洋生物哨声信号时频分析方法的定量分析 ·······························78

　　　4.3.6　海洋生物哨声信号时频分析方法适用性总结 ·······························81

　4.4　本章小结 ··83

　参考文献 ··83

第5章　海洋生物叫声信号特性与参数统计 ···85

　5.1　鲸豚动物社交类叫声 ··85

　　　5.1.1　典型鲸豚动物哨声 ···85

　　　5.1.2　哨声参数统计 ··91

　5.2　鲸豚动物回声定位叫声 ··93

　　　5.2.1　典型回声定位信号 ···93

　　　5.2.2　回声定位信号参数统计 ···97

　　　5.2.3　回声定位信号性能分析 ···99

　5.3　鳍足类动物叫声 ···100

　5.4　鱼类动物叫声 ··103

　5.5　无脊椎动物叫声 ···105

　5.6　本章小结 ··108

　参考文献 ···108

第6章　鲸豚哨声信号检测技术 ···109

　6.1　哨声信号的预处理 ··109

　　　6.1.1　分帧 ···109

　　　6.1.2　加窗 ···110

　　　6.1.3　降噪 ···111

　6.2　基于时域的哨声信号检测方法 ···114

　　　6.2.1　基于能量的哨声端点检测方法 ···114

　　　6.2.2　基于经验模态分解与Teager算子结合的哨声端点检测方法 ················116

　　　6.2.3　匹配滤波器 ··119

　6.3　基于时频域的哨声信号检测方法 ···120

　　　6.3.1　局部最大值检测器 ···120

　　　6.3.2　谱熵法端点检测 ···123

　　　6.3.3　能量谱熵比法端点检测 ···125

　　　6.3.4　基于谱图平滑与自适应阈值的哨声事件检测 ·······························126

　　　6.3.5　基于倒谱域的特征参数聚类的哨声事件检测 ·······························129

　6.4　本章小结 ···136

参考文献 ……………………………………………………………………………… 137

第 7 章 鲸豚动物哨声信号特征提取与建模 ……………………………… 138

7.1 鲸豚动物哨声信号时频特征提取 ……………………………………… 138

    7.1.1 基于最大值的哨声时频谱轮廓提取 …………………………… 138

    7.1.2 基于多目标跟踪的哨声时频谱轮廓提取 ……………………… 149

7.2 鲸豚动物哨声信号建模 ………………………………………………… 159

    7.2.1 常规海豚哨声模型 ……………………………………………… 160

    7.2.2 高复杂度海豚哨声模型 ………………………………………… 166

7.3 本章小节 ………………………………………………………………… 169

参考文献 ……………………………………………………………………… 169

第 8 章 哨声信号分类 ……………………………………………………… 171

8.1 线性判别器 ……………………………………………………………… 171

8.2 基于局部二值模式特征的 *K*-最近邻法海豚哨声分类 ……………… 172

    8.2.1 局部二值模式 …………………………………………………… 172

    8.2.2 *K*-最近邻法 ……………………………………………………… 175

    8.2.3 局部二值模式特征提取算法与 *K*-最近邻分类器结合 ……… 176

8.3 基于哨声时频谱图的卷积神经网络的分类 …………………………… 178

    8.3.1 卷积神经网络 …………………………………………………… 178

    8.3.2 分类任务模型评估指标 ………………………………………… 179

    8.3.3 卷积神经网络分类结果 ………………………………………… 179

8.4 基于哨声时频谱图迁移学习的微调卷积神经网络的分类 ………… 180

    8.4.1 微调 VGG16 迁移模型 ………………………………………… 180

    8.4.2 微调 ResNet50 迁移模型 ……………………………………… 183

    8.4.3 微调 DenseNet121 迁移模型 ………………………………… 185

    8.4.4 不同微调网络对比 ……………………………………………… 187

8.5 基于语义分割的非线性支持向量机分类模型 ………………………… 191

    8.5.1 基于语义分割的哨声特征提取 ………………………………… 191

    8.5.2 核支持向量机 …………………………………………………… 193

    8.5.3 基于语义分割的核支持向量机白鲸哨声分类性能分析 …… 194

8.6 本章小结 ………………………………………………………………… 196

参考文献 ……………………………………………………………………… 196

第 9 章 鲸豚嘀嗒声检测与特征提取 …………………………………… 198

9.1 单嘀嗒声脉冲检测 ……………………………………………………… 198

    9.1.1 基于峰度的单嘀嗒声脉冲检测 ………………………………… 198

    9.1.2 基于能量的单嘀嗒声脉冲检测 ………………………………… 201

　　9.1.3　检测方法性能比较 ··· 202
　9.2　嘀嗒声脉冲串检测 ·· 204
　9.3　嘀嗒声特征提取 ·· 208
　　9.3.1　频率参数特征 ··· 208
　　9.3.2　带宽参数特征 ··· 209
　　9.3.3　帧内脉冲间隔特征 ··· 211
　9.4　本章小结 ·· 215
　参考文献 ··· 215
第 10 章　鲸豚嘀嗒声建模合成 ··· 216
　10.1　基于双瑞利脉冲模型合成嘀嗒声 ·· 216
　10.2　基于多分量模型合成嘀嗒声串 ·· 220
　10.3　基于 Comsol 有限元的回波动态参数脉冲串合成 ··························· 222
　　10.3.1　基于有限元的回波产生机理分析 ····································· 223
　　10.3.2　不同参数模型下目标回波脉冲串合成 ·································· 225
　10.4　本章小结 ··· 228
　参考文献 ··· 228
第 11 章　基于嘀嗒声信号定位鲸豚 ··· 229
　11.1　基于嘀嗒声信号的测距方法 ·· 229
　　11.1.1　基于单水听器的嘀嗒声测距 ·· 229
　　11.1.2　基于多水听器的嘀嗒声测距 ·· 230
　11.2　基于嘀嗒声信号的定位方法 ·· 232
　　11.2.1　基于单水听器的嘀嗒声定位方法 ····································· 232
　　11.2.2　基于水听器阵列的嘀嗒声定位方法 ··································· 234
　　11.2.3　基于三角测量的嘀嗒声定位方法 ····································· 236
　11.3　本章小结 ··· 238
　参考文献 ··· 238
索引 ·· 241
彩图

第 1 章　海洋生物声学概述

声信号是许多动物形态结构和功能相适应的结果。发声物种或个体通常产生物种或个体特异的声音，通过记录和分析动物的声信号可以揭示物种的分布及其相关生态及行为规律，同时还可促进声信号处理算法的开发，用于对各类发声物种和群落的识别及分类，以便于揭示海洋生物发声和听觉感知机制的演变规律。

本章从海洋生物声学概念与定义出发，全面介绍海洋生物声学方面相关知识，如声学处理应用技术与海洋中的发声生物。海洋中的发声生物具体包含哺乳动物、无脊椎动物以及鱼类，在本章后续细化介绍各大类生物中发声生物的生物声学行为及其对应的发声机理。

1.1　海洋生物声学与声学信号处理

1.1.1　海洋生物声学

海洋生物声学重点研究非人类动物的声学通信、发声机制、听觉解剖学和功能、声呐、声学跟踪以及环境噪声对海洋生物的影响。海洋生物声学可定义为利用声学来研究海洋动物的任何方面，如海洋动物的听觉能力、发声机理、通信、觅食等生理行为。声能在水中传播的效率比其他任何形式的能量都要高，电磁、热能、光能和其他形式的能量在水中会严重衰减。海洋中的动物可以熟练地应用声能，动物执行与其生命周期相关的各种功能，如通信、检测、导航、避障、抓捕猎物，最有效的方式是主动地应用声能，如发出回声定位信号，或者被动地接收海洋中的各种声音。同样，对海洋生物感兴趣的科学家也可以通过使用声学技术来研究海洋中动物生活的位置、运动、社会互动、种群密度等信息。

水是一种密度比空气密度大得多的介质，使得海洋中的生物听觉器官的声音接收和传导与陆地上有一些不同，其声音传导的物理原理值得研究，包括声音传导始于动物头部、传导到听觉器官，以及听觉器官内将神经脉冲发送到大脑的机制，海洋动物听觉系统的解剖结构与陆地动物听觉器官结构具有截然不同的某些特征。动物听觉系统最基本的能力是动物能够听到的声音的响度大小与频率范围。

听觉系统的其他方面，如频率辨别、强度辨别、定向听觉、复杂声音（如脉冲声）的辨别以及频率和振幅调制声音的辨别能力，同样具有研究意义。

所有的声音，无论是由生物还是自然（如风雨雷电、地震等）产生的，都能传递信息，都可能被动物在生存斗争中使用。捕食过程中发出的声音信号携带大量信息，包含从情绪状态到对环境中的危险和直接威胁的警告。研究这些声音信号有助于理解海洋生物对特定物种使用声音的含义，产生这些声音的条件，不同声音的功能使用，以及这些声音如何影响动物的行为。

除了研究海洋生物的声音信号，测试听觉神经纤维对不同声学刺激的反应可以为研究人员提供对某些物种听觉机制的重要见解。测量同步听觉刺激产生的听觉脑干诱发电位是评估大型鲸鱼听觉敏感性最实用的方法之一。

水下声学原理、水声技术可用于探测、定位、跟踪和获取海洋动物的统计数据。随着鱼类资源的逐渐枯竭，主动声呐越来越多地用于探测和定位鱼群，并确定种群密度和大小分布。主动声呐可以以类似的方式用于研究属于海洋食物链顶端的海洋哺乳动物和食物链底层的浮游动物。被动声呐阵列可用于探测和跟踪不同海洋哺乳动物以及某些发声鱼类的运动。

随着人类在海洋中的活动逐渐频繁，无论是为了娱乐、科学研究还是经济利益，产生的声音数量都在不断增加。人为噪声是否会对海洋和陆地动物的日常生活产生影响，亟待人们更深入地研究。

1.1.2 海洋生物声学信号处理

海洋生物声学信号处理技术是指利用声学技术对海洋生物进行探测、识别、分类、跟踪和研究的一种技术。该技术可以通过声波在水中传播的特性，获取海洋生物的声学信号，并通过信号处理技术进行分析，从而实现对海洋生物的研究和监测。

海洋生物声学信号处理技术主要包括以下几个方面：

（1）声学传感器技术，即利用水下声学传感器收集海洋生物的声学信号，包括单频信号、宽频信号、多元传感器信号等。

（2）信号预处理技术，即对采集的海洋生物声学信号进行滤波、降噪、补偿等处理，以提高信号质量和减少干扰。

（3）特征提取技术，即对预处理后的海洋生物声学信号进行时频分析、小波变换等处理，提取信号的特征，如频率、声压级、频谱特征等。

（4）分类识别技术，即利用分类器对提取的特征进行分类识别，从而实现对不同种类的海洋生物的自动识别和分类。

（5）跟踪定位技术，即利用声呐和声学浮标等技术对海洋生物进行跟踪定位，实现对海洋生物的实时监测和追踪。

海洋生物声学信号处理技术在海洋生物学、海洋环境保护和资源管理等领域有着广泛的应用。为了帮助管理海洋生态系统的环境并减轻人为噪声对其的不利影响，需要更多地了解声音在这些物种的行为、生理和生态中的作用，并深入了解与生物学相关的重要方面。

例如，可以通过该技术对鲸类、海牛、海象等海洋哺乳动物进行监测，保护这些珍稀物种；还可以通过该技术对海洋生态系统进行调查，了解海洋生物的分布和数量等信息，为海洋资源管理提供依据。

1.2 海洋中的发声生物

海洋是一个充满声音的世界，许多水下动物都有发声的能力，这种声音属于水下噪声的一部分，对水下声探测和海洋生物研究都有重要的意义。海洋中会发声的生物有哺乳动物、鱼类和无脊椎动物，它们大多在水下频繁地发出物种特异性的声音，以进行个体或群体间的通信、交流[1]。同时会利用声音进行侵略，捍卫领地，建立统治以及威慑等行为。

海洋中能发声的哺乳动物主要包括鲸目、海牛目和鳍足目动物，如图 1.1 所示。鲸类动物发声频率范围很广，发声频率主要集中在几十赫兹至 20 万 Hz。鲸类动物通过发出高频突发脉冲声，颚部拍打、尾部拍打，以及物理姿势和吐泡泡等向"入侵者"宣誓自己的主权。所有齿鲸亚目动物进化出了高度发达的回声定

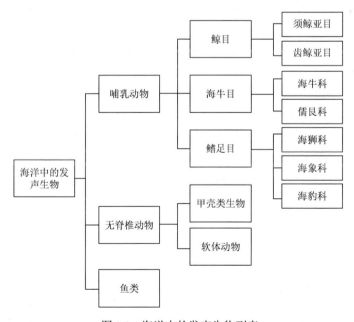

图 1.1 海洋中的发声生物列表

位（又称"生物声呐"）能力。它们通过鼻腔的发声复合体发出高频超声脉冲声信号实现其定位、导航、觅食、探测周围的环境等回声定位能力[2, 3]。海豚是人类最熟识的鲸类动物之一，它们的通信本领十分发达，并且拥有着丰富的"语汇"。海豚利用声波信号不仅可以在同种群之间进行通信，而且可以在不同种群之间进行"对话"。在海豚的社会交际中，主要产生两种声音：一种是哨声，海豚之间可以利用哨声保持联系[4]，发出猎物坐标信息，以及捕猎的策略；另一种是突发脉冲，研究发现突发脉冲和海豚的多种行为相关联，一般在警告、惊吓、恐吓、入侵或者两只海豚面对面张开嘴进行点头、摇头、弓起背等行为时会发出。在发出探测声波前后，海豚可能发出惊叫声，可能连续或分散，分散的惊叫声是一种带有感情的社会声，在种内竞争时常会发出这种叫声[5, 6]。

海牛目和鳍足目动物发出的声信号频率一般在几百赫兹到几千赫兹，处于人耳可听的范围，被认为主要用于求偶、通信和交流。其水下通话可能具有与空中通话相同的社交功能，海豹和海狮在空中发声的作用是识别呼叫者的物种、性别、年龄、位置，以及可能威胁或吸引个体[7]。海牛通常非常安静，只有雄性在恐惧、愤怒和抗议的情况下才会发出声音[8]。

鱼类的发声主要有摩擦声、鱼鳔振动声和游动时产生的流体动力声。摩擦发出的声频率一般为一百至八千多赫兹，鱼鳔振动发出的声音通常为低频，为40～250Hz。鱼类在各种行为中使用声音，包括侵略、保护领土、防御和繁殖。许多鱼在咬啮、从岩石上剥下食物、摇动鳍部或摩擦咽部凸起部分时，都发出锉磨声。鱼类动物产生用于交流的声音通常和繁殖及生存环境有关[9]，如雄性牡蛎蟾鱼发出声音，吸引雌性，如雀鲷具有很强的领土意识，并用声音作为保护区域免受入侵者侵害的一种方式。鱼类在捕食、急速游动、跳跃和鳃孔急速启闭时也发出噪声，如鲑类鱼捕食时发出喷喷声、鲼科鱼在跳跃时发出击水声[10]。鱼不仅作为个体发出声音，有些鱼在合唱中也发出声音。

无脊椎动物中发声最多的是甲壳类，如蟹类和虾类等。这类动物通常用钳和触角之类，撞击和摩擦发出噼啪声、咔哒声或锉磨声。软体动物中，贝类在它们的壳开合时发出碰撞声；乌贼和章鱼在用坚硬的嘴进食时发出锉磨声，在喷水向前推进时发出砰砰声；藤壶和海胆在移动时也会发出咔哒声。无脊椎动物的某些发声可能和繁殖有关，或作为警告的信号。

1.3 海洋生物发声机理

1.3.1 齿鲸发声机理

齿鲸的发声过程可以分为声音产生与声音辐射两个过程。齿鲸声音是由肺和特殊的软组织组成的复杂系统产生的,当空气流经鼻腔时,鼻腔的发声复合体(又称喉唇)产生高速振动,随后在气囊中产生的振动通过头部的脂肪团(又称额隆)传导,并最终以声音形式将能量辐射。其中气囊内有可以调节进出气流规模的瓣膜,而气流规模的不同就导致所发出声音的不同;额隆可以改变声信号的波束宽度和指向性。通常认为,齿鲸中典型的海豚发出哨声叫声与左鼻腔的振动有关,发出嘀嗒声叫声与右鼻腔的振动有关[11]。

为了定量分析这一过程,对宽吻海豚头部进行电子计算机断层扫描(computed tomography, CT),对扫描图像数据进行有限元建模,并且分析其发声物理机理。通过测定 CT 数据的亨氏单位(Hounsfield unit, HU)值(HU 值反映了组织对 X 射线吸收的程度)建立与真实齿鲸头部组织密度及声速的对应关系,仿真齿鲸头部确定不同组织的区域范围及其组织声学参数,可为仿真模型提供声学参数基础,选用了文献[12]中 2018 年测定的 HU 值与声速的经验公式,以及宽吻海豚头部数据作为仿真模型的组织声学参数。

图 1.2(a)为瓶鼻齿鲸的头骨 CT 结构,通过头骨模型可以发现牙齿将垂直平面分为两个部分,其中齿鲸通过上半部分的前额进行声学聚焦并辐射声能量。同时通过下颌构成的声通道接收外部声信号或回波信号。而其头骨作为重要的声反射结构对齿鲸波束形成具有重要的影响。

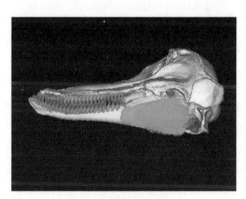 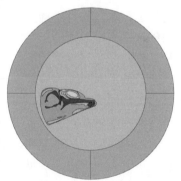

　　(a) 瓶鼻齿鲸头骨 CT 结构　　　　　　　　　(b) 发声结构有限元模型

图 1.2　瓶鼻齿鲸头骨 CT 结构及其发声结构有限元模型示意图

图 1.2(b)为根据齿鲸 CT 图像重构的有限元模型,该有限元模型主要包括仿真齿鲸头部、自由场水域,以及覆盖整个计算域的完美匹配层吸收域。首先由于齿鲸发声以前额为主要发声单元,该仿真中只取齿鲸的前额进行模拟仿真。为了对齿鲸发声的定向声场进行测定,仿真中使用自由场形式近似进行计算以减小边界反射造成的计算误差,其中主要是通过图中外层位置的完美匹配层对向外行

进的声波进行吸收以减小边界效应。其中整个模型（包括计算域与完美匹配层）的半径大小为800mm，有限元划分准则选用六分之波长准则，具体的仿真参数如表1.1所示。

表1.1 吻海豚前额不同组织的声学参数

组织	声速/(m/s)	密度/(kg/m³)
鲸脂	1473	990
肌肉	1590	1031
下颌	1431	970
额隆	1344~1480	934~982
结缔组织	1553	1006
头骨结构	3800	2000

利用表1.1额隆组织参数实现宽吻海豚头部建模，通过稳态声场求解方法计算不同频率点声源激励下的稳态声场。作者利用Comsol软件频域稳态求解器计算了不同频率的齿鲸前额的发声声场，并通过傅里叶合成的方法生成发射嘀嗒声信号的时域波形。

图1.3为分别在150kHz、120kHz、90kHz、60kHz、30kHz及10kHz点声源激励下的稳态声场，六种不同频率情况用相同的颜色标尺进行表示，方便进一步对比不同频率对齿鲸波束的影响。首先可以观察到，一个无指向性点声源在通过仿真齿鲸前额时产生了声学聚能效应，声场的能量分布主要集中于与声源同一水平平面，即形成了一个前向波束。

同时对比不同频率的声场，可以发现高频率可以形成更强的指向性。而对于齿鲸嘀嗒声的中心频率一般大于70kHz，这意味着齿鲸发声具有强烈的指向性。同时齿鲸的嘀嗒声中心频率呈动态变化形式，这意味着齿鲸可以通过调整发射信号的频域能量分布对波束宽度进行动态调整。因此，齿鲸波束具有强频率依赖的特性，同时齿鲸嘀嗒声为宽带信号，可以利用稳态声场计算齿鲸宽带的波束指向性函数。

通过频域稳态求解器对该宽吻海豚头部模型进行稳态声场计算，以250Hz频率间隔进行频率扫描，扫描的频率范围为10~150kHz（覆盖完整的-10dB齿鲸嘀嗒声频带范围），数值计算结果可以得到该齿鲸头部模型的频率响应函数，结合嘀嗒声信号的频域结果，通过傅里叶合成方法获得声场结果。在求解齿鲸发声声场之后，本书利用远场计算模块来研究计算域以外的远场的声场分布。利用包围计算域的测量点进行亥姆霍兹-基尔霍夫（H-K）积分，并且为了求解计算域外任意位置的精确声场分布，研究中使用了全积分进行计算。以远场的声源点为中心计算获得了 360°场分布，其中角度步进值为 0.5°，由于齿鲸头部具有聚声能力，能够将主要能量集中在主轴 30°范围内，则通过仿真计算获得的齿鲸波束指向性如图 1.4 所示。

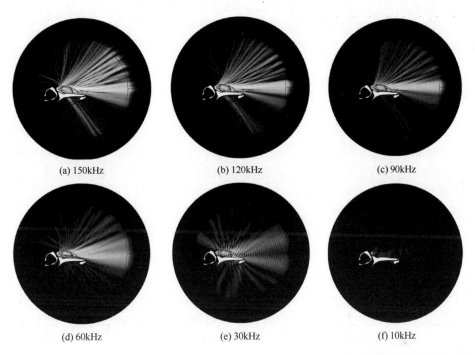

(a) 150kHz　　　　　　(b) 120kHz　　　　　　(c) 90kHz

(d) 60kHz　　　　　　(e) 30kHz　　　　　　(f) 10kHz

图 1.3　分别在 150kHz、120kHz、90kHz、60kHz、30kHz、10kHz 点声源激励下的稳态声场

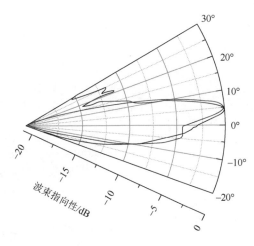

图 1.4　宽吻海豚仿真波束指向性与 Whitlow 实测数据（红色）对比（彩图附书后）

通过图 1.4 可以观察到宽吻海豚的–3dB 波束宽度小于 10°，这意味着齿鲸发声一半的能量集中在沿主轴方向 10° 的波束内，同时对比实测数据与仿真结果，可以发现在 ±10° 的范围内具有良好的一致性，当大于 10° 之后范围有一点误差。这一方面可能是因为仿真齿鲸的参数与实测齿鲸的前额声学参数并不一致，另一方面是具有误差的角度范围内的波束指向性低于–10dB，因此不对整体波束主轴能量分布造成影响，可以进行忽略处理。

1.3.2　须鲸发声机理

须鲸通常体型一般较大，身长 6～31m，并且不同于齿鲸类海洋哺乳动物，须鲸口中无齿，而是上颌具有帘幕式的角质鲸须，用来过滤吸入的大量海水中的磷虾、小鱼、贝壳等小型动物。这种捕食对象的差异，导致须鲸的捕猎行为与齿鲸具有明显的区别，而须鲸的生物声呐系统为了适应这种特殊的捕猎行为，其发声特性随着进化又有重要的区别。

须鲸发声机理与齿鲸有着非常明显的区别，通过解剖学数据研究发现须鲸仅用喉部发出声音。须鲸喉部内部是一个相对较厚的 U 形组织脊（U 形褶皱，与其他哺乳动物的声带同源）。如图 1.5 所示，喉部内部是一个较厚的 U 形组织脊，它位于喉囊附近，喉囊是一个可充气的"袋"状结构。须鲸收缩喉部和胸部的肌肉时，使空气在肺和喉囊（图中粉红色组织）之间流动。肺和喉囊的交替扩张和收缩驱动空气穿过 U 形褶皱，使其振动并产生声音。来自喉囊的振动可以通过喉部的腹褶传播到周围的水中，将能量以声音的形式向外传播。通过调整喉囊形状可以改变所发出声音的频率、振幅等发射参数[13]。但是须鲸没有额隆，因此不同于齿鲸，以座头鲸为典型的须鲸不具备声能聚焦形成指向性波束的能力。

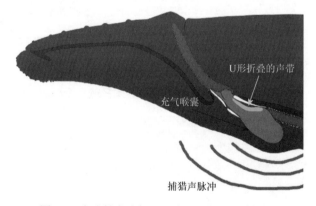

图 1.5　座头鲸发声机理示意图（彩图附书后）

通过以上对座头鲸发声机理的描述，可以发现不同于齿鲸的前额发声机理，座头鲸的声音辐射过程没有经过额隆实现能量聚焦。Au 等[14]在 2006 年用线阵测量了座头鲸的发声指向性，他们测定的座头鲸叫声指向性函数如图 1.6 所示，通过该实测指向性图可以发现在 90°的范围之内，声源级从 152dB 变化到 165dB（re 1μPa），对比齿鲸发声指向性可以说明座头鲸只具有微弱指向性，而这种指向性并不像齿鲸前向波束一样具有实际的应用意义，而更多与须鲸自身生理构造和捕猎功能相关。

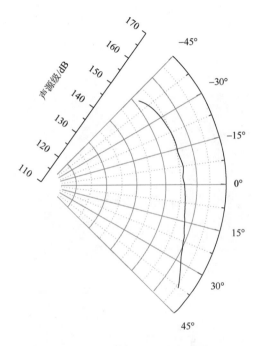

图 1.6　座头鲸叫声指向性函数

从生物功能角度以及水声测量结果，均可分析出座头鲸的声音向外辐射的能量较为发散，即不具备声聚焦特性，因此可以认为是无指向性或者是弱指向性。尽管座头鲸的叫声的频率通常比大多数须鲸的叫声高，但研究人员认为类似于其他须鲸的叫声，座头鲸的捕猎声以一个接近全向的方式向外辐射能量。

1.3.3　海洋鱼类发声机理

海鱼能够通过不同的发声机制主动发出不同的声音，这些声音可能作为捕食者的信号、竞争对手的示威、求偶、应激的惊吓反应等[15]。除了主动发出声音外，还有一些声音的产生是不可避免的，如进食、游动、撞击等。本节主要对以下声音的发声机理进行介绍。

1. 声波肌肉-鱼鳔发声

鱼类能通过声波肌肉敲击鱼鳔主动产生声音，即声波肌肉-鱼鳔发声[16]。鱼鳔是海鱼体内十分重要的器官，拥有调节浮力、辅助呼吸、协助发声等多种功能，而声波肌肉常常位于鱼鳔附近，如石首鱼的声波肌肉就附着在鱼鳔上，这些肌肉是脊椎动物中已知收缩最快的肌肉，它能使鱼鳔迅速地收缩和扩张，从而达到"击鼓"的效果，产生"鼓声"，如图 1.7 所示。这种"鼓声"通常用于繁殖活动，包括求偶和产卵等，在产卵季节，部分种群会聚集在一起发声"击鼓"数小时[17]。

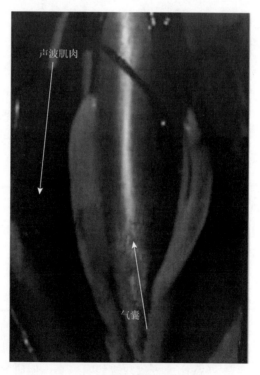

图 1.7　石首鱼体内发声结构

2. 摩擦发声

鱼类的另一种主要发声方式为摩擦发声。当鱼类体内坚硬的骨骼或者牙齿摩擦在一起就会发出摩擦声。与蟋蟀的发声机理类似，都是依靠器官的相互摩擦发出声音，在鱼类中，当颌齿或咽齿咬在一起时常常会产生摩擦声，摩擦声还会被鱼鳔改变，部分鱼类可以将鱼鳔作为共振器以放大摩擦声。图 1.8 展示的是海鲇鱼，它有专门的鳍刺可以发出吱吱声。

图 1.8　海鲇鱼（有专门的鳍刺可以发出吱吱声）

3. 流体动力学声音

流体动力学声音并不是鱼类主动产生的声音，而是通过鱼（鱼群）改变游动方向时或者快速游动时产生，属于游泳的副产物。这些声音的频率很低，但是对于捕食者和猎物之间的互动交流十分重要。例如，据推测鲨鱼可以检测到小型鱼类发出的低频流体动力学声音，以此达到追踪捕食的目的，同理某些鱼类也可以通过监测流体动力学声音来规避捕食者。

1.3.4　海洋无脊椎动物发声机理

海洋中无脊椎动物也可以通过多种机制发出声音[18]，相较于鱼类，无脊椎动物多有坚硬的外壳，故很多声音都通过身体器官的相互摩擦和敲击产生，常见的几种发声机理如下所述。

1. 摩擦发声

摩擦发声是海洋无脊椎动物常见的一种发声方式，常见于甲壳类动物。不同的生物使用不同的结构来发出声音，包括爪子、腿、触角、甲壳等。如图 1.9 所示的龙虾，其触角活动时通过摩擦额板发出吱吱的响声。例如，有一些海洋寄居蟹有平行排列的硬脊，称为结节和棘足。当蟹缩回壳中进行防御时，蟹螯相互摩擦，就会发出声音。也有一些海洋生物通过摩擦腿、爪子等外脊达到发声的效果，一般作为繁殖信号和领土展示。

2. 敲击发声

半陆生螃蟹可以通过身体撞击基质来发声，例如，可以用钳子来敲击地面发出敲击的声音，也可以通过击打身体的某些部位来发声，如图 1.10 所示的鬼蟹。
该方式和摩擦发声有些类似，相同点是都是利用身体器官相互作用发声，不同点
是前者是摩擦、后者是敲击。人们还可以通过声音的频率以及间隔时间来分辨螃
蟹的种类。

图 1.9　　龙虾（触角活动时摩擦额板发出吱吱的响声）

图 1.10　　鬼蟹（可以用爪子敲击身体发声）

3. 气穴现象发声

　　利用气穴现象发声是所有海洋无脊椎动物中发声方式最激烈的一种，代表动
物是卡达虾（别名枪虾）。卡达虾在捕食猎物时会迅速开合自己的巨螯发出冲击波
来攻击猎物，如图 1.11 所示，喷发的高速水流同时产生气穴现象，形成一个极小
的低压气泡，当水压恢复正常时气泡崩裂并发出"啪嗒"的声音。卡达虾形成的
水下生物声压等级是海洋生物中最高的[19]。

图 1.11　卡达虾（喷射出的高速水流会触发气穴现象）

4. 肌肉收缩发声

少数海洋无脊椎动物，如美洲龙虾、螳螂虾等，如图 1.12 所示，可以通过肌肉的收缩带动其甲壳振动，这些振动会产生低频的"嗡嗡"声或者"隆隆"声，持续的时间较短。

图 1.12　螳螂虾（捕肢的前端弹射最高速度超过 80km/h）

5. 其他发声机理

海胆是无脊椎动物中很特殊的存在，在它们的刺碰到坚硬结构时会发出"噼啪"声音。此外，在海胆清除身上的藻类或者无脊椎动物时会用自身的牙齿来剐蹭异物，此过程中也会发出声音；它们还会用身体去剐蹭岩石等坚硬结构，在此过程中，海胆作为共振器，其体内的液体也会产生共鸣，发出声音[20]，如图 1.13 所示。

图 1.13　海胆（牙齿摩擦珊瑚礁发出声音）

1.4　本 章 小 结

本章首先介绍了海洋生物声学的概念与内涵，海洋生物声学信号处理的研究内容、研究目标与研究意义；其次对海洋中的发声生物种类以及发声行为的原因与作用进行了概述；最后从声学角度介绍了各类海洋发声生物的发声机理。

参 考 文 献

[1]　Au W W L，Banks K. The acoustics of the snapping shrimp *Synalpheus parneomeris* in Kaneohe Bay[J]. The Journal of the Acoustical Society of America，1998，103（1）：41-47.

[2]　Au W W L，Penner R H. Target detection in noise by echolocating Atlantic bottlenose dolphins[J]. The Journal of the Acoustical Society of America，1981，70（3）：687-693.

[3]　Au W W L，Penner R H，Turl C W. Propagation of beluga echolocation signals[J]. The Journal of the Acoustical Society of America，1987，82（3）：807-813.

[4]　Caldwell M C，Caldwell D K，Tyack P L. Review of the signature-whistle hypothesis for the Atlantic bottlenose dolphin[J]. The Bottlenose Dolphin，1990：199-234.

[5]　Janik V M. Cetacean vocal learning and communication[J]. Current Opinion in Neurobiology，2014，28：60-65.

[6]　Herzing D，Dolphin W. Synchronous and rhythmic vocalizations and correlated underwater behavior of free-ranging Atlantic spotted dolphins（*Stenella frontalis*）and bottlenose dolphins（*Tursiops truncatus*）in the Bahamas[J]. Animal Behavior and Cognition，2015，2：14-29.

[7]　Beier J C，Wartzok D. Mating behaviour of captive spotted seals（*Phoca largha*）[J]. Animal Behaviour，1979，27：772-781.

[8]　Santos M E，Louro S，Couchinho M，et al. Whistles of bottlenose dolphins（*Tursiops truncatus*）in the Sado Estuary，Portugal：Characteristics，production rates，and long-term contour stability[J]. Aquatic Mammals，2005，31（4）：453-462.

[9]　Zelick R，Mann D A，Popper A N . Acoustic Communication in Fishes and Frogs[M]. New York：Springer，2011：

363-411.

[10] Hazen E L，Nowacek D P，St. Laurent L，et al. The relationship among oceanography，prey fields，and beaked whale foraging habitat in the tongue of the ocean[J]. PLoS ONE，2011，6（4）：e19269.

[11] Dubrovsky N A，Urusovskii I A，Gladilin A V . A model of acoustic click production in the dolphin by analogy with a traveling-wave antenna[J]. Acoustical Physics，2009，55（3）：441-447.

[12] Wei C，Au W W L，Ketten D R，et al. Finite element simulation of broadband biosonar signal propagation in the near-and far-field of an echolocating Atlantic bottlenose dolphin（*Tursiops truncatus*）[J]. The Journal of the Acoustical Society of America，2018，143（5）：2611-2620.

[13] Reidenberg J S，Laitman J T. Discovery of a low frequency sound source in Mysticeti（baleen whales）：Anatomical establishment of a vocal fold homolog[J]. The Anatomical Record：Advances in Integrative Anatomy and Evolutionary Biology，2007，290（6）：745-759.

[14] Au W W L，Pack A A，Lammers M O，et al. Acoustic properties of humpback whale songs[J]. The Journal of the Acoustical Society of America，2006，120（2）：1103-1110.

[15] Yano Y，Nakayama A，Saito H，et al. Production of docosahexaenoic acid by marine bacteria isolated from deep sea fish[J]. Lipids，1994，29（7）：527-528.

[16] Steen J B. 10 the swim bladder as a hydrostatic organ[J]. Fish Physiology，1970，4：413-443.

[17] McCormick C A. Brainstem acoustic areas in the marine catfish，arius felis[J]. Brain，Behavior and Evolution，2001，57（3）：134-149.

[18] Richardson W J，Greene C R，Jr，Malme C I，et al. Marine Mammals and Noise[M]. New York：Academic Press，1995：112-114.

[19] Gupta S，Nath B B，Sharma P，et al. How radiation affects superbubbles：Through momentum injection in early phase and photo-heating thereafter[J]. Monthly Notices of the Royal Astronomical Society，2016，462（4）：4532-4548.

[20] Li L，Yuan Y S. The application of spatial super resolution to detect and resolve signal in ship borne OTHR[J]. Advanced Materials Research，2012，546-547：746-752.

第 2 章　海洋生物叫声传播特性

在海洋生物声学领域，生物发声被认为是一种特殊的利用声波在水下进行通信的行为。在这一过程中，海洋生物作为声源发射出声波，海洋为声信道传播声波。本章将从海洋生物发声的角度介绍海水介质的声学特性，并探讨海洋生物叫声在海水介质中的传播机理、现象和规律，最后给出海洋生物声学系统的等效声呐方程以分析通信性能。通过深入研究这些问题，我们希望能够为后续章节关于海洋生物叫声信号的采集、处理和分析奠定理论基础。

2.1　海洋生物叫声的传播速度

海洋生物叫声的传播速度是指叫声信号在海水介质中传播的速率，简称声速。声速不仅是海水介质最重要的声学参数，还关系到海洋生物之间信息传递的效率和准确性。由声学基础知识可知，在流体介质中声波是弹性纵波，即沿着传播方向上下振动的波，因此传播声速可表示为[1]

$$c = 1 \big/ \sqrt{\rho \beta} \qquad (2.1)$$

式中，ρ 为密度（kg/m^3）；β 是绝热压缩系数（m^2/N）。研究发现，海水的 ρ 和 β 都是温度、盐度和静压力的函数，因此海水中的声速也受到这些因素的影响。

2.1.1　海水中的声经验公式

海水中的声速随着温度、盐度和静压力而变，但是很难以解析式表示它们之间的依赖关系。通过大量海上声速测量数据的实验总结，可以利用经验公式[2]来近似计算声速 c：

$$c = 1449.2 + 4.6T - 0.055T^2 + 0.00029T^3 + (1.34 - 0.010T)(s - 35) + 0.016Z \quad (2.2)$$

式中，T 为温度（℃）；s 为盐度（‰）；Z 为深度（m）。

在海上常利用盐-温-深（conductivity-temperature-depth，CTD）测量系统，来测定不同深度水体的温度和盐度，其中盐度是通过测量海水的电导率来估算的。取得三者数值后，就可以按式（2.2）计算声速。CTD 测量系统是海洋物理领域的常用仪器，有助于研究水体物理化学性质、水层结构和水团运动状况。

2.1.2　海水中的声速变化

由式（2.2）可以看出，声速受海洋环境的影响较大，随着海水温度、盐度和深度的增加而增加。文献[3]指出，在大洋中，盐度每变化 1‰，声速变化为（1.4 ±0.1）m/s；海水深度每变化 10m，声速变化为 0.165～0.185m/s，可见当海水深度变化达上千米时，由此引起的声速变化将是十分可观的。温度对声速的影响最为显著，在 1～10℃、10～20℃、20～30℃范围内，温度每变化 1℃，相应的声速的变化分别为 4.446～3.635m/s、3.635～2.734m/s、2.734～2.059m/s。因此，实际海水中的声速分布是复杂多变的，它有地区性的变化、季节变化、周日变化，甚至在 2h 内近海面水层中都会有 1%的变化量级[4]。

图 2.1 为中国杭州全球海洋阿尔戈系统野外科学观测研究站观测到的一个海洋不同深度处（用压力表示）的温度和盐度分布实例[5]，由此可以看出海水中的声速是不均匀分布的。

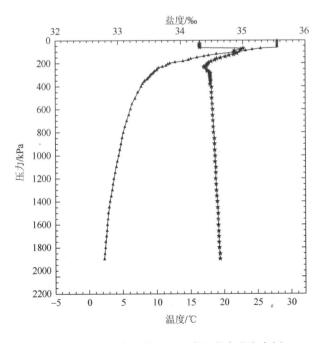

图 2.1　不同深度处的海水温度和盐度分布实例

　　根据大量实测值总结，海水温度、盐度具有水平分层性和随深度而变的特性，因此海水中的声速也将具有水平分层和随深度而变的特性。工程上，将声速剖面定义为在海洋中某一垂直切面上，随着深度变化的声速分布函数 $c(z)$，式中 z 为海水的垂直坐标。图 2.2 为夏季云南省抚仙湖中测量的声速剖面实例。将实测声速值进行"水平分层"，可以得到每层中的声速-深度关系。声速剖面的变化将直接影响海洋生物叫声在海水中的传播路径和传播距离，这将在 2.2 节中进行讨论。

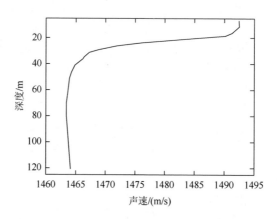

图 2.2　夏季云南省抚仙湖中测量的声速剖面实例

2.2　海洋生物叫声传播过程中的折射、反射和散射

　　由于存在海水介质的不均匀性、不同目标界面和小尺寸障碍物（如海洋微生物、悬浮颗粒等），海洋生物叫声在海水中的传播过程中，会受到折射、反射和散射等声学现象的影响，图 2.3 给出了这三种现象的示意。这些现象会改变声波的传播路径、强度和距离，对海洋生物的叫声通信产生重要影响。

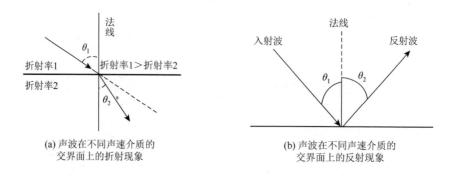

(a) 声波在不同声速介质的　　　　　　　(b) 声波在不同声速介质的
　　交界面上的折射现象　　　　　　　　　　交界面上的反射现象

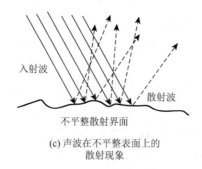

入射波

散射波

不平整散射界面

(c) 声波在不平整表面上的
散射现象

图 2.3　声波的折射、反射和散射现象

1. 折射

折射是声波在通过不同声速介质的交界面时，其传播方向发生改变的现象。声波的折射取决于两个相邻介质的声速差异，后续的 Snell（斯涅尔）定律中会详细讨论。

2. 反射

反射是声波在不同声速介质的分界面上，改变传播方向又返回原来介质的现象。声波的反射程度与两个介质之间的声阻抗差异成正比，声阻抗是介质密度和声速的乘积。

3. 散射

散射是声波在传播过程中，遇到尺寸相对于波长较小的障碍物（如海洋微生物、悬浮颗粒等）时，声波能量被分散到各个方向的现象。散射会导致声波能量的损失。

本节通过总结海洋生物叫声出现折射、反射和散射现象的规律，基于数值模型，来分析海洋生物叫声传播轨迹。

2.2.1　分层介质条件下的射线声学

研究声在海洋中传播有两种方法：波动声学方法和射线声学方法[6]。本节介绍射线声学方法。射线这一概念最初起源于人们对光的直进性的直观感觉，运用射线概念可以简便地阐明光学中的许多问题。声学借用了射线这一概念，与声的波动方法相比较，声的射线理论具有直观和简便的优点，是研究海中声传播特性的一种常用近似方法。

在声波传播过程中，具有相同相位的点坐标组成的包络面称为等相位面。射线声学把声波的传播看成一束无数条垂直于等相位面的射线的传播，每一条射线与等相位面相垂直，称为声线。声线的方向就是声传播的方向。声线途经的距离代表波传播的路程，声线经历的时间为声波传播的时间，声线束所携带的能量即波传播的声能量。

射线声学的适用条件有以下几个方面：

（1）在可以与声波波长相比拟的距离上，声波振幅的相对变化量远小于 1。

（2）适用于高频情况，这里的高频可以理解为 $f > 10c/H$，其中 c 是声速，H 是海深。

（3）射线声学在焦散区和影区不适用。

声速可以近似为海水深度的函数，所以工程上往往在测得声速分布 $c(z)$ 后，沿深度方向将其分成若干个水平层，并认为每层的声速随深度近似为线性变化，这就是分层介质模型，如图 2.4 所示。这样，就可以用一条折线来逼近实测声速随深度的变化曲线。图 2.4 中，深度 z_i、z_{i-1} 处的声速分别为 c_i、c_{i-1}，则该层介质的特性可以描述如下。

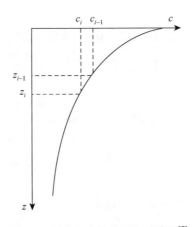

图 2.4　海洋声速的分层介质模型[7]

层厚度：

$$h_i = z_i - z_{i-1}, \quad i = 1, 2, \cdots, N \tag{2.3}$$

层中声速梯度：

$$g_i = \frac{c_i - c_{i-1}}{z_i - z_{i-1}}, \quad i = 1, 2, \cdots, N \tag{2.4}$$

相对声速梯度：

$$a_i = \frac{c_i - c_{i-1}}{c_{i-1}(z_i - z_{i-1})}, \quad i = 1, 2, \cdots, N \tag{2.5}$$

层中声速：

$$c(z) = c_{i-1}\left[1 + a_i(z - z_{i-1})\right], \quad z_{i-1} \leqslant z \leqslant z_i \tag{2.6}$$

式（2.4）和式（2.5）定义的声速梯度 g_i 和相对声速梯度 a_i 可正可负，为正称为正梯度分布，表示声速随深度增加；为负称为负梯度分布，表示声速随深度减小。声速梯度给出了声速随深度变化的快慢，明确表示了声传播条件的优劣。

这种分层介质模型是实际海洋声速分布的良好近似，比较客观地反映了声速在垂直面上的空间变化。而基于分层介质模型下的射线声学理论，可以简洁直观地表示海洋生物叫声的传播特性，因此在本书中将广泛地应用这一理论。

2.2.2　Snell 定律

射线声学所遵循的基本规律是 Snell 定律，表示为

$$\frac{\cos\alpha}{c} = \frac{\cos\alpha_0}{c_0} = 常数 \tag{2.7}$$

式中，α 为深度 z 之上声线与水平坐标 Ox 轴的夹角，称为掠射角；c 为该深度的声速；α_0、c_0 为某特定深度上，如声源深度上声线出射处的掠射角和声速。

若 α_0 和声速 c_0 的垂直分层分布 $c(z)$ 已知，则可由 Snell 定律求出海洋中任意深度处声线的掠射，从而确定任意深度处声波传播方向。由式（2.7）可知，每个初始掠射角 α_0 都有一条声线与其对应，初始掠射角 α_0 不同，与其对应的声线也就不同。由该式还可以发现，声速负梯度和声速正梯度条件下的声线“走”向是不同的。负梯度条件下，声速随深度增加而变小，掠射角 α 随深度的增加而变大，声线有弯向海底的趋势，如图 2.5（a）所示。正梯度条件下，声速随深度增加而变大，掠射角 α 随深度增加而减小，声线有弯向海面的趋势，如图 2.5（b）所示。

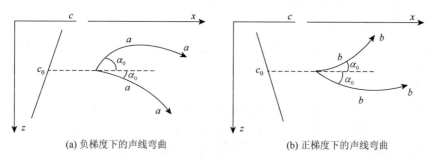

(a) 负梯度下的声线弯曲　　　　　　　　(b) 正梯度下的声线弯曲

图 2.5　声速梯度和声线弯曲

2.2.3　多径效应

多径效应是指海洋生物叫声在传播过程中沿着多条不同路径传播到达接收点

的现象。由于历经了不同的传播距离，不同多径到达接收点的幅度和时间是不同的。图 2.6 给出了多径效应的示意图。

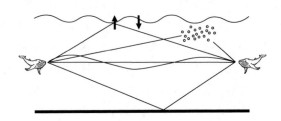

图 2.6　海洋生物叫声传播的多径效应

海洋中多径效应的形成主要分成两个部分：第一，是由海底、海面和海洋中任何物体界面的声反射和散射所形成的；第二，是由声波在海水介质分层中折射所形成的，各水层中声速的不同导致了这种折射效应的产生。根据 2.2.2 节所述的 Snell 定律，声线总是向着声速减小的方向弯曲。通常将声波直接从声源传播到接收点，没有经过任何反射的路径称为直达径。从声源出发，经过一次水面反射，然后到达接收点的路径称为表面反射路径。从声源出发，经过一次海底反射，然后到达接收点的路径称为海底反射路径。

在海洋环境中，多径时延可能从几毫秒到几秒甚至更长[8]。例如，在近海和浅海区域，由于海水深度较浅，声波在水面和海底之间容易发生多次反射，导致多径时延相对较短。而在深海环境中，由于海水深度较大，声波沿着更长的路径传播，多径时延可能会更长。多径时延的具体取值取决于多种因素，包括海水的声速剖面、声源和接收器之间的距离、深度、水温、盐度分布以及海底和海面的地形等。水下声信道是随机时变和空变的，因此在不同时间和不同地区的海洋生物叫声的多径传播情况是不相同。

对于海洋生物叫声信号分析的后端处理，多径效应会对通信产生负面影响。多条路径声线的延时叠加，导致接收点接收的声波产生复杂变化，接收声波信号的幅度和相位产生畸变，与发射叫声波形有重大区别。为简便起见，接下来基于射线声学理论对水下声信道的多径效应进行建模。假设声源发出一个 δ 脉冲，沿各不同途径的声线到达接收点，总的接收信号是通过接收点的所有各声线所传送的信号的干涉叠加。记沿第 i 条途径到达的信号幅度为 A_i，时延为 τ_i，则多径信道的冲激响应函数为

$$h(t,\tau) = \sum_{i=1}^{N} A_i(t)\delta(t-\tau_i) \tag{2.8}$$

冲激响应函数即声源发出 δ 脉冲时接收点接收到的波形，一共有 N 根声线途径对声场有重要贡献。图 2.7 为实测多径信道冲激响应的示意图[9]。

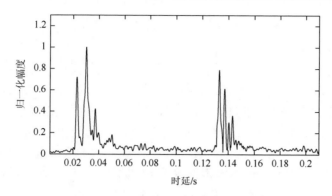

图 2.7　多径信道冲激响应的示意图

对式（2.8）两边进行傅里叶变换，即得多径信道的传递函数为

$$H(f) = \sum_{i=1}^{N} A_i(t) e^{-j2\pi f \tau_i} \tag{2.9}$$

图 2.8 给出了多径信道传递函数的示意图。由这一例子可以看到信道很像一个梳状滤波器，相间出现通带和止带，称为子通带[10]。每个子通带的平均宽度约为 5Hz。在止带中不但接收到的信号幅度小，而且信号波形畸变较严重。这意味着海洋生物叫声信号波形在传播过程中会发生畸变。

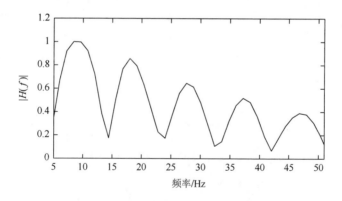

图 2.8　多径信道传递函数的示意图

2.3　典型声速剖面下的海洋生物叫声传播

海洋生物繁衍生息的空间分布极为广泛，既包括浅海区域，也涵盖深海环境。例如，抹香鲸通常会在表层浅水区域进行呼吸、繁殖、交流和休息；同时抹香鲸也是深潜能力非常强的鲸类，可以潜入超过 1000m 甚至 2000m 的深度，利用回声

定位系统去捕食乌贼等深海生物。因此，海洋生物的叫声信号也会覆盖在不同深度的海洋水域。

不同深度发射的声波，在传播过程中受到的影响因素也不同。在浅海区域（通常指水深 200m 以内的海域），声波传播过程受海面反射的影响较大，日照、气温和风浪对海面的声速分布影响很大。在贴近海底的深度发出的声波，其海底地形结构（如海山、海沟），会加剧多径效应。在深海区域（通常指水深超过 200m 的海域），特殊声源深度的情况下，大部分声线不会经过海底或海面反射，直接到达接收点，实现远距离传输。本节根据海洋生物的实际生活习性，基于射线声学理论，讨论典型声速剖面条件下的海洋生物叫声传播特性。

1. 表面声道

海洋中湍流和风浪对表面海水的搅拌作用，使得海表面下形成一层一定厚度的温度均匀层，该等温层也称为混合层。在等温层内，温度均匀，压力随深度增加，所以在近海面深度的声速服从正梯度分布。在浅海中，声速正梯度分布也可能一直延伸至浅海海底，呈现全部正梯度分布，如图 2.9（a）所示。而在较深的海洋环境中，海水温度在等温层之后会随深度降低，从而导致声速的负梯度分布。这种情况下，从海表面一直到临界深度 H 为声速正梯度分布，超过临界声速值后为负梯度分布，如图 2.9（b）所示。而这种靠近海表面的正声速梯度分布的等温层称为表面声道。

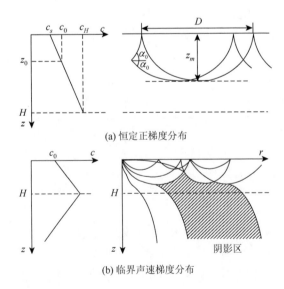

(a) 恒定正梯度分布

(b) 临界声速梯度分布

图 2.9　表面声道的两种声速剖面和对应的声线轨迹图

图 2.9 中也绘出了表面声道中的声线轨迹，从图中可以看出，在表面声道中，海面附近的小掠射角的声线，在混合层中由于折射而不断地发生反转，即声线在层中的某个深度上改变传播方向，传向海面，并在海面发生反射，此过程不断重复。于是，声能量几乎被完全限制在表面层内传播，形成声线沿表面声道的远距离传播的现象。能够在表面声道中翻转向上的，声源处掠射角最大的声线称为表面声道的临界声线。声源处掠射角大于临界声线掠射角的声线，将会超出表面声道，进入深水区域，且不再回到表面声道中。

理论和实践都证实表面声道中声波传播距离较远，当等温层足够厚且海面波浪又不大时，会有明显的表面声道效应[10]。在我国北部海区冬季等温层可以一直延伸至海底，这种情况下正梯度层就比较稳定，声传播条件较好。在海水表面层，由于风浪而产生大量气泡。气泡的吸收和散射会产生附加的声强衰减。由于海面不是平坦的，声波在不平海面反射时也会导致在声传播方向上声强的损失。

虽然表面声道普遍存在，但不易得到其声速分布的解析表达式。为了分析方便，根据表面声道声速分布的主要特征，通常将它简化为线性正梯度分布模型，表示为

$$c(z) = c_s(1 + az), \quad 0 \leqslant z \leqslant H \quad (2.10)$$

式中，c_s 为海表面声速值；a 为声道中相对声速梯度，$a > 0$。

2. 深海声道轴信道

深海声道存在于全球的深海海域，因其具有良好的声传播性能而受到极大关注。典型的深海声速剖面如图 2.10 所示，深海声道声速分布可分为四层[11]。首先是表面层，通常是厚度在 30～100m 的等温层，层厚度较大时有良好的声传播条

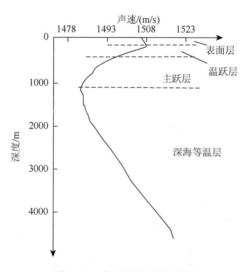

图 2.10　典型深海声速剖面

件。长时间风平浪静后等温层将消失。表面层之下深度不超过 300m 的水层称为温跃层，其中声速随深度增加而急剧减小，该层受季节和地区纬度影响较大。在 800～1200m 的深度存在着一个声速极小值，其所在深度称为声道轴，这是深海声速分布最重要的特点。在声道轴的上（表面层除外）、下方分别为声速负梯度和声速正梯度，比较缓的负梯度水层称为主跃层，下方的正梯度水层是水温在 2℃左右的深海等温层。

由 Snell 定律可知，声线总是弯向声速极小值方向。因此，深海声道内的小掠射角声线将由于折射而被限制于声道内传播。设想海洋生物在声道轴上方发声，如图 2.11 所示，它以小掠射角向远处辐射声线，这些小掠射角声线在向外传播过程中由于折射而逐渐弯向声道轴方向，并在某个深度上发生反转而穿过声道轴，之后又由于折射逐渐弯向声道轴，并在某个深度上发生反转。以上过程不断重复，这部分声线就这样被限制于声道中。它们无须借助海面和海底反射，没有反射损失，因此声波可传播很远的距离。此外，深海声道的另一特点是，与表面声道相比，它不受季节变化的影响，声道终年存在，声道效应十分稳定。利用深海声道良好的传播性能，海洋生物可以利用声波对远距离目标进行测距和定位。

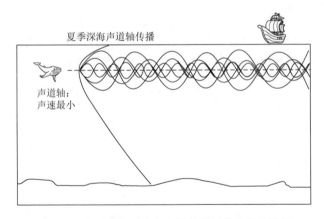

图 2.11　海洋生物叫声在声道轴附近的声线轨迹图

经过大量测量数据总结，可利用 Munk 深海声道声速剖面标准模型[12]来近似深海声道的声速分布：

$$c(z) = c_0 \left\{ 1 + \varepsilon \left[e^{-\eta} - (1-\eta) \right] \right\} \tag{2.11}$$

式中，$\eta = 2(z - z_0)/B$，z_0 为声速极小值的位置（m），B 为波导宽度（m）；c_0 为声道轴处的声速极小值（m/s）；ε 为偏离极小值的量级。对于该模型，Munk 给出的典型数据为 $B = 1000m$，$z_0 = 1000m$，$c_0 = 1500m/s$，$\varepsilon = 0.57 \times 10^{-2}$。大量实验

结果证明，声道轴深度与纬度密切相关，随着纬度升高，声道轴深度变浅。在大西洋中部，声道轴深度为 1100～1400m；在地中海、黑海、日本海以及温带太平洋中，声道轴位于 100～300m，在两极声道轴位于海表面附近。我国南海的声道轴深度为 1100m 左右。

除了 Munk 的标准模型，为了计算方便，理论研究中常使用简化的线性声速分布模型，它可以表示为

$$c(z) = \begin{cases} c_0(1+a_2 z), & z \geqslant 0 \\ c_0(1-a_1 z), & z \leqslant 0 \end{cases} \tag{2.12}$$

式中，c_0 为声道轴处的声速极小值；a_1、a_2 分别为声道轴上方和下方的相对声速梯度。线性声速模型因其简单、使用方便，在应用射线声学分析深海声道中的声传播特性时得到广泛应用。

2.4　海洋生物叫声传播过程中的多普勒效应

相比于其他水下声源，海洋生物的独特之处在于，其发声过程中会表现出各种运动行为，这些运动行为可能与觅食、定位、交流及其他生物学功能密切相关。当声源和接收点之间存在相对运动时，接收到的声波频率和声源发射的声波频率之间的变化称为多普勒效应。

多普勒效应可以帮助人们了解海洋生物的行为和生态环境。不同的海洋生物在发声过程中具有不同的运动速度。例如，座头鲸在慢速下发出低频的歌唱声以便与其他同伴保持联系，海豚在加速游动下发出瞬时脉冲声波用于追捕猎物。海洋生物在发声过程中可能会改变运动方向，以便对周围环境和目标进行更准确的探测与定位。同时，海洋生物在发声过程中可能会采取不同的运动姿态。例如，一些鲸豚在发声时会做出跳跃、翻腾等特殊动作。通过分析采集到的海洋生物叫声信号的多普勒域信息，研究人员可以推测这些生物在觅食、迁徙和社交等行为中的运动状态及模式。因此，在海洋生物声学研究中，多普勒效应是一个重要的物理现象。在处理海洋生物叫声信号时，需要考虑多普勒效应对频率分析的影响，以准确提取信号特征。

1. 多普勒频偏

海洋生物在发声过程中的自主运动，是造成接收声波信号产生多普勒效应的主要原因。这种情况下，多普勒效应对信号造成的影响主要为中心频率的偏移，即多普勒频偏。自主运动带来的多普勒频偏可以用式（2.13）描述：

$$\Delta f = \frac{v}{c} f \cos\theta \tag{2.13}$$

式中，c 为声速（m/s）；v 为海洋生物在发声过程中的相对运动速度（m/s）；f 为海洋生物叫声的中心频率（Hz）；θ 为相对运动过程中海洋生物与接收点所形成的夹角（rad）。通常将 $v_D = v/c$ 定义为多普勒系数，用以描述多普勒效应的强弱。

当海洋生物做靠近接收点的相对运动时，v 是负值，导致接收点感知到的频率增加，表现为叫声信号波形在时域上的尺度缩短；相反，当海洋生物做远离接收点的相对运动时，v 是正值，导致接收点感知到的频率降低，表现为叫声信号波形在时域上的展宽。

因为水中声速远小于空气中电磁波传播速度，所以水下声通信极易受到多普勒效应的影响。例如，陆地通信系统的相对运动速度达到160km/h时，可算得此时的多普勒系数 $v_D = 1.5 \times 10^{-7}$，而海洋生物的运动速度一般可达几米每秒，此时的多普勒系数可达 10^{-3} 量级。特别地，在短距离内，一些鲸鱼（如虎鲸）能短暂达到更高的速度，约 55km/h。

2. 多普勒扩展

在海洋环境中，即使海洋生物在发声过程中保持相对静止，也不能完全消除多普勒效应的影响，因为海水介质的时变特性也能造成多普勒效应[13]。由于海洋介质内部的不稳定性，如海洋表面随机性出现的浪涌、海洋内部不均匀的水团及随机出现的生物群落、海底地形地貌的不规则散射或反射，都会导致水声信道存在时间和空间上的随机变化，从而影响声线的到达时延和幅度，在多普勒域上表现为功率谱的展宽。

对于这种海洋环境自身的特殊效应所造成的多普勒效应，很难精准建模。如果仅考虑海面风力变化导致的海浪、海水的流动因素造成的多普勒扩展，可以采用 Carson（卡森）经验公式[14]来估算多普勒扩展的均方根值：

$$B_W = 2f_W \left(1 + \frac{2\omega \cos\theta_0}{c} h_W \right) \tag{2.14}$$

式中，ω 为风速（m/s）；c 为声速（m/s）；θ_0 为信号反射时的随机入射角度（rad）；$f_W = 2/\omega$；$h_W = 0.005\omega^{2.5}$。可以看出，随着风速的增加，多普勒扩展也加大；风速一定的情况下，信号频率越高，多普勒扩展越大。

2.5　声　呐　方　程

海洋生物的声学行为通常分为主动发声行为和声监听行为。主动发声行为是指海洋生物主动产生声波的过程，这些声波用于与其他同类或不同种类的生物进行沟通、表达情感、建立领域或进行求偶。同时，主动发声还能用于探测环境中的物体，如觅食或回声定位。声监听行为是指海洋生物通过监听周围其他生物发出的声波来收集信息的过程。这种行为有助于生物感知环境变化，例如，一些鱼类依赖珊瑚礁产生的声音来寻找栖息地；螃蟹可以通过监听周围的声音来感知入侵者的存在，并采取相应的防御行为。

在海洋生物声学中，发声的海洋生物、被感知的声源分别被视为主动声呐和被动声呐。主动声呐和被动声呐的工作方式有所不同，但它们工作时的信息流程都由三个基本环节组成：声信号赖以传播的海水介质、被探测目标和声呐设备本身。进一步的分析表明，上述三个基本环节中的每一个都包含了若干个影响声呐设备工作的因素，水声工程领域中将这些因素称为声呐参数。本节主要介绍声呐技术的基础知识，给出各个声呐参数的定义并简要说明其物理意义，然后将它们组合成声呐方程以分析海洋生物声呐的工作质量。

2.5.1　参数定义

1. 分贝的概念

分贝是量度两个相同单位的数量比例的计量单位，常用 dB 表示。分贝最初使用是在电信行业，以美国发明家贝尔命名。因为人耳可以感受到的最小声压约为 20μPa，最大声压约为 20Pa，对声压的听觉范围量级相差 10^6，波动区间很大，线性角度衡量十分不便。而分贝尺度下更易于对比变化巨大的线性幅值。因此，常用分贝来度量声音的强度，以 dB 表示的量称为"级"。

分贝存在两种定义情况，一种为功率之比：

$$1\text{dB} = 10 \times \lg \frac{W}{W_0} \tag{2.15}$$

式中，W 和 W_0 分别为测量值和参考值的功率。另一种为幅值之比：

$$1\text{dB} = 10 \times \lg \left(\frac{A}{A_0}\right)^2 = 20 \times \lg \frac{A}{A_0} \tag{2.16}$$

式中，A 和 A_0 分别为测量值和参考值的幅值。

dB 值可正可负，测量值大于基准值的为正，小于基准值的为负。除此之外，还需注意的一点是，分贝的加减运算并不是简单的线性相加，需要先转化为能量值相加后再转换为 dB 表示。当两个声压级相差 0dB，即两个声压值相等时，合成之后声压级会大 6dB；当两个声压级相差 30dB 以上时，数值小的声压级可忽略。

2. 声源级

主动声呐的声源级（SL）用来描述主动声呐发射声音信号的强弱，它定义为

$$SL=10\lg \frac{I}{I_0}\bigg|_{r=1} \qquad (2.17)$$

式中，I 为声源在声轴方向上离声源中心 1m 处的声强；I_0 为参考声强。在水声学中，通常将均方根声压为 1μPa 的平面波声强取作参考声强，它约等于 $0.67\times 10^{-22}\text{W/cm}^2$。

为了提高发射声波的作用距离，海洋生物进化出天然的具有发射指向性的发声器官（如鼻咽气腔、嗓子头囊等）和头骨结构（如前额凸起、颅骨形状等），使得所发出的声能可以集中在空间方向，其余方向上则仅有少量的发射声能。图 2.12 形象地表示了这种发射指向性特性。通过发射指向性强的声波，海洋生物能够更精确地探测周围的物体和环境，提高回声定位的效率，同时进行更有效的通信，避免信号的损失和干扰。

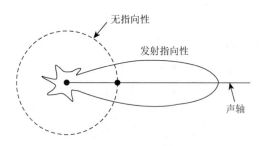

图 2.12　发射指向性的图案

被动声呐本身并不向外辐射声波，仅接收被测目标的辐射声波，因此目标的辐射噪声，就是被动声呐的声源。工程上，被动声呐的声源级描述为在接收水听器声轴方向上、离目标声学中心单位距离处测得的目标辐射噪声强度 I_N 和参考声强之比的分贝数，即

$$SL_1=10\lg \frac{I_N}{I_0} \qquad (2.18)$$

虽然 SL_1 也称为声源级，但它只适用于被动声呐。

3. 声传播损失

海水介质是一种不均匀的非理想介质，海洋生物叫声在传播过程中，传播方向上的声强会逐渐衰减。衰减的原因分为两类[15]：一类称为声吸收衰减，是由于

海水的热传导性、黏滞性和分子弛豫等物理效应,导致声能转变为热能;另一类可统称为声扩展损失,来源于声传播过程中波阵面的几何扩展,使得波阵面上单位体积内的声强减小。

声传播损失(TL)定量描述了声波传播一定距离后声强的衰减变化,定义为

$$TL = 10\lg\frac{I_1}{I_r} \tag{2.19}$$

式中,I_1 为离声源中心 1m 处的声强;I_r 为距离声源 r 处的声强。根据上述衰减原因叙述可知,传播损失应由扩展损失和吸收损失两部分组成。

4. 目标强度

主动声呐是利用目标回波来实现检测的,如鲸豚生物在捕猎过程中的回声定位行为。由声学基础知识可知,目标回波的特性除了和声波本身的特性(如频率、波形等)有关,还与目标自身的特性(如几何形状、组成材料等)有关。也就是说,即使是在同样的入射波"照射"下,不同目标的回波也是不一样的。这一现象反映了目标反射性能的差异。声呐技术中,用目标强度(TS)来定量描述目标对声波的反射能力,定义为

$$TS = 10\lg\frac{I_r}{I_i}\bigg|_{r=1} \tag{2.20}$$

式中,I_i 为目标处入射平面波的强度;$I_r\big|_{r=1}$ 为在入射声波相反方向上,离目标等效声中心 1m 处的回声强度。这里需要特别说明,工程上往往遇到 TS > 0 的情况,这并不表示回声强度高于入射声强度,其原因仅是参考距离选用 1m 所致。

5. 海洋环境噪声级

由于海水介质中存在大量的噪声源,包括海洋动力噪声、生物噪声、人为噪声等,它们各自发出的声波构成了海洋环境噪声,海洋环境噪声级(NL)是用来度量环境噪声强弱的一个量,定义为

$$NL = 10\lg\frac{I_N}{I_0} \tag{2.21}$$

式中,I_0 为参考声强;I_N 为测量带宽内的噪声强度。实际应用时,计算环境噪声级常用公式为

$$NL = NL_0 + 10\lg\Delta f \tag{2.22}$$

式中,NL_0 为海洋环境噪声谱级,表示单位频率范围内的声压级;Δf 为带宽。海洋环境噪声通常具有较宽的频率范围,在低频段(10Hz～1kHz)谱级较高,在高频段(1kHz 以上)谱级较低。

6. 等效平面波混响级

对于主动声呐，除了环境噪声，混响也是一种背景干扰。混响是指声波在海洋环境中传播时，由于与海水、海底、海面和其他物体发生多次反射、折射和散射而产生的声能延迟回波。混响研究指出，混响不同于环境噪声，它不是平稳的，也不是各向同性的。为了定量描述混响干扰的强弱，引入参数等效平面波混响级（RL）。设有强度为 I 的平面波入射到水听器上，水听器输出某一电压值；如将此水听器移置于混响场中，使它的声轴指向目标，在混响声的作用下水听器也输出一个电压。如果这两种情况下水听器的输出恰好相等，那么就用该平面波的声强级来度量混响场的强弱，并定义等效平面波混响级为

$$RL = 10 \lg \frac{I}{I_0} \qquad (2.23)$$

式中，I 为平面波声强；I_0 为参考声强。

7. 接收指向性指数

与发射换能器（阵）总具有一定的发射指向性一样，接收换能器一般也会有指向特性，称为接收指向性指数（DI），定义为

$$DI = 10 \lg \frac{无指向性水听器产生的噪声功率}{指向性水听器产生的噪声功率} \qquad (2.24)$$

接收指向性指数反映了接收系统抑制各向同性背景噪声的能力。

8. 检测阈

声呐设备的接收器工作在噪声环境中，既接收声呐信号，也接收背景噪声，相应的其输出也由这两部分组成。实践表明，这两部分比值的大小对设备的工作有重大影响。工程上，将工作带宽内接收信号功率与工作带宽（或 1Hz 带宽内）的噪声功率的比值（以 dB 表示）称为接收信号信噪比，定义为

$$SNR = 10 \lg \frac{信号功率}{噪声功率} \qquad (2.25)$$

在声呐技术中，习惯上将设备刚好完成某种职能所需的处理器输入端的信噪比称为检测阈（DT），定义为

$$DT = 10 \lg \frac{刚好完成某种职能的信号功率}{水听器输出端的噪声功率} \qquad (2.26)$$

式（2.26）为信号声级高出噪声声级的分贝数。由检测阈定义可知，对于完成同样职能的声呐，检测阈较低的设备，其处理能力较强，性能也较好。

2.5.2　主动声呐方程

水下声呐总是工作在背景干扰的环境中，工作时既接收到有用的声信号，同时也接收到背景干扰信号。如果接收信号级与背景干扰级之差刚好等于设备的检测阈，即

$$信号级 - 背景干扰级 = 检测阈 \qquad (2.27)$$

则由检测阈的定义可知，此时设备刚好能完成预定的职能。反之，若式（2.27）的左端小于右端，则设备不能正常工作。所以通常将式（2.27）作为组成声呐方程的基本原则。

根据主动声呐信息流程及式（2.27），可以方便地写出主动声呐方程：

$$SL - 2TL + TS - (NL - DI) = DT \qquad (2.28)$$

为了正确应用方程（2.28），需要注意以下两点：①方程（2.28）适用于收发合置型声呐。对于收发换能器分开的声呐，声信号往返的传播损失一般是不相同的，所以不能简单地用 2TL 来表示往返传播损失；②方程（2.28）仅适用于背景干扰为各向同性的环境噪声情况。对于主动声呐，混响也是它的背景干扰，而混响是非各向同性的，因此当混响成为主要背景干扰时，就应使用等效平面波混响级替代各向同性背景干扰 $(NL - DI)$，则方程（2.28）变为

$$SL - 2TL + TS - RL = DT \qquad (2.29)$$

2.5.3　被动声呐方程

被动声呐的信息流程比主动声呐略为简单：①噪声源发出的噪声不需要往返程传播，而直接由噪声源传播至接收点；②噪声源发出的噪声不经目标反射，所以目标强度 TS 不再出现；③被动声呐的背景干扰一般总为环境噪声，不存在混响干扰。考虑到以上差异，由被动声呐工作时的信息流程，可以得到被动声呐方程为

$$SL_1 - TL - (NL - DI) = DT \qquad (2.30)$$

式中，SL_1 为噪声源辐射噪声的被动声呐声源级；其余各参数的定义与主动声呐方程一致。

2.6　本 章 小 结

本章从水声通信的角度，基于海洋的声学特性，分析了海洋生物叫声的传播特性；海水介质的声速分布直接关系到海洋生物叫声信号的传播路径和时间，受

环境影响较大，介绍了常用的声速经验公式来估计声速；为了分析声波的传播路径，基于分层介质条件下的射线声学理论，分析了多径效应的成因，探讨了两种典型声速剖面下的声速分布模型和声线轨迹；此外，由于声传播速度的物理限制，海洋生物在发声过程中的运动行为以及海洋的动力学变化引起的多普勒效应，导致叫声信号的频率畸变；最后将海洋生物的声学行为等效为声呐系统，引入多个声呐参数，分别推导了主动声呐和被动声呐方程，以分析海洋生物声呐的工作质量。本章的内容涵盖了部分声学理论基础和声呐技术知识，从而为后续海洋生物叫声信号分析和处理部分提供信道模型支撑。

参 考 文 献

[1] 刘伯胜，雷家煜. 水声学原理[M]. 2 版. 哈尔滨：哈尔滨工程大学出版社，2010.

[2] Stojanovic M，Preisig J. Underwater acoustic communication channels：Propagation models and statistical characterization[J]. IEEE Communications Magazine，2009，47（1）：84-89.

[3] 马特维柯，塔拉休克，等. 水声设备作用距离（中译本）[M]. 《水声设备作用距离》翻译组，译. 北京：国防工业出版社，1981.

[4] 汪德昭，尚尔昌. 水声学[M]. 北京：科学出版社，1981.

[5] 中国 Argo 实时资料中心. 浮标实时观测资料[DB/OL]. http://www.argo.org.cn/data/show_profile_map.php? PTT=21371&InterNum=0009&profile_no=001[2023-04-23].

[6] 延森，库珀曼，波特，等. 计算海洋声学[M]. 2 版. 周利生，王鲁军，杜栓平，译. 北京：国防工业出版社，2017.

[7] 惠俊英，生雪莉. 水下声信道[M]. 哈尔滨：哈尔滨工程大学出版社，2011.

[8] van Walree P A. Propagation and scattering effects in underwater acoustic communication channels[J]. IEEE Journal of Oceanic Engineering，2013，38（4）：614-631.

[9] Yan H L，Ma T L，Pan C Y，et al. Statistical analysis of time-varying channel for underwater acoustic communication and network[C]. The 18th International Conference on Frontiers of Information Technology，Islamabad，2022：55-60.

[10] Urick R J. Principles of Underwater Sound[M]. 3rd ed. New York：McGraw-Hill，1983.

[11] 布列霍夫斯基. 海洋声学[M]. 山东海洋学院海洋物理系，中国科学院声学研究所水声研究室，译. 北京：科学出版社，1983.

[12] Munk W H. Sound channel in an exponentially stratified ocean，with application to SOFAR[J]. The Journal of the Acoustical Society of America，1974，55（2）：220-226.

[13] van Walree P A. Propagation and scattering effects in underwater acoustic communication channels[J]. IEEE Journal of Oceanic Engineering，2013，38（4）：614-631.

[14] 樊昌信，曹丽娜. 通信原理[M]. 7 版. 北京：国防工业出版社，2012.

[15] 何祚镛，赵玉芳. 声学理论基础[M]. 北京：国防工业出版社，1981.

第3章 海洋生物叫声信号采集

本章主要介绍海洋生物叫声信号采集系统，从概念、结构组成及各个功能模块的作用等角度对其进行阐述，并简述采集系统的技术指标；最后介绍两种典型海洋生物叫声信号采集系统——吸附式多参数声学采集系统和锚系式声学采集系统。

3.1 海洋生物叫声信号采集系统整体概述

海洋生物叫声信号采集系统是一种用于采集和存储海洋生物发出的声音信号的仪器，包含两个最基本的模块，模拟信号调理模块和数字信号处理模块，如图 3.1 所示。模拟信号调理模块包括用来处理海洋生物叫声信号的水听器、前置放大器、滤波电路、模数转换器，以及采集其他非声学信息的多源非声学传感器；数字信号处理模块包括数据存储器以及作为核心控制单元的中央处理器等组件。

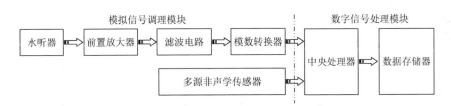

图 3.1 海洋生物叫声信号采集系统结构示意图

声信号首先经过模拟信号调理模块，被水听器采集后由声信号转换为电信号；经过前置放大器后，从水听器直接输出的微弱电信号被放大，从而可供后续电路进行处理；滤波电路一般进行带通滤波，滤除掉接收信号中不需要的频率分量，以保留感兴趣的海洋生物叫声信号频率范围内的信息并降低噪声干扰；经过调理后的模拟信号经过模数转换器，由模拟信号转换为数字信号，以便后续处理及存储；转换后的叫声信号和其他多源非声学传感器数据一起作为数据流通过数字信号处理模块的中央处理器进行处理，并保存到数据存储器中，如固态硬盘等。下面对各个功能模块进行详细阐述。

3.1.1　水听器

水听器是一种能够将声信号转换成电信号的换能器，专门用来接收水中的声信号。根据作用原理、换能原理、特性及构造等的不同，有声压、振速、无向、指向、压电、磁致伸缩、电动（动圈）等水听器之分。图 3.2 为哈尔滨工程大学研发的一款中高频压电水听器。

图 3.2　压电水听器

根据用途和校准的准确率，水听器分为两级：一级标准水听器和二级标准水听器。一级标准水听器通过绝对法校准，用于建立水声声压标准，并通过它传递声学量单位；二级标准水听器，也就是测量水听器，通过比较法校准，用于实验室的一般测试。

在使用水听器时，应当注意以下参数。

1. 水听器接收灵敏度

水听器的接收灵敏度是指一定频率下，水听器接收到的声波信号转换成的电压输出与声波信号入射时产生的压力变化之比，常用单位为 V/μPa 或 dB re 1V/μPa（表示在 1V/μPa 的参考灵敏度下，用 dB 表示的灵敏度大小）。水听器接收灵敏度分为自由场电压灵敏度和声压灵敏度。

水听器自由场电压灵敏度定义为水听器在平面自由声场中输出端的开路电压 e_{OC} 与声场中放入水听器之前存在于水听器声中心位置处自由场声压 P_f 的比值，如式（3.1）所示：

$$M_{Pf} = \frac{e_{OC}}{P_f} \tag{3.1}$$

水听器声压灵敏度定义为水听器输出端的开路电压 e_{OC} 与作用于水听器接收面上的实际声压 P_p 的比值，如式（3.2）所示：

$$M_{PP} = \frac{e_{OC}}{P_p} \tag{3.2}$$

式（3.1）和式（3.2）的单位均为 V/μPa。

水听器的接收灵敏度是衡量水听器性能的重要指标之一，其值越大表示水听器对声波信号的响应越灵敏。在实际的海洋观测和生物声学研究中，选择合适的水听器接收灵敏度可以获得更准确的海洋生物叫声信号数据。

2. 水听器频率响应特性

水听器的频率响应特性是指在不同频率下，水听器的灵敏度或输出信号的大小。频率响应特性通常用一个曲线来表示，称为水听器的频率响应曲线。图 3.3 为哈尔滨工程大学水声技术全国重点实验室共享的标准水听器系列。图 3.3（a）显示了 BK 系列四款不同型号的水听器（从上到下依次为 BK8103、BK8104、BK8105、BK8106）在不同频率下的灵敏度大小，可以看出 BK8103 的工作频率范围为 0.1Hz～180kHz；BK8104 的工作频率范围为 0.1Hz～120kHz；BK8105 的工作频率范围为 0.1Hz～160kHz；BK8106 的工作频率范围为 7Hz～80kHz。在这个曲线中，横轴表示频率，纵轴表示水听器的灵敏度大小，以 dB（分贝）为单位。

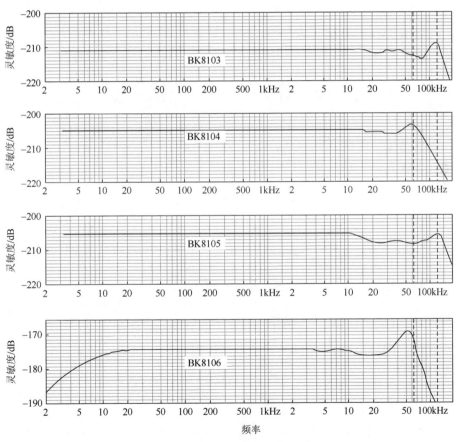

(a) BK系列四款水听器灵敏度

(b) BK系列四款水听器实物

图 3.3　哈尔滨工程大学 BK 系列水听器频响曲线及实物

一般来说，水听器的频率响应特性应该是平坦的，即在整个工作频率范围内对声音的响应程度应该是相同的。然而，实际上，由于水的物理性质和水听器本身的结构等原因，水听器的频率响应特性是不完全平坦的。水听器的频率响应特性通常受到许多因素的影响，如水听器的尺寸、方向性等。对于不同的水听器，其频率响应特性也会有所不同，因此应当选择合适的水听器或者调整信号处理参数以获得更好的接收效果。

3. 水听器的指向性

水听器的指向性是指其在不同方向接收平面波时的灵敏度或者输出端的开路电压的变化情况，也就是说，水听器的指向性决定了其在不同方向上接收声波信号的效果，而指向性图是用于描述水听器在不同方向上接收灵敏度的图形表示。常见的指向性图为极坐标图，一些常见的水听器指向性图包括全向性、心形指向性、双向指向性、超心形指向性、超指向性等。

在实际应用中，需要根据不同的需求选择合适的水听器指向性。例如，需要水听器或者水听器阵列做定位的情况下，可选用指向性图主瓣或者主波束较为尖锐的水听器；而在广泛采集信号的目的需求之下，可选取指向性较为平缓的全向性水听器。

4. 水听器接收灵敏度校准方法

通常，对水听器进行灵敏度校准时，只需关注水听器声压灵敏度，如果知道了水听器的灵敏度，只要将水听器置于待测点，测出水听器在待测点的开路电压，就可以求出该点的声压或声压级。为了保证水听器长期正常稳定地工作，在实际使用过程中需要定期对其灵敏度进行校准[1]。

水听器灵敏度目前按使用目的和校准不确定度分为一级校准和二级校准，也称为绝对校准和相对校准，相对校准有时也称为比较校准[2]。在水声计量中，绝对校准和相对校准是这样规定的：绝对校准中，可以利用已经校准的振荡器、放大器、电压表和阻抗电桥等仪表，但不能使用已校准的换能器，而在相对校准中，可以使用标准换能器作为参考[3]。绝对校准法用于校准标准水听器（也称为一级标准水听器），标准水听器被用作计量标准器具或作精确的声学测量，绝对校准法校准精度高，但在校准过程中使用仪器较多，方法比较烦琐，校准时间长。

相对校准法中比较常用的是比较校准法，该方法多用于校准测量水听器（也称为二级标准水听器）。比较校准法具有产生误差来源少、简单易操作等优点，在水声测量中应用十分广泛。图 3.4 为利用自由场电压灵敏度比较校准法来对待测水听器灵敏度进行测量的示意图。以已知灵敏度的标准水听器作为参考水听器，与待测水听器同时置于消声水池中的相同位置，它们的灵敏度级之比等于其开路输出电压之比，如式（3.3）所示：

$$M_{\text{test}} = M_{\text{ref}} \frac{e_{\text{test}}}{e_{\text{ref}}} \tag{3.3}$$

式中，e_{test} 和 e_{ref} 分别为待测水听器和参考水听器在不同频率下的输出电压；M_{ref} 为参考水听器已知灵敏度。

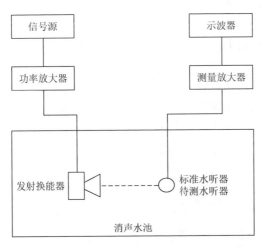

图 3.4　比较校准法水听器灵敏度测量示意图

若采用 dB 表示，则被测水听器的灵敏度级如式（3.4）所示：

$$M_{\text{test}} = 20\lg\left(\frac{e_{\text{test}}}{e_{\text{ref}}}\right) + M_{\text{ref}} \tag{3.4}$$

3.1.2　前置放大器

信号电路中的前置放大器是一种用于放大输入信号的电路，其主要功能是将水听器输出的微弱信号放大到适当的电平，以便后续电路对其进行处理。通常情况下，前置放大器的放大倍数较高，可以将微弱信号放大几十倍甚至上百倍，从而使信号的幅度足够大，可以被后续电路准确地检测和处理。可采用封装好的运算放大器（operational amplifier，Op-Amp）芯片作为前置放大器。

在进行运算放大器芯片选型时，主要考虑其增益带宽积参数。运算放大器中增益带宽积指的是运算放大器在输入信号频率固定时，放大倍数和信号频率之间的乘积，通常用 GBW 表示，是表征运算放大器特性的重要参量，定义为

$$\text{GBW} = \text{Av} \times \text{BW} \tag{3.5}$$

式中，Av 为运算放大器的直流（direct current，DC）增益；BW 为运算放大器在放大倍数下降至 Av$/\sqrt{2}$ 时对应的频率范围，通常称为–3dB 带宽。

3.1.3　滤波电路

声学信号采集系统中的滤波电路模块主要用于对采集到的声学信号进行滤波处理，以抑制噪声和干扰信号，提高信号质量和可靠性，以便进一步分析和处理。模拟滤波电路主要分为有源滤波器和无源滤波器两种，简单来说，无源滤波器是电容和电抗的组合，利用 LC 谐振（LC resonance，其中 L 代表电感，C 代表电容）原理进行滤波处理；而有源滤波器相对更为主动，它实际上是一个电子式谐波发生器，能够抵消信号的谐波。

在选择和设计滤波电路模块时，需要根据实际需求综合考虑滤波器的带宽、截止频率、通带和阻带平坦度等参数，以及时域和频域性能指标，如群延迟、相移、失真等。同时，还需考虑滤波器对信号的幅度和相位的影响，避免出现幅频失真和相位畸变，保证滤波后的信号质量和一致性。

3.1.4　模数转换器

模数转换器（analog-to-digital converter，ADC）是指将连续变化的模拟信号转换为离散的数字信号的器件。在本章中，海洋生物叫声信号通过水听器及放大滤波电路后输入 ADC 进行模数转换。

分辨率作为 ADC 的一个重要参数，是指将模拟信号转换成数字信号的精度。它通常以位数（bit）来衡量，如 8 位、10 位、12 位等。分辨率越高，ADC 可以将输入信号分成越多的数字级别，从而提高测量精度。假设 ADC 的输入电压范围为 $(-V, V)$，分辨率为 M（bit），则该 ADC 拥有 2^M 个量化电平，其大小为

$$\Delta V = \frac{2V}{2^M} \tag{3.6}$$

ΔV 也可以称为转换精度。

由式（3.6）可见，ADC 的分辨率越高，输入电压范围越小，则它的转换精度越高。例如，一个 8 位的 ADC 可以将输入信号分成 256 个数字级别，而一个 12 位的 ADC 可以将输入信号分成 4096 个数字级别。

可以使用以下公式根据 ADC 的分辨率和参考电压计算单片微控制器（microcontroller unit，MCU）读取的数字值：

$$\frac{\text{ADC分辨率}}{\text{参考电压值}} = \frac{\text{ADC数字值}}{\text{实际电压值}} \tag{3.7}$$

3.1.5　中央处理器

信号采集系统的核心处理器可以分为 MCU、数字信号处理器（digital signal processor，DSP）、通用计算机（general purpose computer）等不同类型。它们各自的作用、特点和适用范围如下。

MCU 是一种具有集成电路芯片、存储器、控制逻辑和输入/输出接口等功能单元的微型计算机系统，其主要特点是集成度高，功耗低，且易于使用和编程。MCU 适用于对信号进行简单的数据采集和处理，如传感器信号采集、气象数据采集和实时控制等应用。

DSP 是专门用于数字信号处理的微处理器，主要特点是具有高速浮点运算能力和高效的信号处理算法，能够实现较复杂的数字信号处理任务，如滤波、变换、压缩等。DSP 适用于音频、视频、无线通信、雷达、图像处理以及工业自动化等领域中对信号进行数字处理的应用。

通用计算机是一种可以执行通用计算任务的计算机处理器，它通常具有较高的计算能力、存储容量和输入/输出接口，可通过编程实现各种复杂的信号处理任务。通用计算机适用于对信号进行大规模数据采集和处理的应用，如图像处理、语音识别、人工智能等领域。

除了上述三种主要的核心处理器，还有能够进行并行运算处理的现场可编程门阵列（field programmable gate array，FPGA），它不属于信号采集系统的核心处理器三种主要类型之一，而是通过可编程门阵列来实现数字逻辑功能而非预先设

计好的处理器核心。FPGA 通常具有高度的可编程性和可重构性，能够实现较为复杂的数字信号处理任务。因此，FPGA 通常被用于需要高度定制化和灵活性的应用场景，如图像处理、高速数据采集和通信等领域。

　　总之，不同类型的信号采集系统核心处理器各自具有独特的特点和适用范围，在选择时需要根据具体的应用场景和信号处理要求进行选择。

3.2　采集系统技术指标

3.2.1　采集系统本底噪声

　　本底噪声，顾名思义，也称为背景噪声，是指系统中除有用信号以外的总噪声，也就是说，信号采集系统的本底噪声是指在没有任何输入信号的情况下，系统本身产生的噪声。过强的本底噪声，会湮没声音中较弱的细节部分，使声音的信噪比和动态范围减小，再现声音质量受到破坏。这种噪声通常是由许多因素引起的，如传感器本身的噪声、放大器电路中的噪声以及 ADC 的量化噪声等。

　　声学信号采集系统本底噪声的计算公式通常为

$$N = 10\lg \frac{\sum d_i^2}{n} \tag{3.8}$$

式中，d_i 为每个离散数据点与平均值之差；n 为数据点的数量。这个公式的意思是将每个数据点减去平均值，然后求出它们的平方和，并除以数据点数量。最终结果取对数得到以 dB 为单位的本底噪声水平。

3.2.2　采集系统动态范围

　　声学信号采集系统的动态范围（dynamic range）是指从它的等效噪声声压级到其过载声压级之间的范围，也就是水听器能够接收到的水下声场中最小的声压量值和不失真的最大声压量值之间的范围[4]，通常用 dB 表示。它是一个表示声音信号清晰度和准确性的重要参数。

　　声学信号采集系统的动态范围包括两个方面：最大输入信号，即系统能够处理的最大信号幅度 V_{max}，若输入信号的幅度超过了系统的最大限制，则会出现非线性失真现象；最小可分辨信号，即系统能够识别的最小可分辨信号幅度 V_{min}，若输入信号幅度小于系统的最小可分辨信号幅度，将会被噪声覆盖而无法检测到。

　　声学信号采集系统的动态范围可以通过以下公式计算：

$$DR = 20\lg\frac{V_{max}}{V_{min}} \tag{3.9}$$

式中，DR 为系统的动态范围（dB）；V_{max} 为系统能够处理的最大信号幅度；V_{min} 为系统的最小可分辨信号幅度。

总之，在选择声学信号采集系统时，需要考虑动态范围对实际应用的影响，并选择具有适当动态范围的系统以满足实际需求。

3.2.3　同步误差

声学信号采集系统的同步误差是指在多通道声信号采集系统中，由于时钟偏移、温度变化等因素导致不同通道之间时间戳的偏移量。这种偏移会导致不同通道采集到的信号在时间上存在差异，可能导致数据重构、分析和处理出现较大的偏差，从而降低采集系统的精度和可靠性。

多通道声信号采集系统的同步误差一般用如下方法进行测量：首先通过外部触发器或基准信号等方式使得所有通道同时开始采样，然后将多个通道采集到的数据进行对齐，最后通过比较对齐后的各通道数据中的最大值或零交叉点等特征参数，计算不同通道之间的同步误差。常见的同步误差计算方法有如下两种。

最大值偏差法：将各通道采集到的数据中的最大值进行比较，假设第 i 个通道采集到的最大值所在时刻为 T_i，则同步误差可表示为

$$\Delta t = T_{ref} - T_i \tag{3.10}$$

式中，T_{ref} 为参考通道采集到的最大值所在时刻；Δt 为第 i 个通道相对于参考通道的同步误差。

零交叉点偏差法：将各通道采集到的数据中的零交叉点所在时刻进行比较，假设第 i 个通道采集到的零交叉点时刻为 T_i，则同步误差可表示为

$$\Delta t = T_{ref} - T_i \tag{3.11}$$

式中，T_{ref} 为参考通道采集到的零交叉点所在时刻。

在多通道采集且对通道间相位误差要求较高的领域，可采用同步采集卡。

3.2.4　系统幅频特性和相频特性

声信号采集系统的幅频特性及相频特性是指由于电路中客观存在的电阻及电容效应，固定频率的信号经过复杂电路后，其输出信号的幅值和相位常常发生变化，并且随着输入信号频率的不同，一般其输出信号的幅值和相位也不同。描述电路此种特性的就是幅频特性和相频特性[5]。以幅频响应为例，其通常用振幅与

频率之间的传递函数来表示，如式（3.12）所示：

$$Au(j\omega) = V_0 V_i = Au(\omega)e^{j\varphi(\omega)} \tag{3.12}$$

式中，$Au(j\omega)$ 为电压放大倍数和频率之间的关系，称为幅频特性；ω 为输入信号的角频率；$Au(\omega)$ 表征电压放大倍数和角频率之间的关系；$\varphi(\omega)$ 为相位。

理想情况下，声信号采集系统应该具有平坦的幅频响应，即在整个频率范围内对输入信号的幅度变化不会产生额外的扭曲或放大。但在实际操作中，由于所遇到的信号往往不是单一频率的，而是在某一段频率范围内，系统元件、电路板布局等因素的影响，采集系统的幅频特性往往存在非线性失真和带宽限制等问题。在选择声学信号采集系统时，需要重点考虑幅频响应特性等参数，并使用合适的校准方法以确保系统精度和准确性。

3.2.5　幅度、相位一致性

声学信号采集系统的幅度一致性是指在多通道声信号采集系统中，不同通道输出信号的幅频特性之间的比值，而相位一致性则是其相频特性之间的差值。实际系统中，由于电路制造工艺、元器件差异等因素，多通道采集系统幅度及相位非一致性是客观存在的[5]。

其测量方法一般是：向多通道采集系统的输入通道接入相同的扫频信号，如式（3.13）所示：

$$x(t) = A\sin(\omega t + \varphi) \tag{3.13}$$

采集到各通道输出信号后，利用傅里叶变换等算法求得各个通道输出信号在频率 ω 处的幅值 A_i 和初相位 φ_i，通过式（3.14）及式（3.15）计算得到幅度一致性 ∇A 及相位一致性 $\nabla \varphi$ [5]。

$$\nabla A = 20\lg(A_i - A_c) \tag{3.14}$$

$$\nabla \varphi = \varphi_i - \varphi_c \tag{3.15}$$

式中，A_c、φ_c 为参考通道的幅值和初相位。

3.2.6　通道间串扰

串扰又称通道隔离度，描述的是两条或多条信号线产生的耦合现象，反映了其他相邻通道信号对指定通道信号的影响程度，常用 dB 表示[5]。声学信号采集系统的通道间串扰是指在多通道声音采集系统中，相邻的通道之间由于耦合及交叉干扰而导致采集到的信号不纯净的现象。通道间串扰会产生混叠或带隙现象，从而破坏了原始信号的频谱特性和时间分辨率，引起系统的失真和误差。

若想测试多通道采集系统的通道间串扰，可使用信号发生器向任意一个通道输入指定的信号，如–1dBFS、8kHz 正弦波，其余全部通道输入线缆短接并与接地点相连。查看信号输入通道与相邻通道的频响图，找到 8kHz 位置，观测此位置的信号强度，若信号输入端通道 CH1 在 8kHz 位置信号强度为 16dB，相邻通道 CH2 频谱图在该位置信号强度为–114dB，则通道间串扰为两通道差值，即这两个通道串扰为–130dB@8kHz（这里–130dB@8kHz 表示在 8kHz 频率点上，通道串扰的信号强度为–130dB）。

3.3　吸附式多参数声学采集系统

3.3.1　系统概述

为了能够对单一海洋生物个体进行观测，需要一种能够与目标建立稳定观测关系，且能获取多源数据的观测设备——吸附式多参数声学行为记录仪，也就是数字标签（digital tag，DTAG）。

作为针对单个海洋生物长期跟踪式的记录设备，吸附式多参数声学行为记录仪多应用于鲸豚生物，以鲸豚生物为例，其使用步骤如下：在使用时，通过专门的设备将记录器安装到鲸豚动物体表，记录器通过底部的吸盘或其他附着设备与鲸豚建立牢固连接。图 3.5（a）为研究人员专门用来向不受控鲸豚动物目标发射 DTAG 的气动装置，图 3.5（b）为待布放的 DTAG 设备实拍图，图 3.5（c）为该空中远程标记系统（aerial remote tag system，ARTS）[6]部署过程实拍。

布放成功后，记录器通过水听器对鲸豚动物进行长时间的录音，同时通过内部的姿态、运动、温度和压力等多种传感器记录鲸豚动物的状态数据，并存储在设备内部的闪存中。当设备电量耗尽、内部存储空间耗尽或者达到了事先设定的工作时长后，经过开关控制电路使得合金通电，从而利用电化学腐蚀使得吸盘脱落，记录仪机体由于内置浮力材而上浮至海面。同时，开关电路开启甚高频（very high frequency，VHF）发射模块发射无线电信号，用于进行设备回收。在最终实现设备回收后进行数据读取及处理，可手动开关打开蓝牙传输模块与个人计算机（personal computer，PC）端进行互联并实现数据传输，或直接通过通用串行总线（universal serial bus，USB）等插口读取设备内部存储模块的数据并进行后续处理。

该系统作为海洋生物叫声信号采集系统的分支之一，通常适用于海洋中生物单独个体的长期观测与数据采集，尤其适用于需要对叫声信号及行为数据进行联合分析的鲸豚类海洋生物。

图 3.6（a）为不同版本的 DTAG 设备，从下到上分别是 1999～2002 年使用

的 DTAG-1、2002~2012 年使用的 DTAG-2,以及从 2012 年开始使用的 DTAG-3;图 3.6 (b) 为正在研制中的更新版本的 DTAG-4[7]。

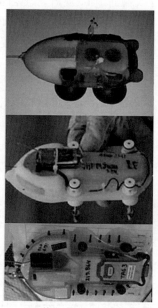

(a) 发射DTAG的气动装置　　(b) 待布放的DTAG设备　　(c) ARTS部署过程实拍

图 3.5　用来发射 DTAG 的气动装置及其发射过程实拍

(a) DTAG-1、DTAG-2 和 DTAG-3　　　　(b) DTAG-4

图 3.6　不同版本的 DTAG 设备

3.3.2　吸附式多参数声学监测系统整体设计

作为针对海洋生物的小型吸附式多参数声学行为记录仪,与 3.3.1 节提到的海洋生物声学信号采集系统整体设计相似,DTAG 设备在内部系统设计部分同样具有模拟采集端及数字处理端，如图 3.7 所示。但与传统的单纯声信号采集不同，模拟采集端部分除了声学传感器部分，还包括非声学传感器部分。其中，非声学传感器部分由一系列其他传感器构成，如压力传感器、加速度计、陀螺仪、磁力计等。在数字处理端部分，由于 DTAG 作为长期跟踪式的记录仪，必然要记录海量的数据，这通常要求处理器具有足够高的运算性能来对采集到的数据进行数据压缩处理，来适应 DTAG 有限的存储空间。一般选用数据运算处理能力较高的 DSP、FPGA 或者其他运算性能足够高的处理器。作为自容式的采集设备，DTAG 采集到的数据流最终需存储到内部数据存储端，一般选用存储速度快、数据保存稳健性好的存储设备，如移动硬盘、U 盘或者以 SD 卡（secure digital card，数字安全卡）为代表的存储卡。

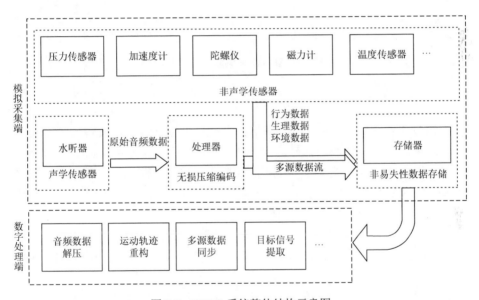

图 3.7　DTAG 系统整体结构示意图

　　吸附式多参数声学行为记录仪作为吸附式的跟踪采集系统，需要与待测海洋生物建立稳定可靠的连接，这要求记录器能够通过吸盘等设备牢固吸附到被测生物体表，并具有特殊的流线型外壳，保证在抵御生物游动所产生的牵拉力的前提下足够耐压。

　　作为可回收、周期性重复使用的自容式数据记录仪，DTAG 也需要后续对读出的数据进行数据处理，如音频数据的解压缩、运动轨迹重构、目标信号特征提取等。

　　以下用一个典型案例来对吸附式多参数声学行为记录仪进行详细介绍。图 3.8 为一款 DTAG 的内部电路系统设计方案，整个系统分为六个主要模块，以下进行详细阐述。

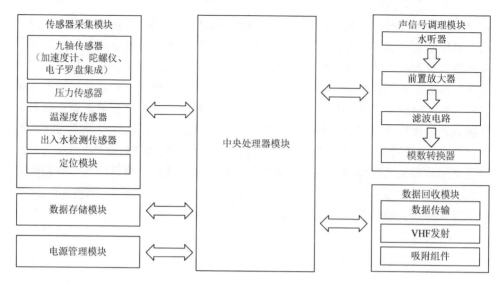

图 3.8　DTAG 采集系统内部设计

1. 声信号调理模块

声信号调理模块由水听器、前置放大器、滤波电路以及模数转换器构成。

根据被测海洋生物叫声信号声学特性的不同,应当选用相匹配的水听器探头。这里采集鲸豚类海洋生物声信号,查阅相应资料可知,海豚回声定位信号频率为 1～160kHz,因此系统带宽定为 1～160kHz,水听器探头带宽应当包括这个范围,同时水听器灵敏度应当大于–200dB。

前置放大器将水听器输出的微小电信号放大以供后续调理电路进行信号处理。这里选用低功耗、低供电电压、大通频带范围的运算放大器,如 RS8752 芯片。

滤波电路选择使用有源压控模拟滤波器来进行信号滤波处理。通过高通滤波器与低通滤波器的串联实现范围为 1～160kHz 的带通滤波。

根据声信号调理电路性能指标,模数转换芯片需具有至少 500kHz 的采样率、16bit 的采样精度以及一个以上的采样通道。这里选取 ADS8861 模数转换芯片,该芯片具有 16bit 采样精度,在高达 1MHz 的采样率下兼顾低功耗,非常适用于 DTAG 系统。

2. 传感器采集模块

由于要进行鲸豚生物的声学行为信息联合处理,仅仅采集声信号是不够的,还需要配合其他传感器来对被测生物本身的行为信息以及周边环境信息进行采集,以便后续处理。

为了采集鲸豚生物运动信息，以便后续进行轨迹预测处理，选取九轴传感器JY901B。该传感器集成了高精度的电子罗盘、加速度计、陀螺仪，能够快速求解出模块当前的实时运动姿态。

全球定位系统（global positioning system，GPS）定位模块的主要任务是在鲸豚动物浮休的时候采集其位置信息，以便后期数据处理时对绘制出来的运动轨迹进行进一步校准。这里采用的是 ATK-S1216F8-BD GPS/北斗模块。

鲸豚类生物作为海洋哺乳动物，需定期上浮到水面换气，这就为卫星定位提供了条件。相应出入水检测电路可使得设备浮出水面后能开启 GPS 定位模块进行位置信息获取及采集。这里选用比较器芯片 LM311DT，作为非接触式出入水检测开关。

该 DTAG 设备还配备有一些其他传感器，如温湿度传感器 DHT11，用来监测舱内温度及湿度环境数据。在用吸附式多参数声学行为记录仪记录时，可根据需要自行添加相应传感器模块。

3. 中央处理器模块

作为整个系统的核心控制模块，中央处理芯片控制着整个系统的运行，它的能力决定着整个系统的性能，因此选择合适的中央处理芯片以满足整个系统要求就成为设计系统电路的首要部分。

本案例中记录器主控部分的主要任务是将各个模块采集的信息经过一定处理存储到 SD 卡模块，由于记录器需要在水下进行长时间的工作，选择中央处理芯片时不仅需要考虑到处理能力，也需要考虑其功耗大小。基于以上两点考虑，选择 STM32U575 单片机。

4. 电源管理模块

由于该鲸豚动物声学行为记录仪无外部持续供电，因此需要高性能电池对其进行供电，这里选用 3.7V 的锂电池。而本系统大部分模块供电电压为 3.3V，为使它们正常工作，需利用电源转换电路将 3.7V 供电电压转化为 3.3V 电源电压，这就需要用到相应的直流-直流转换器（DC-DC converter）或者低压差线性稳压器（low dropout linear regulator，LDO）进行电压转换。

同时，由于电池的供电电压会随着电池的损耗而不断减小，为使系统正常运行，需要设计相应的电源管理模块，这里选择 1～4 节串联锂离子电池组管理器（电池电量监测计）BQ40Z50。

当记录器长时间工作时，为了减小功耗，采用间隔工作的方式，即每工作10min 就休眠 5min，为了使休眠状态的功耗降到最低，由单片机控制其余模块的上下电，使得其余模块在休眠状态下不产生不必要的功耗。

5. 数据存储模块

电路存储设备的选择需要考虑容量、读写速度、使用便捷性及功耗等诸多因素,其中容量问题是首先需要考虑的。例如,模数转换器的采样精度为 16bit,采样率为 500kHz,若要在连续工作模式下工作一天并考虑其他模块的数据量,经计算所需容量至少要达到 81GB,因此本节选用了 256GB 的高速安全数字扩展容量(secure digital extended capacity,SDXC)卡。

要对 SD 卡进行文件系统管理,这里选用 STM32U575 处理器内置的 FileX 文件管理系统。当然,如果处理器不支持文件系统管理,可选用外置的文件管理芯片,如 CH378 文件管理芯片,来实现高效的文件管理。

6. 数据回收模块

数据回收模块在整个设备采集完成之后激活使用。

首先,电子泵吸盘的电路部分由中央控制单元操控,一旦检测到电池电量消耗到指定值、预期工作时间到达或者其他指定因素,电子泵吸盘部分通电,从而使得组装在吸盘上的合金产生电化学腐蚀,导致吸盘脱落,整个设备在浮力材的作用下上浮到水面。

当设备到达水面之后,激活定位模块,使得设备能够被找到并且回收。这里选用 HTFM-10C FSK 无线发射模块。设备成功回收后,通信电路提供了对外的水密接口或者蓝牙接口以便于 SD 卡中存储数据的导出。

3.3.3　关键技术

1. 适配水动力学的壳体设计

使用鲸豚动物吸附式多参数声学行为记录仪时,附着不紧密将导致记录仪在鲸豚体表产生相对移动,这些相对移动在运动数据分析中表现为重现轨迹和姿态时的误差[8]。这种误差将掩盖小尺度的运动,如游泳过程中的起伏与小幅度的转向等[9]。考虑到鲸豚最高可达 50km/h 的游动速度与强大的变速、变向能力[10],有必要通过改良记录仪壳体的流线型、引入流体动力学设计,来减小记录仪带来的阻力,同时产生使得记录仪贴紧鲸豚体表的下压力。在 Alex Shorter 等的工作中,通过计算流体力学的方式模拟了标签外形在一系列不同方向水流冲击下的流体动力载荷,如图 3.9 所示。

总体来看,已有的几代声学标签的流线型外形设计都遵循匹配尺寸的水动力学原则,具体为:降低水阻,减小流噪声;产生一定的下压力;使鲸豚动物感到舒适。除了流线型,记录仪的外壳还应当具有一定的耐压能力。以应用最广泛的 DTAG-3 记录仪为例,该记录仪的壳体为热成型聚乙烯材质,舱内的电路板被密封在环氧树脂中以平衡内外压力[7]。

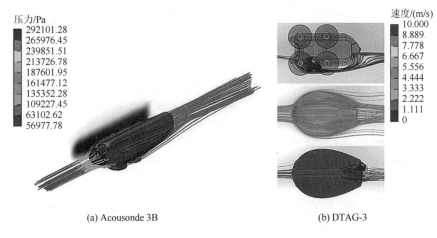

(a) Acousonde 3B　　　　　　　　　　　　(b) DTAG-3

图 3.9　对 Acousonde 3B 和 DTAG-3 的流体力学分析

2. 吸附装置与脱离回收装置设计

常见的附着方式包含刺入式与吸盘式。早期的声学标签使用刺入表皮的倒钩与目标生物建立连接,如图 3.10 所示[11],有时也使用背鳍螺栓等[12],这种连接方式主要用于对表皮厚实、体型庞大的大型须鲸的长期观测。随着设备的成熟和生物伦理学的发展,吸盘连接成为较为主流的部署方式。

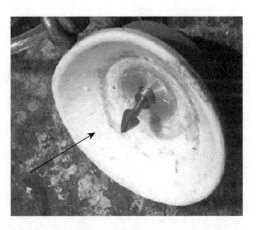

图 3.10　早期带有尖刺倒钩箭头的吸盘

同时，受限于电池容量与内部数据存储空间，离线设备的工作时长是有限的。为了回收设备及其记录的关键数据，在工作寿命到期前，记录仪将通过主动的方式脱离附着的鲸豚动物。这种巧妙的释放方式是通过电化学腐蚀实现的。记录仪尾部采用浮力较大的低密度复合泡沫作为浮力材，在浮力的作用下，记录仪快速上浮并以尾部天线向上的姿态漂浮在海面上。尾部天线在预设程序的控制下发射甚高频无线电信号，研究人员即可通过信号强度实现设备回收[7]。

3. 音频数据低功耗无损压缩设计

大量的音频数据需要压缩以提高存储效率。传统的自由无损音频压缩编码（free lossless audio codec，FLAC）等压缩算法尽管能取得很好的压缩比，但计算开销大，对于声学记录仪内部低功耗的嵌入式处理器并不适用。有国外学者提出了一种称为X3的适用于声学记录仪的音频数据编码方法来实现数据的压缩存储[13, 14]，这种压缩算法利用了海洋环境下鲸豚声信号本身的特征。

在对鲸豚动物录音进行压缩时，关注的是如何对占空比较大的海洋背景噪声进行压缩。从压缩的角度看，海洋环境下的鲸豚声学记录仪接收到的声信号可以分为几乎以短时脉冲形式出现的宽频带鲸豚目标声信号、缓慢变化低频的海洋背景噪声信号以及鲸豚目标快速游动时产生的高频空化噪声。这种信号特征为低复杂度的音频数据无损压缩算法提供了思路。

当然，整个设备的低功耗设计不仅体现在数据压缩算法上，还应当着重于工作模式、模块选型、电源控制等。例如，设计不同的采样模式来使得设备间歇性工作，延长设备工作时间；选取低功耗的芯片，设计低功耗电路；选用能量密度高、放电性能良好的电池等。

3.4　锚系式声学采集系统

锚系式声学监测系统是一种常用于海洋声学探测和监测的水下声学采集系统，包括部分潜标及浮标系统。浮标和潜标都是水下声学采集系统，但在组成、系泊方式、适用水深和应用模式上各有不同，浮标通过漂流或锚系的方式工作，通常适用于近海或浅海环境中，可监测海洋动力学过程、水文环境变化、气候变化等参数，具有实时通信能力强、供电充足的优势，但锚系浮标存在布放回收复杂、易暴露的劣势；潜标通过锚系或坐底的方式工作，广泛应用于深海勘探、海洋科学研究、海底地震监听、声呐校准等领域，具有长期隐蔽、布设方便、不易遭到破坏的优势，但存在实时通信能力弱、供电有限、搭载仪器少的劣势[15]。图 3.11 左为单锚系泊浮标，右为系泊式潜标示意图。

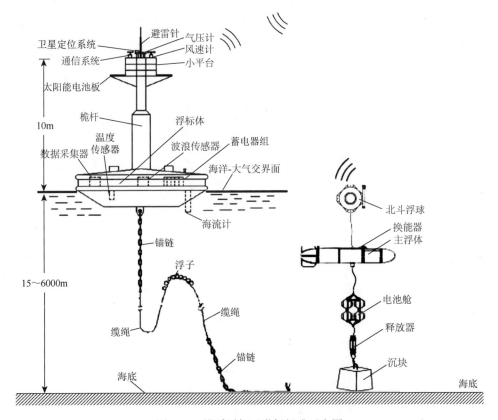

图 3.11 锚系浮标及潜标组成示意图

由于这里待采集信号为海洋生物叫声信号，根据系泊式浮标与潜标特性的不同，一般用系泊式潜标来作为海洋生物叫声信号采集系统。

3.4.1 系统概述

以一款矢量潜标为例，如图 3.12 所示，该潜标主要由四大部分构成，分别是浮体部分、电气舱部分、水听器部分以及锚系部分[16]。其中水听器负责采集海中的振速与声压信息，信息采集后传输到电气单元中进行处理采集；而锚系单元负责潜标的布放工作，锚系单元中主要有声学释放器、锚块等部分，在设备工作时通过锚块固定在深海中，在回收阶段，声学释放器工作，将潜标释放，使得潜标体能够随浮球上浮到水面上方便后续回收及数据处理。

潜标自容式存储流程图如图 3.13 所示，整个潜标系统的电气单元部分的主要工作是处理收集到的信号并进行自容式存储，是得到海洋数据的前提。矢量水听器用于采集海洋环境的声学矢量信息，采集后的信息流经过放大、滤波及降噪处理后被数据采集模块采集，并通过中央处理芯片将采集到的水听器数据，连同深度传感器和罗经传感器的数据存入数据存储模块中，最终在设备回收之后将数据存储模块中的数据通过 USB 读卡器模块读取出来做后续处理。

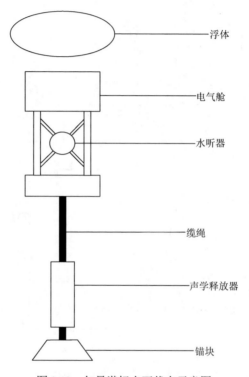

图 3.12　矢量潜标水下状态示意图

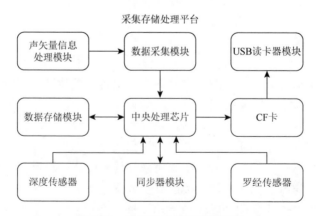

图 3.13　潜标自容式存储流程图

CF（compact flash）卡是一种用于便携式电子设备的数据存储设备

3.4.2　潜标系统整体设计

以下用一个经典案例来对锚系式声学监测系统设计进行详细描述。图 3.14 为一款潜标系统实拍图，该系统为哈尔滨工程大学针对海洋生物叫声信号及仿生信号自主研制的自容式阵列采集系统，其可解构为处理器模块、声信号采集调理模块、传感器数据采集模块及数据存储模块四个主要部分。

图 3.14　基于 CompactRIO 的深海潜标系统

1. 处理器模块

比较特殊的是，该系统采用的是美国国家仪器有限公司（National Instruments，NI）公司生产的集采集与控制为一体的 CompactRIO 设备。CompactRIO 设备由控制器和机箱组成，控制器上有一个运行 Linux 实时操作系统的处理器，机箱上有 FPGA，支持 NI 和第三方的工业输入/输出模块。

这里采用的处理器是 cRIO9049 控制器，它有 8 个模块插槽位置，集成四核 Intel Atom 处理核心。其负责将输入/输出模块采集到的数据传输到上位机或者存储到硬盘中。

2. 声信号采集调理模块

在信号采集端，该系统采用 12 元标量水听器阵列 HEUVA-12 对海洋生物叫信号进行采集，如图 3.15 所示。该接收声基阵长度约 2580mm，内含 12 个水听器，12 个前置放大器，2 个连接器。该阵列系统工作频段在 200Hz～10kHz（可工作到 20kHz），水听器声压灵敏度级为-197dB±1.5dB（200Hz～6kHz），以差分形式输出信号。

图 3.15　12 元标量水听器阵列 HEUVA-12

在信号调理电路上，采用多通道可控前置放大器增益板对阵列中每个阵元输出的差分信号进行放大，该增益板频带范围为 200Hz～16kHz，有四个增益挡位可供切换，分别是 10 倍、100 倍、1000 倍、10000 倍。利用插接到 CompactRIO 机箱上的 NI-9401 数字模块的 2 路数字输出，对多通道动态采集扩展模块进行增益控制。具体实现方法为：NI-9401 两个数字输入/输出端口连接到增益板的输入/输出控制端，通过分别输出 00、01、10、11 来将增益板的放大倍数调至 10 倍、100 倍、1000 倍和 10000 倍。

经过前置放大器滤波模块的模拟信号被 NI-9231 声音与振动输入模块采集并转换为数字信号。该模块具有 8 个采样通道，可采集差分模拟输入，每通道最大采样率高达 51.2KSPS，具有 24bit 的模数转换精度。该模块输出的转换之后的数据直接通过 FPGA 流向控制器端进行下一步处理。

3. 传感器数据采集模块

该系统还配备深海温深仪和电子罗盘来采集环境信息数据。

其中，温深仪选取 RBRconcerto3 CTD 型号的深海温度深度传感器，利用 RS232 通信接口进行传感器数据传输，该设备被安装在筒体外的固定框架上，通过水密缆连接到壳体内部，最终通过 RS232 接口将数据传入 NI-9870 串口扩展模块中。

而电子罗盘选用 SCM225，它是无锡迈科传感科技有限公司推出的一款高精度二维电子罗盘，测量方位角 0°～360°，可输出航向角及磁偏角数据。这里将该罗盘安装到采集筒体外的端盖内，通过 RS232 接口，该罗盘将数据传入 NI-9870 串口扩展模块中。

4. 数据存储模块

作为自容式的数据采集系统，该锚系式潜标使用 NI-9803 存储扩展模块来存储声信号及传感器数据。作为固态硬盘（solid state drive，SSD）扩展模块，NI-9803 是为接口为 mSATA 的固态驱动器提供总线供电的 USB SATA 桥接器。该模块使用 USB Type C 连接器，内置固态硬盘，最高可扩展至 512GB。当该系统通过网线连接至上位机后，可直接读取或者传输硬盘内的数据到上位机。

3.5　本　章　小　结

本章主要针对海洋生物叫声信号采集系统进行详细介绍，对采集系统的概念、系统构成分别进行了阐述，并详细解释了采集系统需要测量的一些技术指标，明确其与输入信号，也就是海洋生物叫声信号之间的关联。此外，本章用吸附式多参数声学采集系统以及锚系式声学采集系统这两个具体实例阐述了该类采集系统的应用领域，通过具体模块的可行性方案介绍来让读者对海洋生物叫声信号采集系统具体实现做进一步认识。

参 考 文 献

[1] 吴胜举，张明铎. 声学测量原理与方法[M]. 北京：科学出版社，2014.

[2] 黄山. 声发射传感器校准方法的研究[D]. 北京：北京化工大学，2010.

[3] 李智慧. 矢量水听器校准系统自动化研究[D]. 哈尔滨：哈尔滨工程大学，2007.

[4] 熊翰林. 同振式矢量水听器动态范围测量方法研究[D]. 哈尔滨：哈尔滨工程大学，2019.

[5] 姜亚光. 多通道电路参数自动测量系统软件的设计与实现[D]. 哈尔滨：哈尔滨工程大学，2013.

[6] Kleivane L，Kvadsheim P H，Bocconcelli A，et al. Equipment to tag，track and collect biopsies from whales and dolphins：The ARTS，DFHorten and LKDart systems[J]. Animal Biotelemetry，2022，10（1）：1-13.

[7] 刘淞佐、王蕴聪，青昕，等. 鲸豚动物吸附式声学行为记录器综述[J]. 水下无人系统学报，2023，31（1）：152-166.

[8] Alex Shorter K，Murray M M，Johnson M，et al. Drag of suction cup tags on swimming animals：Modeling and measurement[J]. Marine Mammal Science，2014，30（2）：726-746.

[9] Calambokidis J，Schorr G S，Steiger G H，et al. Insights into the underwater diving，feeding，and calling behavior of blue whales from a suction-cup-attached video-imaging tag（crittercam）[J]. Marine Technology Society Journal，2007，41（4）：19-29.

[10] Blackwell S B，Haverl C A，Boeuf B J，et al. A method for calibrating swim-speed recorders[J]. Marine Mammal Science，1999，15（3）：894-905.

[11] Mate B，Mesecar R，Lagerquist B. The evolution of satellite-monitored radio tags for large whales：One laboratory's experience[J]. Deep Sea Research Part II: Topical Studies in Oceanography，2007，54（3-4）：224-247.

[12] Gannon D P，Barros N B，Nowacek D P，et al. Prey detection by bottlenose dolphins，tursiops truncatus：An experimental test of the passive listening hypothesis[J]. Animal Behaviour，2005，69（3）：709-720.

[13] Johnson M，Partan J，Hurst T. Low complexity lossless compression of underwater sound recordings[J]. The Journal of the Acoustical Society of America，2013，133（3）：1387-1398.

[14] Liu C M，Hsu H W，Lee W C. Compression artifacts in perceptual audio coding[J]. IEEE Transactions on Audio，Speech，and Language Processing，2008，16（4）：681-695.

[15] 禹润田，李昊，冯师军，等. 潜浮标技术发展应用及展望[J]. 气象水文海洋仪器，2022，39（1）：112-116，120.

[16] 贾启航. 基于 TMS320C6000 的自容式数据存储与处理平台[D]. 哈尔滨：哈尔滨工程大学，2018.

第4章 海洋生物叫声信号分析

海洋生物叫声往往可以从时域、频域及时频域三个维度进行分析，本章分别从这三个维度分析海洋生物叫声信号所涉及的常用数学工具，为后续章节提供了理论基础。时频特征是海洋生物叫声信号的重要特征之一，在介绍海洋生物叫声信号时频分析方法时，不仅介绍时频分析方法的基本理论，也基于实际的海洋生物叫声信号从定性与定量两个角度进行分析，以便于全面地审视不同的时频分析方法对海洋生物叫声信号分析的适用性及适用范围。

4.1 海洋生物叫声信号时域分析方法

本节介绍海洋生物叫声信号分析中常用的时域分析方法，挖掘海洋生物叫声信号在时域中呈现的特征，有助于叫声信号检测等应用，是海洋生物叫声信号分析的重要工具。

4.1.1 自相关

自相关可以呈现一个信号的不同时刻观测之间的相似度，在海洋生物叫声信号处理中常用于叫声的检测[1]。自相关表达式如下：

$$R(k) = \sum_{n=0}^{L} y(n)y(n+k) \tag{4.1}$$

式中，L 为信号长度；k 为延迟量。基于海洋生物叫声信号的自相关特性，可以延伸出一些应用，如自相关可用于检测海洋生物哨声信号。

4.1.2 互相关

互相关可以呈现一个信号与其参考信号之间的相似度，在海洋生物声学信号处理中也常用于叫声的检测[1]。4.1.1 节所介绍的自相关可以看成一个信号与其自身在不同时间点的互相关。在海洋生物叫声信号处理中，互相关往往用作匹配滤波器。匹配滤波器是雷达、声呐系统中基本的信号处理装置。当输入信号为确知信号时，匹配滤波可输出最大信噪比，因此匹配滤波器也称为最优滤波器，其原理如下。

假设有一确知信号 $s(t)$，能量为

$$E_0 = \int_0^T |s(t)|^2 \mathrm{d}t \tag{4.2}$$

在 T 时刻，输入信号 $s(t)$ 通过一冲激响应为 $h(t)$ 的线性滤波器，输出结果为二者的卷积：

$$y_s(T) = \int_0^T s(\tau)h(T-\tau)\mathrm{d}\tau \tag{4.3}$$

通常情况下，信号通过滤波器后，其输出信号的能量要比输入信号的能量小。但如果滤波器冲激响应与信号的时间反转成比例，则滤波器输出信号的能量可能达到信号自身的能量，此时滤波器与信号匹配，滤波器的冲激响应 $h(t)$ 如下所示：

$$h(t) = ks(T-t) \tag{4.4}$$

滤波器的输出结果 $y_s(T)$ 为

$$y_s(T) = \int_0^T s(\tau)h(T-\tau)\mathrm{d}\tau = k\int_0^T s(\tau)s(\tau)\mathrm{d}\tau = kE_0 \tag{4.5}$$

以上过程只考虑了匹配滤波器对信号的处理，下面讨论噪声经过匹配滤波器后的情况。当滤波器与信号匹配时，假设噪声 $n(t)$ 的均值为零，则自相关函数为

$$R_{NN}(t,\tau) = E\{n(t)n(\tau)\} \tag{4.6}$$

式中，$E\{\cdot\}$ 表示数学期望。则匹配滤波器输出的噪声功率为

$$E\left\{|y_N(T)|^2\right\} = \int_0^T \left(\int_0^T R_{NN}(t,\tau)h(T-\tau)\mathrm{d}\tau\right)h(T-\tau)\mathrm{d}t \tag{4.7}$$

假设噪声 $n(t)$ 为白噪声，即噪声的功率谱密度为常数，与频率无关，且在 $t \neq \tau$ 的情况下，自相关函数 $R_{NN}(t,\tau)=0$，则式（4.7）可以写为

$$E\left\{|y_N(T)|^2\right\} = k^2 R_{NN}(0)\int_0^T s^2(T-t)\mathrm{d}t \tag{4.8}$$

定义滤波器在 T 时刻的输出信噪比为

$$\left(\frac{S}{N}\right)_{\max}^2 = \frac{|y_s(T)|^2}{E\left\{|y_N(T)|^2\right\}} \tag{4.9}$$

则可得

$$\left(\frac{S}{N}\right)_{\max} = \sqrt{\frac{E_0}{R_{NN}(0)}} \tag{4.10}$$

输出信号能量 E_0 与输入信号的平均强度 I_0 有关，即 $E_0 = TI_0$，且若信号带宽为 B，则输入噪声能量 $N_0 = BR_{NN}(0)$。因此，匹配滤波器的最大输出信噪比可以写为

$$\left(\frac{S}{N}\right)_{\max} = \sqrt{BT}\left(\sqrt{\frac{I_0}{N_0}}\right) = \sqrt{BT}\left(\frac{S}{N}\right)_{\mathrm{IN}} \tag{4.11}$$

所以匹配滤波器的处理增益为

$$\text{PG}_{\text{MF}} = 10\lg(BT) \qquad (4.12)$$

匹配滤波器输出波形的形状为信号的自相关积分，且波形关于峰值点对称。信号的时间带宽积越大，匹配滤波器的处理增益越大。然而，现实中的噪声往往并不是高斯白噪声，此时匹配滤波器处理增益就会小于式（4.12）。

4.1.3 峰度

峰度是一个用来衡量随机变量中峰值分布的统计量[2-4]。通常情况下，利用高斯分布的峰度值作为一个分界，标准高斯分布即 $N(0,1)$，将平均值和标准差代入可得峰度值为 3，峰度值高于高斯分布峰度值的属于尖峰（leptokurtic），而峰度值低于高斯分布峰度值的称为扁峰（platykurtic）。

给定一个随机分布 X，均值为 μ，标准差为 σ，则峰度值 k_x 为

$$k_x = E\left\{\left(\frac{X-\mu}{\sigma}\right)^4\right\} \qquad (4.13)$$

通过观察峰度计算公式可知，峰度是随机分布的四阶中心距与标准差之比的四次幂。显然，当随机分布中的一个随机变量 x 远大于或者远小于均值 μ 时，通过四次幂的计算，峰度值就会很大。所以，峰度也可以作为衡量离群变量离群程度的统计量。

根据詹森（Jensen）不等式，峰度值的取值范围是最小值一般不小于 1，最大值不大于数据的点数。峰度值越大证明数据中的极大值和极小值越多。嘀嗒声的本质就是短时宽带脉冲，即在极短的时间内出现的能量极强的信号，这在时域内会呈现一个远远大于均值的信号，会使该数据位置的峰度非常大，通常可达 1000 以上。基于海洋生物叫声的峰度特征，可以衍生出一些应用，如可以作为一种检测量进行嘀嗒声检测[3, 4]。

4.2 海洋生物叫声信号频域分析方法

本节所介绍的频域分析方法，有助于分析海洋生物叫声信号的频率分布，挖掘叫声信号的频率特征，是海洋生物叫声分析的重要工具。

4.2.1 傅里叶变换

在形式上，傅里叶分析或傅里叶变换（Fourier transform）定义为以下积分[5]：

$$F(\omega) = \int_{-\infty}^{\infty} P(t)\exp\{-\mathrm{j}\omega t\}\mathrm{d}t \qquad (4.14)$$

式中，$P(t)$ 为声压；ω 为傅里叶变换的角频率。

傅里叶频谱定义为傅里叶变换绝对值的平方，即

$$S(\omega) = \left| F(\omega) \right|^2 \tag{4.15}$$

尽管傅里叶积分理论［式（4.14）］具有重要的地位，但现在很少用它来估计频谱［式（4.15）］，仅在绝对可积的情况下才使用。

4.2.2　快速傅里叶变换

快速傅里叶变换（fast Fourier transform，FFT）是估计时间序列傅里叶变换的标准数值方法[5]。FFT 是离散傅里叶变换（discrete Fourier transform，DFT）的一个快速算法，离散傅里叶变换是傅里叶变换的离散形式，适合处理数字信号，将式（4.14）中的积分用以下有限和替代：

$$F_m = \frac{1}{f_s} \sum_{n=0}^{N-1} P_n \exp\{-\mathrm{j}\omega_m n\} \tag{4.16}$$

式中，f_s 为时间序列 P_n 的采样率。

DFT 使用的是对连续函数 $P(t)$ 采样后的 N 个离散样本 P_n，$n = 0,1,2,\cdots,N-1$。假设 P_n 按时间 t_n 采样，则采样率 f_s 就是两个连续样本之间的时间差的倒数。采样率一般取常数，若时间差为 $\mathrm{d}t = t_n - t_{n-1}$，则 $f_s = \dfrac{1}{t_n - t_{n-1}}$。

尽管 DFT 不受频率 ω_m 的限制，但在具体实现时，如 FFT，还是要用离散频率替代傅里叶变换的连续频率，即 $\omega_m = 2\pi \dfrac{m}{M}$，其中 $m = 0,1,2,\cdots,M-1$。根据复指数的周期性质 $\exp\{-\mathrm{j}\omega_m n\} = \exp\{-\mathrm{j}(\omega_m + 2\pi)n\}$，将频率限制在 $\omega_m = 0$ 和 $\omega_m = 2\pi$ 之间即可，或者也可以将离散频率数量限制在 $m = 0$ 和 $m = M-1$ 之间。利用 FFT 可以估计海洋动物叫声的频谱[5]，是海洋动物叫声信号分析的重要工具。

4.3　海洋生物哨声信号时频分析方法

海洋生物哨声信号的主要时频特征是能够反映其频率随时间变化的时频谱轮廓。要想从音频信号中提取出海洋生物哨声信号的时频谱轮廓，需要先通过时频分析方法将音频从时域转化到时频域。然而，面对调频特性变化多样的海洋生物哨声信号，并不存在某种"完美"的时频分析方法能够将所有种类哨声信号的谱轮廓以高时频分辨力呈现于时频域中，因此本节研究多种适用于海洋生物哨声的时频分析方法，并给出相应的定性分析结果。在本节的最后定量分析不同方法针

对不同种类的仿真哨声信号的瞬时频率估计误差以及对于谱轮廓提取的抗噪声能力。最后，结合定量以及定性的测试与分析结果，总结每一种时频分析方法在海洋生物哨声信号时频分析中的适用范围[6]。

4.3.1　基于短时傅里叶变换的海洋生物哨声信号时频分析

短时傅里叶变换（short-time Fourier transform，STFT）是最为常用的时频分析方法之一[7]。本节验证短时傅里叶变换对海洋生物哨声信号时频分析的可行性与适用性，主要分为两部分，首先介绍短时傅里叶变换的原理，然后基于实际的海洋生物哨声信号从定性角度进行时频分析。

1. 短时傅里叶变换原理

傅里叶变换可以将信号从时域转换到频域，虽可用于分析信号的频谱特征，却由于在变换的过程中丢失了时间信息，无法用于呈现时频特征。为了观测信号频率随时间的变化，将信号在时间上分成多段，对每段信号做傅里叶变换，将信号在每段时间呈现的频谱特征作为信号瞬时频率的一种估计，这就是短时傅里叶变换的基本思想。如果增加信号在时间上划分的数量使得每段信号的持续时间变短，就能得到更为细致的频率与时间的对应关系，即得到更高的时间分辨力。然而，缩短每段信号的持续时间会展宽其傅里叶变换频谱，使得频谱特征变得模糊，频率分辨力随之降低。对于短时傅里叶变换，时间分辨力（$1/\delta t$）与频率分辨力（$1/\delta f$）存在以下关系：

$$\delta t \delta f \geqslant 1 \qquad (4.17)$$

即时间分辨力与频率分辨力呈反比关系，因此无法同时获得较高的时间分辨力与频率分辨力（即较高的时频分辨力）。在分析海洋生物哨声信号时，应根据哨声信号的种类，在时间分辨力与频率分辨力之间取舍，以呈现谱轮廓中尽可能多的细节。

下面介绍短时傅里叶变换的公式。首先将信号乘以时间窗 $h(t)$ 的方式对信号 $s(t)$ 进行分段，分段后的信号写为

$$f_t(\tau) = f(\tau)h(\tau - t) \qquad (4.18)$$

时间窗使靠近 t 时刻的信号保持不变，而抑制远离 t 时刻的信号，使得信号集中于 t 时刻附近，如下：

$$f_t(\tau) \sim \begin{cases} f(\tau), & \text{对于靠近} t \text{的} \tau \\ 0, & \text{对于远离} t \text{的} \tau \end{cases} \qquad (4.19)$$

以此提取信号片段。对每个信号片段做傅里叶变换得到短时傅里叶变换信号[7]：

$$\mathrm{SF}(t,\omega)=\frac{1}{\sqrt{2\pi}}\int\mathrm{e}^{-\mathrm{j}\omega\tau}f_t(\tau)\mathrm{d}\tau=\frac{1}{\sqrt{2\pi}}\int f(\tau)h(\tau-t)\mathrm{e}^{-\mathrm{j}\omega\tau}\mathrm{d}\tau \qquad (4.20)$$

2. 基于短时傅里叶变换的海洋生物哨声信号的定性时频分析

截取三段分别来自瓶鼻海豚、座头鲸及蓝鲸的哨声信号片段。瓶鼻海豚是一种齿鲸，其哨声信号频率往往大于 10kHz；座头鲸为须鲸，其哨声信号频率通常小于 1kHz；同为须鲸的蓝鲸甚至会发出频率低于 50Hz 的哨声信号。三段哨声信号采样率均为 48kHz。

为了在相同的时频分辨力下比较由短时傅里叶变换所得的谱轮廓，将时间窗长度统一设为 4096 个采样点，时间窗之间重合 50%，如图 4.1 所示（颜色越深表示幅度越大）。

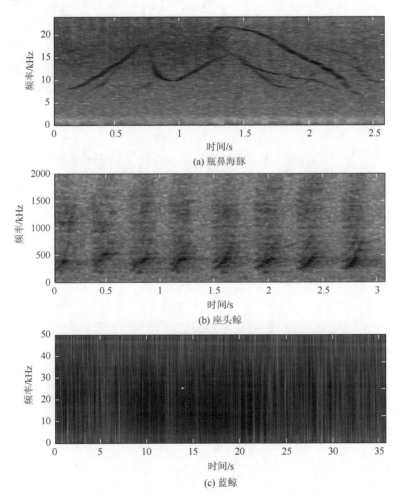

(a) 瓶鼻海豚

(b) 座头鲸

(c) 蓝鲸

图 4.1　三种海洋生物哨声信号的短时傅里叶变换时频谱图（窗长：4096 个采样点）

在该窗长下，瓶鼻海豚哨声信号在时频谱中呈较清晰的谱轮廓。相比之下，频率较低、持续时间较短的座头鲸谱轮廓则略显模糊。而对于频率极低的蓝鲸，其谱轮廓则完全无法分辨。

为使蓝鲸哨声信号谱轮廓能够较清晰地呈现，增大时间窗长度至 32768 个采样点，以提高频率分辨力。

由图 4.2 可见，蓝鲸哨声信号谱轮廓得到更清晰的呈现，虽然较大的时间窗窗长提高了频率分辨力，却大大降低了时间分辨力，因此瓶鼻海豚以及座头鲸哨声信号谱轮廓在时频谱图中存在时间方向上的模糊，导致难以较好地反映频率随时间的变化特性。

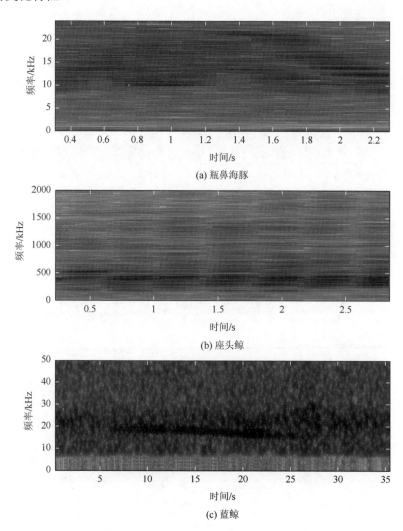

图 4.2 三种海洋生物哨声信号的短时傅里叶变换时频谱图（窗长：32768 个采样点）

由以上定性测试可知，同一时间窗长度，即固定的时频联合分辨力，无法照顾到所有类型的海洋生物哨声信号，使得它们的谱轮廓都能得到清晰的呈现。对于持续时间较长但是频率较低的蓝鲸哨声信号，对时间分辨力较不敏感，选择较长的时间窗长，尽可能提高频率分辨力能更好地反映其时频特征。而对于频率较高的瓶鼻海豚哨声信号，其对频率分辨力较不敏感，因此可以适当选择较小的窗长，以更好地呈现频率随时间变化的特性。而对于测试中选取的持续时间较短、频率较低的座头鲸哨声信号，即使调整到最佳的时间窗长度，也很难呈现细致的谱轮廓。

基于定性测试的分析可得出以下结论：在处理不同种类的哨声信号时，应当根据该类哨声信号的持续时间以及所在频段选择恰当的时间窗长度。总体来说，短时傅里叶变换更适用于齿鲸的较高频哨声信号，而对于须鲸的低频哨声信号，其有限的时频分辨力不足以呈现足够清晰的谱轮廓。

4.3.2 基于连续小波变换的海洋生物哨声信号时频分析

在短时傅里叶变换中，时间窗长度的选择会极大地影响不同哨声信号时频谱轮廓的呈现，而连续小波变换蕴含着窗长随着频率自适应调整的特性，相比于短时傅里叶变换固定的时频分辨力，连续小波变换能够随着频率变化自适应均衡时间与频率的分辨力[8]。本节验证连续小波变换对海洋生物哨声信号时频分析的可行性与适用性，主要分为两部分，首先介绍连续小波变换的原理，然后基于实际的海洋生物哨声信号从定性角度进行时频分析。

1. 连续小波变换原理

在短时傅里叶变换中，每个时间窗内的信号通过傅里叶变换被分解为一系列正弦波信号，而小波变换则将信号分解为经过拉伸和平移变换的一系列小波。小波表达式为 $\psi \in L^2(\mathbb{R})$，其均值为零：

$$\int_{-\infty}^{+\infty} \psi(t)\mathrm{d}t = 0 \qquad (4.21)$$

此外，还有以下特性：$\|\psi\| = 1$，其值集中于 $t = 0$ 附近。母小波经过基于尺度 s 的拉伸以及基于平移因子 u 的平移可以得到一系列子小波：

$$D = \left\{ \psi_{u,s}(t) = \frac{1}{\sqrt{s}} \psi\left(\frac{t-u}{s}\right) \right\}_{u \in \mathbb{R}, s \in \mathbb{R}^+} \qquad (4.22)$$

子小波同样满足 $\|\psi_{u,s}\| = 1$。$f \in L^2(\mathbb{R})$ 在平移因子 u 和尺度 s 上的小波变换为

$$W_f(u,s) = \langle f, \psi_{u,s} \rangle = \int_{-\infty}^{+\infty} f(t) \frac{1}{\sqrt{s}} \psi^* \left(\frac{t-u}{s} \right) \mathrm{d}t \qquad (4.23)$$

式（4.23）与短时傅里叶变换中的式（4.20）在形式上有所类似，可以将式（4.20）中的 $h(\tau-t)\mathrm{e}^{-j\omega\tau}$ 写作 $\psi_{u,1} = h(t-u)\mathrm{e}^{-j\omega t}$，短时傅里叶变换也存在小波中的平移因子 u，两者都通过这种平移感知频率随时间的变化。然而，短时傅里叶变换却不具有小波中的尺度 s。基于尺度 s 的拉伸使得小波的时间宽度能随频率变化从而自适应均衡时间与频率的分辨力，具体而言，频率较高时，子小波的时间宽度较小，频率分辨力较低，但时间分辨力较高；而频率较低时，子小波的时间宽度较大，时间分辨力较低，但频率分辨力较高。相比之下，不具有尺度 s 的短时傅里叶变换便不具有自适应的时频分辨力。

这里采用三种典型的解析母小波，分别是 Morlet 小波、Bump 小波及 Morse 小波。

Morlet 小波的频域表达式为[9]

$$\psi(s\omega) = \pi^{-\frac{1}{4}} \mathrm{e}^{-\frac{1}{2}(s\omega-\omega_0)^2} U(s\omega) \qquad (4.24)$$

式中，$U(s\omega)$ 为单位阶跃函数；ω_0 通常设为 6。

Bump 小波的频域表达式为

$$\psi(s\omega) = \mathrm{e}^{1-\frac{1}{1-\frac{(s\omega-\mu)^2}{\sigma^2}}} I_{[(\mu-\sigma)/s,(\mu+\sigma)/s]} \qquad (4.25)$$

式中，$I_{[(\mu-\sigma)/s,(\mu+\sigma)/s]}$ 是间隔 $(\mu-\sigma)/s \leqslant \omega \leqslant (\mu+\sigma)/s$ 的指示函数，μ 通常设为 5，σ 通常设为 0.6。

Morse 小波的频域表达式为[10, 11]

$$\psi(s\omega) = U(s\omega) a_{P,\gamma} \omega^{\frac{P^2}{\gamma}} \mathrm{e}^{-s\omega^\gamma} \qquad (4.26)$$

式中，$a_{P,\gamma}$ 为归一化常数；P^2 为时间带宽积；γ 为确定 Morse 小波对称性的参数。通过调整 γ 和 P^2，可以得到不同特性的 Morse 小波。例如，当 $\gamma=1$ 时，Morse 小波近似于柯西（Cauchy）小波；当 $\gamma=0.25$、$P^2=2$ 时，Morse 小波近似于贝塞尔（Bessel）小波。因此，相比于前两种小波，Morse 小波的使用更加灵活，可以通过调节 γ、P^2 使之适应不同种类的信号。

2. 基于小波变换的海洋生物哨声信号的定性时频分析

沿用前面瓶鼻海豚、座头鲸以及蓝鲸的哨声信号片段作为测试音频。由于小波变换的计算量较大，对计算平台的内存压力较大，因此本节适当减小蓝鲸信号的长度。

Morlet 小波、Bump 小波及 Morse 小波在 $s = 2$ 时的子小波如图 4.3 所示，其中 Morse 小波参数 $[\gamma, P^2]$ 设为 $[40, 500]$，此时 Morse 小波呈现谱轮廓时的效果较好。

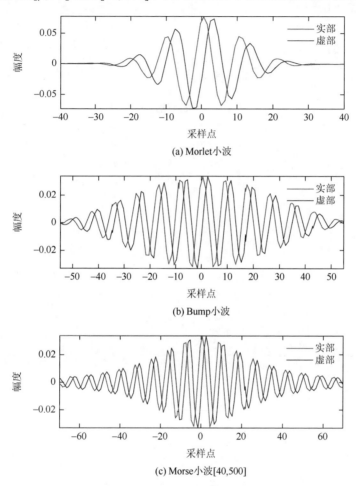

(a) Morlet小波

(b) Bump小波

(c) Morse小波[40,500]

图 4.3　Morlet 小波、Bump 小波及 Morse 小波对比（彩图附书后）

由图 4.3 可知，每种小波都呈现不一样的特性，因此基于不同的小波分析海洋生物哨声信号谱轮廓时所呈现的效果也不尽相同。

对三段哨声信号音频样本做基于 Morlet 小波的小波变换，其时频谱如图 4.4 所示。

在小波变换中，频率越低，频率分辨力越高，因此频率最低的蓝鲸哨声信号的小波变换所呈现出的谱轮廓最为清晰，而瓶鼻海豚的哨声信号谱轮廓在频率方向上模糊度较高。对于时间较短的座头鲸信号，其谱轮廓在时间与频率的方向上都存在较为严重的模糊，说明此时的时频联合分辨力并不足以细腻呈现座头鲸的短时哨声信号谱轮廓。

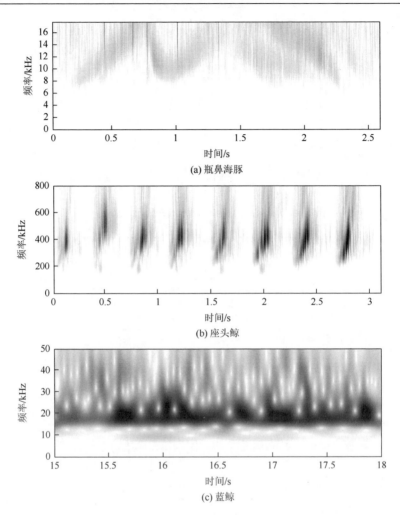

图 4.4　三种海洋生物哨声信号基于 Morlet 小波的小波变换时频谱图

　　对三段哨声信号音频样本做基于 Bump 小波的小波变换，其时频谱如图 4.5 所示，相比于 Morlet 小波的小波变换，Bump 小波的小波变换总体呈现出更加清晰的哨声信号谱轮廓，然而频率较高的瓶鼻海豚哨声信号仍不可避免地存在频率方向上的严重模糊。值得注意的是，虽然较高频率处的频率分辨力较低，但是时间分辨力却较高，因此在瓶鼻海豚哨声信号的时频谱中能够清晰地分辨出持续时间较短的回声定位脉冲干扰。

　　对三段哨声信号音频样本做基于 Morse 小波的小波变换，其时频谱如图 4.6 所示。基于 Morse 小波的小波变换在呈现座头鲸哨声信号谱轮廓时表现与 Bump 小波大致相同，但在呈现蓝鲸哨声信号与瓶鼻海豚哨声信号的谱轮廓时，Morse 小波优于 Bump 小波。

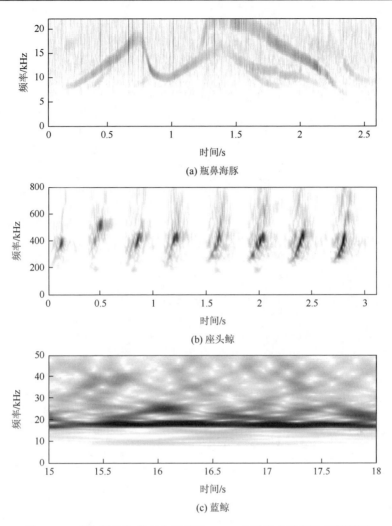

(a) 瓶鼻海豚

(b) 座头鲸

(c) 蓝鲸

图 4.5　三种海洋生物哨声信号基于 Bump 小波的小波变换时频谱图

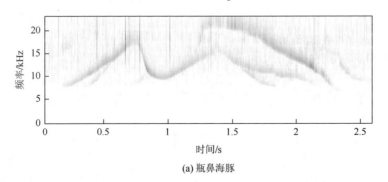

(a) 瓶鼻海豚

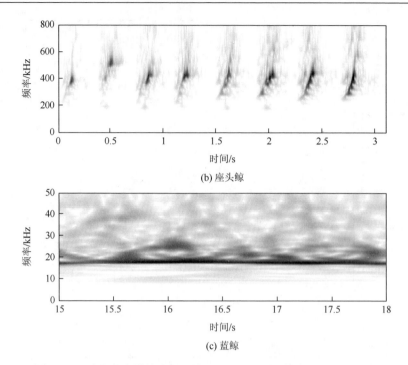

(b) 座头鲸

(c) 蓝鲸

图 4.6　三种海洋生物哨声信号基于 Morse 小波的小波变换时频谱图

由于小波变换的自适应时频分辨力特性，如蓝鲸及座头鲸等须鲸的较低频率哨声信号的谱轮廓可以得到较为清晰的呈现，然而，如瓶鼻海豚等齿鲸的较高频率哨声信号的谱轮廓在频率方向上存在较为严重的模糊。此外，谱轮廓的时频分辨力还与小波的选择有较大的关系，对三种常用的解析母小波进行定性测试的结果，参数 $[\gamma, P^2]$ 设为 $[40, 500]$ 的 Morse 小波在呈现海洋生物哨声信号谱轮廓时的效果最佳。

通过上述定性分析可以得出以下结论：小波变换的优势在于能够较好地呈现具有频率较低、持续时间较短以及频率变化较快等特点的哨声信号的谱轮廓；其问题在于分析频率较高的齿鲸信号时存在较为严重的频率模糊，此外母小波的种类会对哨声信号时频分析结果有较大的影响。

4.3.3　基于同步压缩小波变换的海洋生物哨声信号时频分析

本节将小波变换与同步压缩相结合，以抑制频谱展宽，提高频率分辨力，减少海洋生物哨声信号谱轮廓的频率模糊。将验证同步压缩小波变换对海洋生物哨声信号时频分析的可行性与适用性，主要分为两部分，首先介绍同步压缩小波变换的原理，然后基于实际的海洋生物哨声信号从定性角度进行时频分析。

1. 同步压缩小波变换原理

同步压缩小波变换是一种在频率上重新分配信号能量的时频方法。这种重新分配补偿了由母小波引起的频谱展宽。与其他时频重分配方法不同，同步压缩仅在频率方向上重新分配能量，从而保持了信号的时间分辨力。

同步压缩小波变换的具体步骤如下[12]：

（1）计算海洋生物哨声信号的连续小波变换。在同步压缩过程中需要利用相位信息估计瞬时频率，因此在连续小波变换中需要采用解析母小波。

（2）由连续小波变换结果 W_f 中的相位变化估计瞬时频率 ω_f。相位变化正比于 W_f 的关于平移因子 u 的一阶导数，即

$$\omega_f(u,s) = \frac{\partial W_f(u,s)}{2\pi \mathrm{j} \partial u} \tag{4.27}$$

为了得到更为具体的关于瞬时频率的计算公式，代入正弦波 $\mathrm{e}^{\mathrm{j}2\pi f_0 t}$。

计算其连续小波变换：

$$W_f(\mathrm{e}^{\mathrm{j}2\pi f_0 t}) = \hat{X}(s f_0)\mathrm{e}^{\mathrm{j}2\pi f_0 u} \tag{4.28}$$

式中，$\hat{X}(s f_0)$ 为小波在 $s f_0$ 的傅里叶变换。

对式（4.28）做关于平移因子 u 的偏导，得到

$$\frac{\partial}{\partial u} W_f(\mathrm{e}^{\mathrm{j}2\pi f_0 t}) = \mathrm{j}2\pi f_0 \hat{X}(f_X)\mathrm{e}^{\mathrm{j}2\pi f_0 u} \tag{4.29}$$

变换式（4.29）得到瞬时频率：

$$f_0 = \frac{\frac{\partial}{\partial u} W_f(\mathrm{e}^{\mathrm{j}2\pi f_0 t})}{\mathrm{j}2\pi \hat{X}(f_X)\mathrm{e}^{\mathrm{j}2\pi f_0 u}} \tag{4.30}$$

（3）基于 ω_f 重新分配 W_f，将小波变换结果从 (u,s) 域变换到 (u,ω) 域，得到同步压缩小波变换：

$$S_f(u,\omega_l) = \sum_{s_k:|\omega(u,s_k)-\omega_l|\leqslant\frac{\Delta\omega}{2}} W_f(u,s_k) s_k^{-3/2} \tag{4.31}$$

使用同步压缩的条件是信号分量在时频域具有较好的分离度且近似本征模态，以下不等式定义了需要满足的信号分离条件：

$$\left|\phi_k'(t) - \phi_{k-1}'(t)\right| \geqslant \frac{1}{4}\left|\phi_k'(t) + \phi_{k-1}'(t)\right| \tag{4.32}$$

式中，ϕ' 为瞬时频率。

2. 基于同步压缩小波变换的海洋生物哨声信号定性时频分析

本小节除了沿用前面瓶鼻海豚、座头鲸及蓝鲸的哨声信号片段作为测试音频，

还选取了一段条纹海豚的音频（采样率 48kHz），在该段音频中存在多条条纹海豚发出的哨声信号，这些信号在时间与频率上存在重叠，即它们的谱轮廓存在交叉。由于同步压缩小波变换的计算量较大，对计算平台的内存压力较大，在本小节中适当缩短了蓝鲸信号的长度。

对瓶鼻海豚、座头鲸及蓝鲸三段哨声信号音频样本做基于参数 $[\gamma, P^2]$ 设为 $[40, 500]$ 的 Morse 小波的同步压缩小波变换，其时频谱如图 4.7 所示。同步压缩小波变换能够使得哨声信号能量更为集中，有效抑制了能量在频率方向上的弥散，呈现出了更加精细的谱轮廓。在小波变换中，频率较高的瓶鼻海豚哨声信号谱轮廓在频率方向上存在的严重模糊经过同步压缩后也得到良好的抑制。

从上面的结果也能看出，同步压缩小波变换在海洋生物哨声信号时频分析中存在着一些问题。首先，除了哨声信号谱轮廓，背景噪声以及干扰的能量经过同步压缩后也得到了一定程度的集中，导致噪声背景中的一些呈调频特性的干扰，在蓝鲸哨声信号的时频谱图中尤为明显。此外，从座头鲸谱轮廓的局部放大图中可以看到，其谱轮廓上叠加了一定程度的频率调制，这未必源于座头鲸哨声信号本身，也可能是同步压缩时受到噪声影响所产生的误差，这部分误差将在 4.3.5 节进行定量分析。

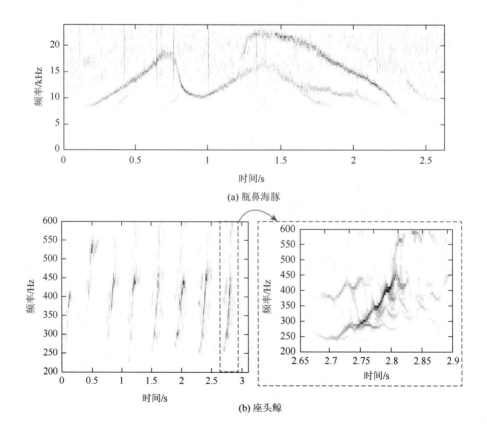

(a) 瓶鼻海豚

(b) 座头鲸

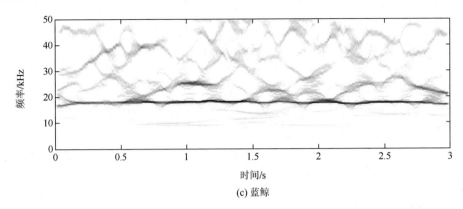

(c) 蓝鲸

图 4.7　三种海洋生物哨声信号基于 Morse 小波的同步压缩小波变换时频谱图

对条纹海豚哨声信号音频同样做基于参数 $[\gamma, P^2]$ 设为 $[40, 500]$ 的 Morse 小波的同步压缩小波变换，此外，对其做窗长为 256 个采样点的短时傅里叶变换作为对比，如图 4.8 所示，谱轮廓之间存在大量的交叉，并不满足同步压缩的使用条件，即多个信号分量之间需要在时频谱中保持一定距离。两个在时频域上相距较近的谱轮廓经过同步压缩后，丢失了其中一部分谱轮廓（如图 4.8 中圆圈标注部分）。

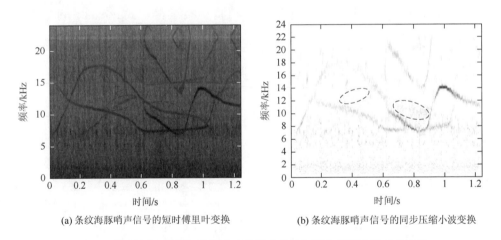

(a) 条纹海豚哨声信号的短时傅里叶变换　　　　　(b) 条纹海豚哨声信号的同步压缩小波变换

图 4.8　条纹海豚哨声信号的短时傅里叶变换与同步压缩小波变换对比

通过上述定性分析可得出结论：同步压缩小波变换的优势在于能够有效抑制谱轮廓的频率模糊，呈现清晰的谱轮廓；其问题在于无法用于分析交叉的谱轮廓。

4.3.4　基于维格纳分布的海洋生物哨声信号时频分析

相比于短时傅里叶变换及小波变换,维格纳分布具有更高的时频联合分辨力,但是这种时频分析方法会带来交叉项干扰[13]。本节将验证维格纳分布及其衍生的伪维格纳分布与平滑伪维格纳分布变换对海洋生物哨声信号时频分析的可行性与适用性,主要分为两部分,首先介绍三种维格纳分布的原理,然后基于实际的海洋生物哨声信号从定性角度进行时频分析。

1. 维格纳分布原理

短时傅里叶变换与小波变换等线性时频分析方法在计算时将信号与一系列聚焦于某一时刻与频率的波形做相关分析,因此受限于相关波形的时频分辨力,即海森伯不确定准测,无法同时获得高时间分辨力与高频率分辨力。而作为一种二次时频分析方法的维格纳分布则不受限于相关波形的不确定准则,具有更高的时频联合分辨力。维格纳分布公式如下[7]:

$$W(t,f) = \int_{-\infty}^{\infty} s\left(t + \frac{\tau}{2}\right) s^*\left(t - \frac{\tau}{2}\right) e^{-j2\pi f \tau} d\tau \qquad (4.33)$$

式中,$s(t)$ 为解析信号,可以通过希尔伯特变换求得。式(4.33)可以看成 $s\left(t + \frac{\tau}{2}\right) s^*\left(t - \frac{\tau}{2}\right)$ 的傅里叶变换。如果做 M 点的傅里叶变换,时间与频率分辨力为 $1/f_s$ 及 $f_s/(2M)$,可以通过调整 M 取得期望的频率分辨力而不损失时间分辨力。

维格纳分布在计算时不断将过去时刻的信号乘以未来时刻的信号,这种自相关虽然可以带来较高的时频联合分辨力,却会引入时域上的交叉项干扰。例如,假设有一个多分量信号,其频率分量为 f_1 与 f_2,计算其维格纳分布,会得到一个频率为 $0.5(f_1 + f_2)$ 的频域上的交叉项,形成一个频域上的虚假频率分量。又假设信号在 t_1 时刻与 t_2 时刻分别有频率为 f_1 与 f_2 的信号,则在 $0.5(t_1 + t_2)$ 时刻会存在频率为 $0.5(f_1 + f_2)$ 的交叉项,形成一个时域上的虚假信号。

抑制交叉项的一种方式是在计算时将信号通过平滑窗函数聚焦于当前时刻附近,如此就可以限制将过去时刻信号与未来时刻信号的相乘范围,从而抑制时域上的交叉项干扰。伪维格纳分布就是通过这种方式在一定程度上抑制时域的交叉项,其公式如下[7]:

$$W_p(t,f) = \int_{-\infty}^{\infty} s\left(t + \frac{\tau}{2}\right) s^*\left(t - \frac{\tau}{2}\right) h(\tau) e^{-j2\pi f \tau} d\tau \qquad (4.34)$$

式中，$h(\tau)$ 为时域平滑窗，它不会降低时频分辨率（即时频谱中时间轴与频率轴的最小刻度），但是会降低时频分辨力，导致时频结构一部分细节的损失，时间窗长度越小，交叉项抑制效果越好，但由此损失的时频分辨力也越多，因此时间窗的类型及长度需要根据信号类型慎重地选取。

如果进一步在频域加窗，类似地，可以抑制频域的交叉项，得到平滑伪维格纳分布[7]：

$$W_{sp}(t,f) = \int_{-\infty}^{\infty} h(\tau) \int_{-\infty}^{\infty} g(v-t) s\left(v+\frac{\tau}{2}\right) s^*\left(v-\frac{\tau}{2}\right) \mathrm{e}^{-\mathrm{j}2\pi f\tau}\,\mathrm{d}\tau \qquad (4.35)$$

虽然频域加窗可以进一步抑制频域的交叉项，这同样也会导致时频分辨力的进一步损失，因此在使用伪维格纳分布以及平滑伪维格纳分布时，需要权衡交叉项抑制程度与时频分辨力。

2. 基于维格纳分布的海洋生物哨声信号时频分析

本节除了沿用前面瓶鼻海豚、座头鲸及蓝鲸的哨声信号片段作为测试音频，还截取了一段座头鲸哨声信号（采样率为 4000kHz）用以测试三种维格纳分布的交叉项干扰。由于维格纳分布的计算量较大，对计算平台的内存压力较大，在本小节中适当减小了蓝鲸信号的长度。

首先对一段座头鲸哨声信号分别做短时傅里叶变换、维格纳分布、伪维格纳分布及平滑伪维格纳分布以测试交叉项干扰，其中，短时傅里叶变换用作对比。短时傅里叶变换的时间窗长度为 256 个采样点；在伪维格纳分布中，将 1001 个采样点的汉明窗用作时域平滑窗；在平滑伪维格纳分布中，再将 1001 个采样点的汉明窗用作频域平滑窗，此外 M 默认为信号长度。最后的时频分析结果如图 4.9 所示，图中虚线标注区域为交叉项。

相比于短时傅里叶变换，三种维格纳分布显然都具有更高的时频分辨力，在维格纳分布中，存在严重的时域上的交叉项干扰以及频域上的干扰，其中不仅包括哨声信号分量之间的交叉项（这些交叉项形成了虚假的谱轮廓），也有噪声与噪声以及信号与噪声之间的交叉项（这些交叉项增强了背景噪声的能量，有时也会形成虚假的谱轮廓）。理论上，维格纳分布相比于其他两种伪维格纳分布，时频分辨力是最高的，然而过于严重的交叉项干扰掩盖了谱轮廓本身，使得谱轮廓难以分辨。在伪维格纳分布中，由于时域的平滑窗，在时域上的交叉项干扰得到较好的抑制，时域方向上的交叉项干扰以及谱轮廓都变得更加清晰。在平滑伪维格纳分布中，在时域平滑窗的基础上，还加入了频域的平滑窗，使得频率方向上的交叉项也得到了抑制，虽然由此额外损失了一些时频分辨力，但仍高于短时傅里叶变换的时频分辨力。

对瓶鼻海豚、座头鲸及蓝鲸三段哨声信号音频样本做平滑伪维格纳分布，时域平滑窗与频域平滑窗同样均为 1001 个采样点汉明窗，由于这三段信号采样率较高，为了降低运算负担，M 设为 5000。

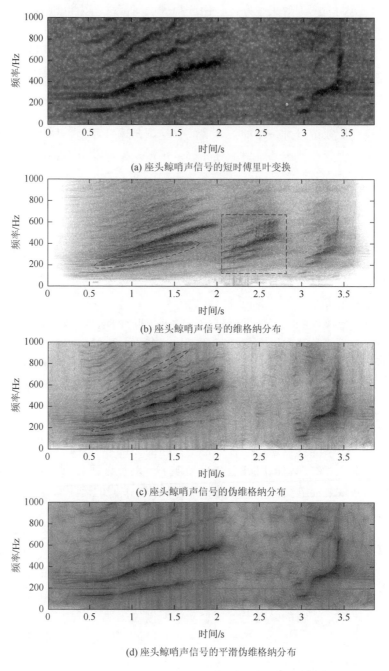

(a) 座头鲸哨声信号的短时傅里叶变换

(b) 座头鲸哨声信号的维格纳分布

(c) 座头鲸哨声信号的伪维格纳分布

(d) 座头鲸哨声信号的平滑伪维格纳分布

图 4.9　座头鲸哨声信号基于四种时频分析方法的时频谱图

　　如图 4.10 所示，平滑伪维格纳分布下的瓶鼻海豚哨声信号与座头鲸哨声信号具有极高的时频分辨力，然而其频率分辨力不足以支撑蓝鲸哨声信号的时频表示，蓝鲸的谱轮廓呈完全的模糊状。此外，虽然平滑伪维格纳分布具有较好的交叉项抑制能力，但是由于回声定位脉冲串干扰之间在时间上的距离往往小于时域平滑窗的长度，于是回声定位脉冲串之间仍然会产生交叉项干扰，恶化了回声定位脉冲干扰的问题。

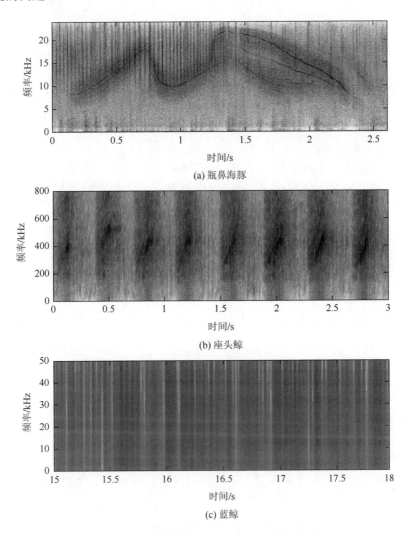

图 4.10　三种海洋生物哨声信号的平滑伪维格纳分布

　　由于维格纳分布不需要在时间分辨力与频率分辨力之间进行权衡或折中，加大 M 的长度可以在不损失时间分辨力的情况下提高频率分辨力，呈现清晰的蓝鲸谱轮廓。然而,加大 M 的长度会大幅加重计算的负担,因此对于低频哨声信号的时频分析,降低采样率以提升频率分辨力是更有效的方法。降低 48kHz 采样率的座头鲸哨声信号,以及蓝鲸哨声信号分别降采样至 4kHz 及 100Hz,基于同样的平滑伪维格纳分布,可以得到时频分辨力极高的谱轮廓,如图 4.11 所示,在降低信号采样率后,基于平滑伪维格纳分布,座头鲸与蓝鲸的谱轮廓能够以极高的时频联合分辨力呈现。

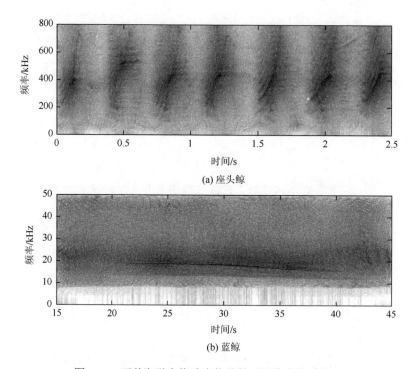

(a) 座头鲸

(b) 蓝鲸

图 4.11　两种海洋生物哨声信号的平滑伪维格纳分布

　　通过上述定性分析,可以得出伪维格纳分布与平滑伪维格纳分布更适用于海洋生物哨声信号的定性分析。虽然伪维格纳分布的时频联合分辨力更高,但存在频域方向上的交叉项干扰,因此在应用时需要排除由交叉项形成的伪谱轮廓。此外,考虑到运算量,两者更适用于采样率较低的须鲸哨声信号的时频分析。

4.3.5　海洋生物哨声信号时频分析方法的定量分析

　　前面几节定性分析了每种时频分析方法对海洋生物哨声信号时频分析的适用性,本节将定量测试每种时频分析方法对海洋生物哨声信号时频谱轮廓提取的抗噪声能力，以及对于不同调频特性哨声信号的适应能力。最后，综合定量与定性分析的结果总结每种时频分析方法针对海洋生物哨声信号时频谱轮廓提取的适用范围。

在抗噪声能力测试中，用双曲调频信号模拟海洋生物哨声信号，并在此之上叠加不同能量的高斯白噪声以调整信噪比。采用最大值法提取仿真哨声信号的谱轮廓，即取时频谱中每个时间步的能量最大的频率。若信号中不含噪声，则每个时间步的频谱最大值一定是谱轮廓上的频率，随着信噪比的降低，最大值会偏离谱轮廓的真实频率。计算最大值法提取的谱轮廓与实际谱轮廓之间频率差值的平均值（称为平均频率误差）以衡量时频分析方法对谱轮廓提取的抗噪声能力。在较低信噪比条件下，平均频率误差越大说明抗噪声能力越弱。

构造一个采样率为 48kHz、持续时间为 100ms、频率变化范围为 5~8kHz 的双曲调频信号，分别基于短时傅里叶变换、小波变换、同步压缩小波变换以及伪维格纳分布，将该双曲调频信号变换到时频域，接着通过最大值法从时频域提取该双曲调频信号的谱轮廓，最后计算提取后的谱轮廓与真实谱轮廓之间的平均频率误差。双曲调频信号的信噪比以 2dB 的步长从-10dB 逐渐增至 20dB，在每一个信噪比下做 100 次蒙特卡罗测试。为了使提取的谱轮廓在每种时频分析方法下的采样间隔都能保持一致，所有时频分析方法的时间分辨率（即时间轴的最小刻度）都与信号的采样间隔保持一致，即 $1/f_s$。关于时频分析方法的参数设定如下所述：在短时傅里叶变换中采用 1024 个采样点的汉明窗；在连续小波变换和同步压缩小波变换中采用参数 $[\gamma, P^2]$ 设为 $[40, 500]$ 的 Morse 小波；在伪维格纳分布中采用 6001 个采样点的汉明窗作为时域平滑窗。

首先是抗噪声能力测试，基于最大值法提取双曲调频信号谱轮廓（信噪比为-10dB）如图 4.12 所示，受到噪声影响，基于最大值法提取的谱轮廓会与谱轮廓真值（双曲调频信号的调频曲线）产生偏差。

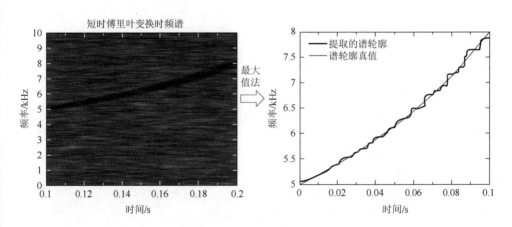

图 4.12　基于最大值法的谱轮廓提取示意图

各时频分析方法基于最大值法在不同信噪比下提取谱轮廓的频率误差如图 4.13 所示，频率误差随着信噪比降低而变化的趋势反映了各时频分析方法对谱轮廓提取的抗噪声能力。随着信噪比的降低，频率误差越快超出 100Hz，说明该时频分析方法对谱轮廓提取的抗噪声能力越差，基于这个原则可以得出以下结论：从抗噪声能力角度，短时傅里叶变换＞伪维格纳分布＞连续小波变换＞同步压缩小波变换（＞代表好于）。随着信噪比的增大，伪维格纳分布的频率误差逐渐低于短时傅里叶变换，这是由于噪声能量较大时，伪维格纳分布的交叉项会进一步增强噪声能量，严重干扰谱轮廓的提取，而当信噪比逐渐增大后，交叉项干扰能量也会相应减小，伪维格纳分布的高时频分辨力就逐渐得以体现。同步压缩小波变换的频率误差始终保持着最差的水平，这是由于较大的噪声能量会严重干扰瞬时频率的计算，使得同步压缩时无法找到恰当的压缩频率范围，导致谱轮廓出现较大的频率误差。

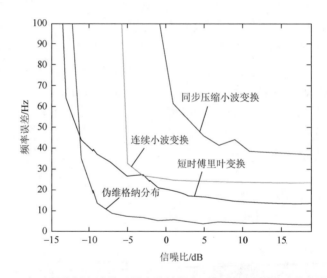

图 4.13　各时频分析方法基于最大值法提取不同信噪比谱轮廓的频率误差

如图 4.13 所示，虽然同一信噪比下各个时频分析方法之间的频率误差能够一定程度上比较出各个频率分析方法本身的时频分辨力差别，但是这种比较是不够全面的，例如，在图 4.13 中小波变换的频率误差虽然明显大于短时傅里叶变换，但这并不能说明对于谱轮廓提取，短时傅里叶变换的精度高于小波变换，因为单一的测试信号无法体现小波变换自适应的优势。

为了进一步测试各个时频分析方法对不同种类哨声信号的适应能力，参考真实哨声信号构造五种频率范围及持续时间各不相同的双曲调频信号，基于最大值法提取这五种信号的谱轮廓并计算平均频率误差。五种测试信号的频率范围与持续时间以及测试结果如图 4.14 所示，信噪比均为 20dB。在低频段，时频分析方法之间的差距并不大，同步压缩小波变换表现略优于其他几种时频分析方法，其次是连续小波变换。在高频段，连续小波变换与同步压缩变换表现较差，短时傅里叶变换与伪维格纳分布之间差距仍然不大。此外，在低频段同步压缩能够进一步减小小波变换的误差，然而到了高频段同步压缩反而加大了小波变换的误差，这是由于小波变换的误差变大后，基于小波变换的结果估计瞬时频率的误差也较大，导致错误的能量再分配，反而进一步扩大了同步压缩的误差。

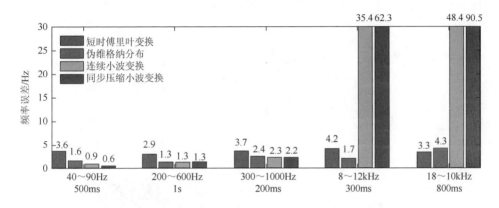

图 4.14　各时频分析方法基于最大值法提取五种不同种类谱轮廓的频率误差

关于各时频分析方法的计算速度，基于 MATLAB（R2020a）、Windows10 操作系统、3GHz 处理器以及 32GB RAM，计算一段采样率为 48kHz、持续时间为 1s 的信号，短时傅里叶变换耗时 58ms，连续小波变换耗时 407ms，同步压缩小波变换耗时 2.1s，伪维格纳分布耗时 72.3s。

通过上述定性测试可以得出，短时傅里叶变换以及伪维格纳分布对于谱轮廓提取的抗噪声能力最强，且在不同类型谱轮廓提取中都能够表现出良好的时频估计效果。连续小波变换及同步压缩小波变换更适用于低频段的谱轮廓提取。

4.3.6　海洋生物哨声信号时频分析方法适用性总结

本节综合定性分析与定量分析结论对比各时频分析方法，最后总结出各时频分析方法对海洋生物哨声信号谱轮廓提取的适用范围。

不论是定性分析还是定量分析，都是片面的。例如，在定量分析的针对不同种类哨声信号的适应性测试中，对于图 4.14 中的第三种信号，即频段为 300～1000Hz、持续时间为 200ms 的双曲调频信号，不同时频分析方法之间的表现相差无几。然而该信号的时频谱轮廓从定性角度比较，其实有着较大的差异，如

图4.15所示。虽然基于短时傅里叶变换的谱轮廓从图像上看存在严重的频谱展宽，但是其能量最大的频点并没有因此偏移，仍然在较为准确的位置上，所以即使存在如此严重的频率模糊，在定量分析时通过最大值法提取的谱轮廓却不存在较大的频率误差，然而在实际应用中噪声背景会更为复杂，不仅存在更复杂的噪声，还会有大量的干扰。此外，海洋生物哨声信号之间会存在时间与频率上的重叠，在这种情况下，严重的频谱展宽将会直接影响哨声信号真实频率的判定，这点并没有在定量分析中体现出来，因此在分析各时频分析方法对谱轮廓提取的适用性时，应当在综合考虑本章的定性分析结果与定量分析结果之后得出最后的结论。

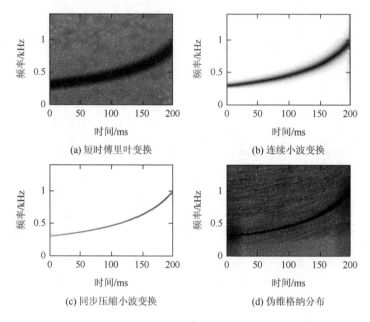

(a) 短时傅里叶变换　　　　　　　　　　(b) 连续小波变换

(c) 同步压缩小波变换　　　　　　　　　(d) 伪维格纳分布

图 4.15　第三种信号基于各时频分析方法的时频谱

基于定性分析与定量分析结果的总结如下所述。

1. 短时傅里叶变换

短时傅里叶变换对于谱轮廓提取的抗噪声能力最强、计算速度最快、适用的哨声信号类型广，然而受限于有限的时频分辨力，难以呈现清晰的须鲸哨声信号谱轮廓，更适用于频率较高的齿鲸哨声信号的时频分析。在对时频谱轮廓精度要求不高的情况下，也可以用于须鲸哨声信号的时频分析。

2. 连续小波变换

连续小波变换计算速度适中，虽然和短时傅里叶变换一样，受限于有限的时频分辨力，但其自适应的频率分辨力使其更适用于低频须鲸哨声信号的高精度时频分析，不适用于高频须鲸哨声信号的时频分析。

3. 同步压缩小波变换

同步压缩小波变换在连续小波变换的基础上进一步降低了频率模糊，在信噪比较高、干扰较少的情况下，能够呈现出较为清晰的低频段的哨声信号时频谱轮廓。然而，当干扰较多、信噪比较低时，谱轮廓失真会较为严重，且当存在交叉谱轮廓（即多个哨声信号在时间与频率上存在重合）时，将会丢失谱轮廓的部分信息。因此，同步压缩小波变换适用于分析噪声背景相对简单且不存在交叉的须鲸谱轮廓。

4. 维格纳分布

由于海洋环境噪声较为复杂且海洋生物哨声信号难免存在谐波及多径扩展，此时维格纳分布的交叉项会使得谱轮廓信息完全被掩盖在交叉项中，因此维格纳分布不适用于海洋生物哨声信号的时频分析。相比之下，伪维格纳分布以及平滑伪维格纳分布较为适合分析须鲸哨声信号，且适用的哨声信号类型较广，然而高采样率时其较大的计算量往往会超出计算平台的承受范围，因此伪维格纳分布以及平滑伪维格纳分布更适用于较低采样率的须鲸哨声信号时频分析。此外，在使用伪维格纳分布时，需要注意由交叉项构成的频域上的伪谱轮廓。

4.4 本章小结

本章分别介绍了后续章节会涉及的时域分析方法、频域分析方法以及时频分析方法。时域分析方法包括自相关分析、互相关分析及峰度分析，常常作为海洋生物叫声检测的有效手段；频域分析方法包括傅里叶变换、快速傅里叶变换，后者作为前者的一种快速计算方法，是数字信号处理中挖掘信号频率特征的有效工具，也常用于分析海洋生物叫声的频谱特征；时频分析方法包括短时傅里叶变换、连续小波变换、同步压缩小波变换、维格纳分布，是分析海洋生物叫声时频特征的主要工具。由于海洋生物叫声的多样性，本章还重点分析并总结了各时频域分析方法对海洋生物叫声分析的适用性。

参 考 文 献

[1] 宋知用. MATLAB 在语音信号分析与合成中的应用[M]. 北京：北京航空航天大学出版社，2013.

[2] 王学民. 偏度和峰度概念的认识误区[J]. 统计与决策，2008，（12）：145-146.

[3] 宋国丽，郭新毅，马力. 确定峰态非高斯海洋环境噪声模型研究[J]. 声学学报，2019，44（5）：887-896.

[4] 杨蔚. 鲸豚动物叫声检测识别技术研究[D]. 哈尔滨：哈尔滨工程大学，2021.

[5] Zimmer W M X. Passive Acoustic Monitoring of Cetaceans[M]. Cambridge：Cambridge University Press，2011.

[6] 浦王轶. 鲸豚动物社交信号时频特征提取关键技术研究[D]. 哈尔滨：哈尔滨工程大学，2023.

[7] Cohen L. Time-frequency Analysis[M]. Englewood Cliffs：PTR Prentice Hall，1995.

[8] Mallat S G. A Wavelet Tour of Signal Processing[M]. 2nd ed. New York：Academic Press，1999.

[9] Lebedeva E A，Postnikov E B. On alternative wavelet reconstruction formula：A case study of approximate wavelets[J]. Royal Society Open Science，2014，1（2）：140124.

[10] Olhede S C，Walden A T. Generalized morse wavelets[J]. IEEE Transactions on Signal Processing，2002，50（11）：2661-2670.

[11] Lilly J M，Olhede S C. Generalized Morse wavelets as a superfamily of analytic wavelets[J]. IEEE Transactions on Signal Processing，2012，60（11）：6036-6041.

[12] Daubechies I，Lu J F，Wu H T. Synchrosqueezed wavelet transforms：An empirical mode decomposition-like tool[J]. Applied and Computational Harmonic Analysis，2011，30（2）：243-261.

[13] Ou H，Au W W L，van Parijs S，et al. Discrimination of frequency-modulated Baleen whale downsweep calls with overlapping frequencies[J]. The Journal of the Acoustical Society of America，2015，137（6）：3024-3032.

第5章　海洋生物叫声信号特性与参数统计

在广袤的海洋中，存在着许多具有发声能力的海洋生物，它们能够产生多种多样的生物叫声信号。研究这些海洋生物叫声信号的参数特性对海洋生物学领域的发展具有重要意义。本章从海洋生物叫声信号分析的角度来介绍典型海洋生物叫声的参数特性，并给出相应种类叫声信号的具体示例，同时给出海洋生物叫声信号分析的常用手段。通过深入研究这些问题，为后续章节海洋生物叫声信号处理与分析部分奠定研究基础。

5.1　鲸豚动物社交类叫声

5.1.1　典型鲸豚动物哨声

1. 白鲸哨声

白鲸作为齿鲸亚目一角鲸科白鲸属的唯一物种，因其丰富的叫声种类而闻名，被誉为"海中金丝雀"[1]。根据采集到的大量白鲸哨声信号，为分析白鲸哨声的频率特性与时间特性，需要得到哨声的时频谱图。本节采用短时傅里叶变换将哨声信号从时域转换到时频域中。本节采用窗长为 1024 点的汉明窗；重叠窗长选为窗长的一半，即 512 点；采样率为 48kHz。

白鲸哨声信号采集于哈尔滨极地馆，采集设备为新西兰 Ocean Instruments 公司的自容式水听器 SoundTrap ST300HF[2]。根据时频谱轮廓将哨声信号分为五类，分别为平型、下降型、U 型、颤音型及上升型。每种哨声类型的时频谱如图 5.1 所示，其中，图 5.1（a）为平型哨声，图 5.1（b）和（c）为下降型哨声，图 5.1（d）和（e）为 U 型哨声，图 5.1（f）为颤音型哨声，图 5.1（g）为上升型哨声。

2. 蓝鲸低频叫声信号

蓝鲸属于须鲸亚目，是世界上最大的哺乳动物，遍布全球各大海域。它身长可达 30m 左右，重达 200t 以上。与齿鲸相比，须鲸不采用回声定位方式觅食：一方面是由于蓝鲸体型大难以发出高频的回声定位信号，另一方面是由于它们以水中的虾类及大量的浮游生物为食。

蓝鲸种群叫声的频率大约在 20Hz，声音持续时间为 10~30s，声源级可达

180dB 以上。它们的叫声可以传播相对较远的。这些叫声序列可以被视为不增加信息内容的高度冗余的声音信号，因此主要用于维持种群之间的接触，方便种群能够在整个海洋范围内建立联系。

尽管蓝鲸体长能达到 30m 以上，但是它们却很难被人类发现，人们对它们了解甚少。澳大利亚军方科学家利用定位潜艇的军事技术，尝试对蓝鲸进行充

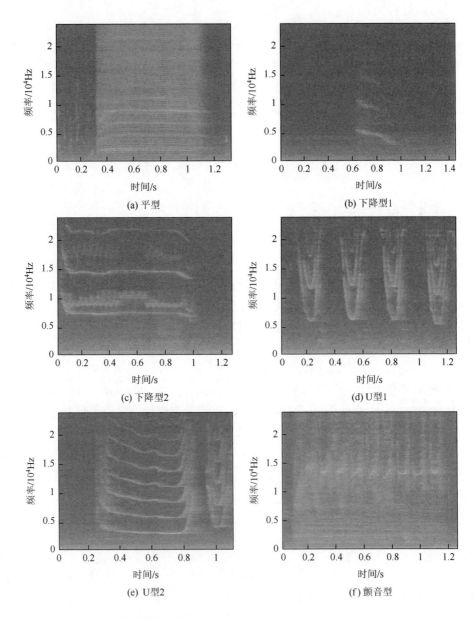

(a) 平型

(b) 下降型1

(c) 下降型2

(d) U型1

(e) U型2

(f) 颤音型

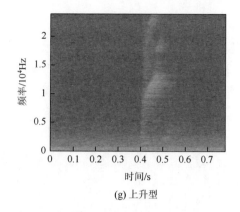

(g) 上升型

图 5.1　哈尔滨极地馆白鲸哨声时频谱图

分的评估分析，分析多年以来蓝鲸的栖息地点，评估蓝鲸数量。在 2012 年为期 20 天的研究工作中，科学家利用水下定位技术，在 1 万多平方公里海域内跟踪记录了 103 头蓝鲸。

　　图 5.2 中显示了一段 20min 时间内的大西洋蓝鲸叫声，利用磁带录音机采集于 1992～1993 年，采集地点在北大西洋。该叫声是相当长的频率调制信号，信号采样率为 100Hz，对 8Hz 以下低频信号进行了滤波，从图中可以看出每个信号持续时间大约 30s，信号重复周期大约 90s，频率随时间从 20Hz 减小到约 15Hz。

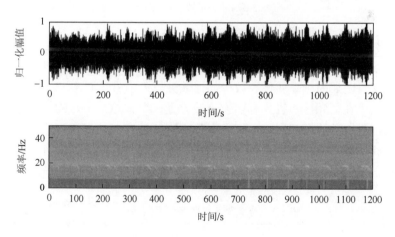

图 5.2　大西洋蓝鲸叫声信号

3. 座头鲸歌声信号

　　根据一段于 1994 年 3 月采集于夏威夷附近可爱岛北海岸的座头鲸歌声信号，进行座头鲸歌声频率特性、持续时间的分析[3]。从采集信号中选择十种具有不同韵律特性的叫声信号，为了展示信号的时频域特点，进行短时傅里叶变换。

对真实采集到的座头鲸歌声信号做短时傅里叶变换，信号采样率为 48kHz，傅里叶变换点数为 1024，窗函数选择汉明窗，各段之间重叠的采样点数为 512，得到时频谱图在图 5.3 中显示。图 5.3 中除了各个信号的时频谱图，在下方展示了相应信号的时域波形，并标注了信号的持续时间。

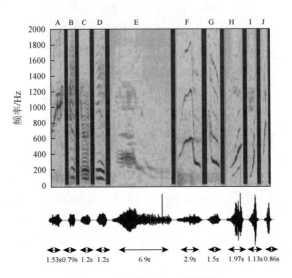

图 5.3　座头鲸歌声时频谱图

将各类信号依次标记为 A～J，图 5.3 中展示了各类信号的时频谱图、时域波形以及持续时间。可以看出图中的信号大致可以分为三种：第一种是最低频率比较高，具有较明显的频率变化和较少的谐波分量的信号（如 A、F、G、H）；第二种是能量集中在低频区，且具有多次谐波分量（如 B、C、D、E）；第三种是突发脉冲序列，即信号的频率在短时间内上升很快（如 I、J）。尽管一些信号之间可能存在一些相同点，通过时频谱图可以看出，图中每种信号又都有各自的独特性，在表 5.1 中对十种信号的特点进行描述。

表 5.1　座头鲸几种歌声信号的特性描述

歌声信号	特性描述
A	最低频率较高，在 600Hz 左右，最高频率为 1320Hz 左右，具有不太明显的谐波分量
B	最低频率为 100Hz 左右，最高频率接近 2000Hz，具有较多的谐波分量，持续时间非常短，时频谱轮廓曲线向上凸起
C	最低频率为 100Hz 左右，最高频率在 1400Hz 左右，谐波分量最多，且各次谐波之间分布比较密集，时频谱轮廓曲线基本平稳

歌声信号	特性描述
D	最低频率为 100Hz，最高频率在 2000Hz 左右，但是仅基波和二次谐波的分量能量较强。谐波在频率上的分布和 B 类相似，不同的是这种信号的时频谱是平稳的，和 C 相比很像是 C 所有的奇次谐波分量组成的
E	最低频率为 300Hz，最高频率在 1320Hz 左右，持续时间最长，而且随着时间的延长，能量逐渐减弱
F	基频在 240Hz，最高频率在 1800Hz 左右，时频谱轮廓呈现出正弦型
G	基频在 240Hz，最高频率接近 2000Hz，时频谱轮廓呈现出下扫频型，较少次谐波分量
H	基频在 100Hz 左右，最高频率接近 2000Hz，时频谱呈现上扫频型，较少次谐波分量
I	持续时间较短，最低频率在 100Hz 左右，在 1s 左右的时间频率上升到 2000Hz 左右
J	持续时间较短，最低频率较高，在 400Hz 左右，在不到 1s 的时间频率上升到 2000Hz 左右

通过时频谱图展示和表 5.1 分析可以看出，座头鲸歌声的"单元"在频率分布上具有多样性，最低频率和最高频率也不尽相同；表现在频谱结构上，具有不同的时频曲线特征，有的谐波次数很高，有的几乎没有谐波，有的随着时间变化呈现出明显的频率变化（如上扫频型、下扫频型、正弦型），有的频率几乎不会随着时间变化；在时域特征上也具有多样性，持续时间上有长有短。在收集到的座头鲸歌声信号中，持续时间最长可达 6.9s，最短可达 0.79s，大部分在 1~2s。在通信过程中，信号时间过长，会导致通信速率降低，不利于提高通信的有效性。因此，在后续应用座头鲸歌声进行通信等研究时，并没有选择 E 类信号。除此之外，A 类信号在收集到的信号中，数目较少，因此在后续研究中也没有进行该类信号的分析。

经过以上分析，证实了座头鲸具有独特而种类丰富的歌声，不同的叫声与其不同的社交行为相对应，研究座头鲸的歌声特点有助于生物学家对座头鲸语义和行为目的的理解。这种丰富的结构特点与其自身的发声方式、发声环境、身体构造等也有密切的关系。因此，进行该生物信号特点的分析对了解该物种的发声机理有重要作用。除此之外，其丰富的歌声信号类型，可以为仿生通信提供研究基础。

4. 真海豚哨声

真海豚，又称普通海豚，是鲸目齿鲸亚目海豚科真海豚属。如图 5.4 所示，真海豚体形似鱼，细长呈流线型，体色复杂而十分独特。在真海豚叫声的数据库中，利用能熵比端点检测法，提出哨声样本，并从中选出六种具有不同特征的哨声信号，其相应的短时傅里叶变换时频谱图如图 5.5 所示[4]。从图中可以看出，六种哨声信号的相似之处在于每个哨声信号都存在谐波分量，而明显的区别在于哨声时频谱轮廓曲线的变化特点。

图 5.4 真海豚

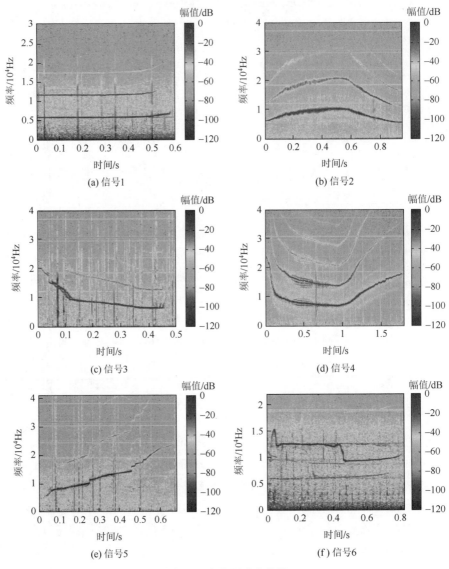

图 5.5 真海豚哨声信号

对每个哨声信号的基波时频谱轮廓曲线从起始频率、终止频率、最低频率、最高频率以及频带宽度进行测量并分析。信号 1 的基频有上升趋势，但变化不明显，信号的带宽仅有几百赫兹。信号 2 与信号 4 的基频曲线都有一个拐点，不同的是，信号 2 的基频曲线先上升后下降，而信号 4 则先下降后上升，这类曲线特征与凹凸形状十分相像。信号 3 与信号 5 的基频曲线变化特征相似，均无拐点出现，信号 3 的基频曲线整体呈下降趋势，而信号 5 的基频曲线整体呈上升趋势。另外，通常哨声信号是连续的，但从时频谱图可以看出，哨声信号 5 的基频曲线有断点。据猜测，这一现象的出现与真海豚自身的发声准备与发声环境有关。信号 6 是真海豚经常发出的一种哨声信号，与前五种哨声的形状不同，其基频曲线先上升后下降、保持水平后又下降，最后保持水平。这种哨声信号与真海豚种类以及自身的特点、行为有关，因此研究真海豚哨声信号有助于了解海豚的生物学特点。

5.1.2　哨声参数统计

哨声信号持续时间较长，达到几百毫秒的量级，因此它的时频域特性是哨声信号的主要参数。表 5.2 列出了哨声信号参数及其相应的定义。图 5.6 是与哨声信号参数相对应的海豚哨声信号瞬时频率变化曲线，在上面标注了相应的参数。

表 5.2　哨声信号典型参数

序号	信号参数	定义
1	持续时间	哨声信号的总时间长度
2	最低频率	哨声轮廓中最低点对应的频率值
3	最高频率	哨声轮廓中最高点对应的频率值
4	起始频率	哨声轮廓起始点对应的频率值
5	截止频率	哨声轮廓截止点对应的频率值
6	频率范围	哨声轮廓的最低点和最高点的频率差值
7	频率变化	哨声轮廓的起始点和截止点的频率差值
8	绝对频率梯度	哨声轮廓截止点与起始点频率差值的绝对值与信号持续时间的比值
9	极值数	哨声轮廓中所有一阶导数等于零的点的个数
10	拐点数	哨声轮廓中所有二阶导数等于零的点（哨声轮廓升降变化的点）的个数
11	鞍点数	哨声轮廓中所有高阶导数等于零的点的个数
12	间隙数	哨声轮廓的轮廓断裂数
13	台阶数量	哨声轮廓中频率突变超过 500Hz 且变化坡度接近垂直的变化点的个数
14	谐波数	与信号基频呈整数倍关系的轮廓数量

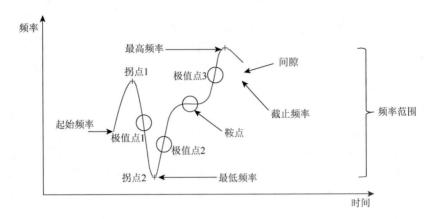

图 5.6　哨声信号典型参数示意图

　　图 5.7 是一个实际海豚哨声信号的示意图，从图中可以看出该信号具有 3 个拐点，起始频率是 12.11kHz，截止频率是 19.02kHz，最高频率是 19.04kHz，具体参数如表 5.3 所示。

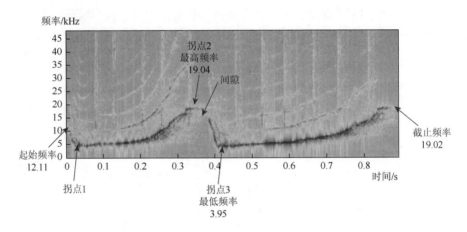

图 5.7　实际海豚哨声信号参数示意图

表 5.3　实际海豚哨声信号参数

序号	信号参数	取值	序号	信号参数	取值
1	持续时间	0.875s	6	频率范围	15.09kHz
2	最低频率	3.95kHz	7	频率变化	6.91kHz
3	最高频率	19.04kHz	8	绝对频率梯度	7.89kHz/s
4	起始频率	12.11kHz	9	极值数	3
5	截止频率	19.02kHz	10	拐点数	3

续表

序号	信号参数	取值	序号	信号参数	取值
11	鞍点数	0	13	台阶数量	0
12	间隙数	1	14	谐波数	7

5.2　鲸豚动物回声定位叫声

5.2.1　典型回声定位信号

1. 抹香鲸低频嘀嗒声信号

抹香鲸是世界上最大的齿鲸，其头极大，前端钝，所以又称巨头鲸，广泛分布于全世界不结冰的海域。它们在所有鲸类中潜得最深、最久，潜深可达 2200m，并能在水下待两个小时之久。抹香鲸潜入水面下，就会开始发出响亮而有规律的嘀嗒声，和其他齿鲸的嘀嗒声不同的是声源级更高、更连续且重复较慢[5]。图 5.8 所示信号来源于美国大西洋水下测试与评估中心（The U.S. Navy's Atlantic Undersea Test and Evaluation Center，AUTEC）在巴哈马群岛（Bahamas）附近采集到的抹香鲸嘀嗒声信号，信号采样率为 96kHz，采集到的信号信噪比很高。

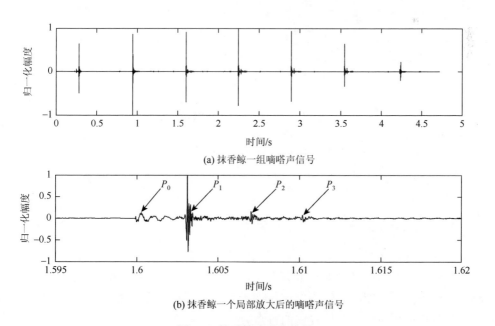

(a) 抹香鲸一组嘀嗒声信号

(b) 抹香鲸一个局部放大后的嘀嗒声信号

图 5.8　抹香鲸嘀嗒声信号

从图 5.8（a）中可以看出，抹香鲸嘀嗒声信号幅度也具有较大变化，脉冲间隔（inter click interval，ICI）大约是 700ms。将图 5.8（a）中的一个嘀嗒声信号放大得到图 5.8（b），从图 5.8（b）中可以看出，抹香鲸一个嘀嗒声信号由四个连续脉冲信号组成，每一个脉冲信号持续时间大约 1ms。P_0 脉冲幅度较小，$P_1 \sim P_3$ 脉冲幅度逐渐变小。为区别于通常鲸类动物嘀嗒声 ICI，称这四个脉冲之间的时间间隔为脉冲时间间隔（inter pulse interval，IPI），从图 5.8（b）中可以看出该抹香鲸 IPI 大约是 4ms。这种多脉冲结构嘀嗒声信号是抹香鲸所特有的，科学家认为它是由抹香鲸产生的嘀嗒声信号在其头部内反射产生的，称为bent-horn 理论。

抹香鲸只有一个声唇，因此同一时刻它只能发出一段声音，但是从抹香鲸头部传出来的却有多个声音。下面介绍抹香鲸产生多脉冲结构嘀嗒声机理。抹香鲸的声唇（图 5.9 中 Mo）产生嘀嗒声信号向各个方向辐射，其中一部分比较小的能量首先传入海水中，形成图 5.8 中的 P_0 信号，其余能量比较强的嘀嗒声信号通过抹香鲸头中的鲸蜡油（图 5.9 中 So）到达前气囊（图 5.9 中 Fr），再经过它的反射进入位于头部下方的舭板（图 5.9 中 Ju），然后辐射到海水中，形成 P_1 脉冲信号。其余能量的嘀嗒声信号再经过相同的路径在抹香鲸头部反射，然后通过舭板辐射到水中，形成 P_2 和 P_3 信号。

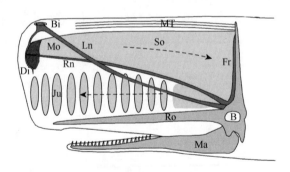

图 5.9　抹香鲸头部结构

B-头部；Ma-下颌骨；Ro-喙；Ju-舭板；Di-后气囊；Fr-前气囊；Ln-左鼻孔；Rn-右鼻孔；Bi-喷水孔；Mo-声唇；MT-肌肉层；So-鲸蜡油

2. 宽吻海豚嘀嗒声信号

宽吻海豚是常见的齿鲸，其具有优异的水下探测能力，并且以受训后可以执行多种水下任务而闻名。图 5.10 为在厦门海洋馆采集的宽吻海豚回声定位信号的时域波形图，可以粗略地发现时域包络类似瑞利分布且保持相对一致，说明嘀嗒声信号时域波形包络具有一致性的特点。

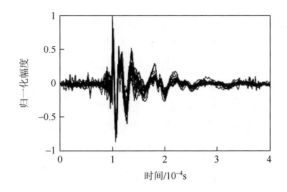

图 5.10　宽吻海豚的嘀嗒声脉冲串包含的 50 个单脉冲信号时域波形

进一步定量研究齿鲸回声定位信号的时域特性，如图 5.11 所示，根据信号复包络测量得到–3dB 及 –10dB 带宽，可以发现这种信号的 –3dB 带宽为 10μs，–10dB 带宽为 40μs，因此相较于现有声呐波形，齿鲸的单个嘀嗒声脉冲具有极窄的脉宽，一方面齿鲸可能利用这一类波形在时域上对多信号（或者多回波）进行分辨，另一方面窄脉冲便于齿鲸生物声呐向外辐射能量。

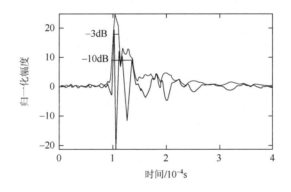

图 5.11　通过平均合成处理之后的嘀嗒声时域信号

从声呐发射机的角度分析，脉宽过长会导致发射设备包括功率放大器及换能器长时间发热使设备使用时长受限，而齿鲸嘀嗒声以极窄脉宽形式将声能量向外辐射，将有利于其在短时间内辐射高强度声波。这里需要注意的是，齿鲸通常以脉冲串的形式探测/识别目标，因此脉冲串内的脉冲间隔相当于占空比的概念，即相当于调整脉冲间隔可以有效地调整发射能量。

进一步分析宽吻海豚的嘀嗒声频谱特性，图 5.12 为 50 个嘀嗒声信号的频谱叠加后的结果。可以发现嘀嗒声信号的频谱整体呈多峰分布形式，且频谱的变化趋势基本保持一致，初步说明齿鲸嘀嗒声信号的频谱能量分布具有一定的规律性。为了进一步观察齿鲸嘀嗒声信号的频谱细节，通过对单嘀嗒声信号进行傅里叶变换可以得到单嘀嗒声信号的频谱，如图 5.13 所示。通过观察可以发现大部分能量集中在 10～150kHz 区间范围内，定量观察-3dB 带宽大约为 30kHz，而-10dB 带宽大约为 100kHz。需要注意的是，本节虽然是针对宽吻海豚的情况进行分析，但是对于回声定位信号的主要特性及功能具有一定的普适性。具体不同地区、不同个体、不同物种在信号特性的细节上将会产生一定的差异性。

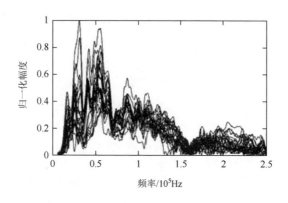

图 5.12　宽吻海豚的嘀嗒声 50 个单脉冲信号频谱

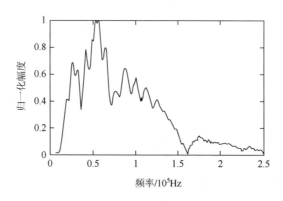

图 5.13　通过平均合成处理之后的单嘀嗒声信号的频域表示

通过短时傅里叶变换获得了瓶鼻海豚的回声定位脉冲串，如图 5.14 所示。连续的 Click 单脉冲伴随着峰值频率的逐渐变化，同时可以发现随着时间变化依然保持稳定的双分量频谱结构。这种分析方法为接下来的动态探测过程提供了重要的研究工具。可以进一步观察回声定位脉冲串内的 Click 脉冲参数随着时间的变化，其中包括峰值频率、中心频率、脉冲间隔、有效带宽等参数，有助于理解海豚如何调整其发声行为。

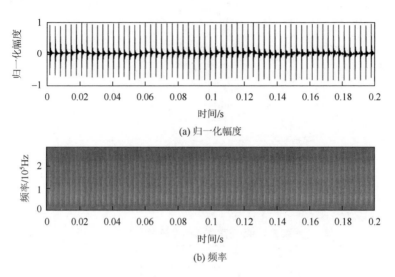

(a) 归一化幅度

(b) 频率

图 5.14　瓶鼻海豚 Click 脉冲串的时频联合表示

3. 鼠海豚嘀嗒声信号

鼠海豚是一种体型较小的齿鲸，体长小于 2m，生活在北大西洋欧洲、非洲和北美洲东岸，以及黑海、太平洋亚洲与美洲海岸附近。鼠海豚几乎完全以鱼类为食，此外还吃蠕虫、软体动物、甲壳动物和乌贼。鼠海豚喜欢浅水，春季和夏季它在海岸附近，约 20m 中等深度、比较平静的海域活动，秋季则离海岸较远。

鼠海豚会发出许多不同的声音，它们之间的通信信号由高频（110～150kHz）和低频（2kHz）的声音组成。此外，鼠海豚还使用声音来进行声呐定位，这样的声音有低频的（1.5kHz）和高频的（100kHz）成分。通过分析鼠海豚的叫声，可以分辨出典型的定位、威胁、寻找配偶、寻求帮助和警告危险的叫声。

图 5.15 是一个鼠海豚的嘀嗒声信号，从图中可以看出，信号持续时间大约为 180ms，较喙鲸嘀嗒声信号持续时间短，但是信号周期更多，也就是说鼠海豚嘀嗒声信号频率比喙鲸嘀嗒声信号的频率高。

5.2.2　回声定位信号参数统计

嘀嗒声信号成串发声、持续时间较短，并且主要用于觅食捕猎等回声定位应用，因此嘀嗒声信号的时域、频域和回声定位的分辨率是其主要参数。表 5.4 列举了嘀嗒声信号的参数和相应的定义，图 5.16 是嘀嗒声信号参数示意图。

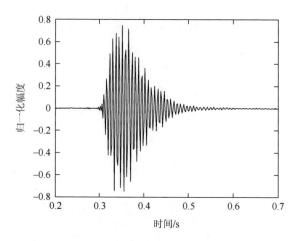

图 5.15　鼠海豚嘀嗒声信号

表 5.4　嘀嗒声信号典型参数及其定义

序号	信号参数	定义
1	持续时间	嘀嗒声信号 95%能量的持续时间
2	脉冲间隔	嘀嗒声脉冲序列中脉冲和脉冲之间的时间
3	峰值频率	嘀嗒声脉冲中频谱振幅最高的频段的中心频率
4	中心频率	将嘀嗒声信号划分为两个相等能量间隔的频率
5	频率范围	嘀嗒声信号轮廓的最低点和最高点的频率差值
6	−3dB 带宽	嘀嗒声信号中比峰值频率点的能量低 3dB 的两点之间的频率间隔
7	−10dB 带宽	嘀嗒声信号中比峰值频率点的能量低 10dB 的两点之间的频率间隔
8	谱峰个数	单个嘀嗒声信号所含的信号谱峰数量
9	声信号发射率	每次观测的脉冲串中脉冲信号个数与脉冲串时间的比值

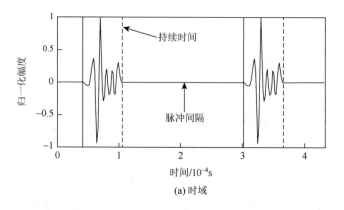

(a) 时域

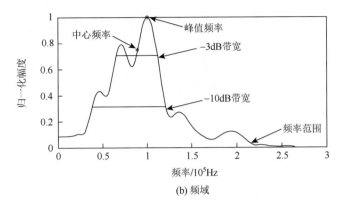

(b) 频域

图 5.16　嘀嗒声信号参数示意图

5.2.3　回声定位信号性能分析

在齿鲸回声定位信号研究中，信号的分辨率是一个重要的指标，可以衡量回声定位信号的距离分辨能力与速度分辨能力。距离分辨能力的概念是基于匹配滤波器的延伸概念，可以理解为区分两个目标或两个回波的最小时延差的能力；速度分辨能力可以理解为区分两个目标或其两个回波之间的最小频移差的能力。而模糊函数为同时分析距离分辨能力与速度分辨能力提供的重要工具，数学表达式具体为

$$\chi(\eta,\tau) = \sqrt{\eta} \int_{-\infty}^{\infty} S_a(t) S_a^*[\eta(t-\tau)] \mathrm{d}t \tag{5.1}$$

式中，多普勒尺度因子 η 可以表示为

$$\eta = \left(1 + \frac{v}{c}\right) \Big/ \left(1 - \frac{v}{c}\right) \tag{5.2}$$

v 为目标运动速度，c 为声速。可以发现模糊函数本质上是不同时延与不同多普勒尺度因子情况下的二维相关函数，但是不同于窄带模糊函数，宽带模糊函数将信号的频偏进一步扩展为信号的多普勒拉伸与压缩，因此在宽带模糊函数中以多普勒尺度因子对速度进行定义而不是窄带模糊函数中的频偏。

对嘀嗒声信号进行宽带模糊函数分析，如图 5.17 所示，图中显示了模糊表面的等高线，其中横轴代表了时延即代表距离，纵轴代表多普勒尺度因子即代表速度。可以发现区别于窄带模糊函数，宽带模糊函数表面呈现出明显的不对称性。

如图 5.17 所示的二维模糊度截面，模糊函数表面可以理解为两个目标回波之间的相关性，当模糊表面的时延与多普勒尺度因子均为零时，可以认为信号接收的参数相同；反之如果模糊度为 1，则无法根据目标多回波之间的参数差异进行区分。时延或多普勒尺度因子逐渐增加，模糊度逐渐降低，即两目标回波逐渐可

以分辨。为了定量地分析声呐信号的距离分辨能力与速度分辨能力，采用模糊度函数的–3dB 平面进行分辨力测量，图中对应齿鲸嘀嗒声的采样率为 500kHz，从–3dB 模糊度表面可以测量出齿鲸嘀嗒声信号的时延分辨能力（等同于距离分辨能力）为从–4.4612μs到 3.67μs 时延范围。

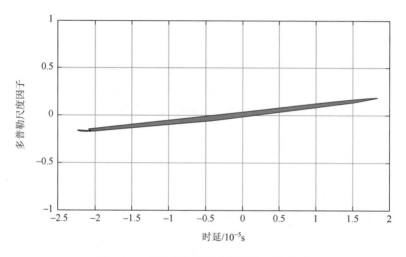

图 5.17　嘀嗒声信号的宽带模糊函数表示

　　综上分析，宽带模糊函数定量描述了齿鲸宽带回声定位信号的目标回波分辨力，结果表明齿鲸嘀嗒声信号具有微秒量级高时延分辨能力。根据双程时延可以将该时延分辨能力换算为大于 3.75mm 的最小距离差，解释了齿鲸生物声呐具备高精度探测的能力。

5.3　鳍足类动物叫声

1. 髭海豹

　　髭海豹是生活在北半球极地的冷水海豹，因其长长的、数量众多的胡须而得名，这些胡须分布在其下颚，如图 5.18（a）所示。雄性髭海豹是海洋动物中声音最响亮的动物之一。其叫声特征明显且模式固定，频率范围从 0.2kHz 到 1.1kHz 不等[6]。这些复杂的叫声由大量的螺旋颤音组成，如图 5.18（b）所示，具体包括较短的扫频呼叫、时频变化平坦的咕哝声、短而低频的呻吟声。在它们发声期间，髭海豹以螺旋状态缓慢地潜水，同时释放出气泡，最后浮出水面。髭海豹在水中繁殖，雄性髭海豹长时间的叫声被认为是在向附近的雌性髭海豹求偶。颤音的持续时间很可能表明雄性髭海豹的繁殖能力，颤音越长，说明髭海豹的繁殖能力越强。这种发声只出现在繁殖季节，大约持续 90 天，从 3 月下旬到 7 月中旬。

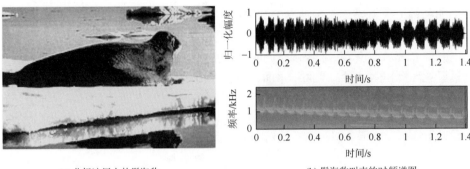

(a) 北极冰层上的髭海豹　　　　　　　　　(b) 髭海豹叫声的时频谱图

图 5.18　髭海豹及其叫声

2. 冠海豹

冠海豹是一种冷水鳍足动物，主要生活在北极的浮冰上以及北大西洋的深水中。成年雄性冠海豹可以使部分鼻腔膨胀，具有一层有弹性的薄膜，可以膨胀成帽子形状，几乎是雄性冠海豹头部的 2 倍。冠海豹还有一个可以挤压和充气的弹性鼻中隔。充气后像一个鲜红色的气球，成年雄性冠海豹利用"气球"来吸引交配季节的雌性，并威慑其他雄性，如图 5.19（a）所示。冠海豹水下叫声的数据有限，大多数叫声产生于繁殖季节，并由雄性冠海豹发出。冠海豹的水下叫声具有宽带脉冲特性，包括咔嗒声、颤音、敲击声、咆哮声和呻吟声[7]。在加拿大圣劳伦斯湾开展的一项被动声学研究中，发现了 22 个冠海豹水下叫声。其中，920Hz 和 630Hz 中心频率的叫声最为常见，如图 5.19（b）所示。

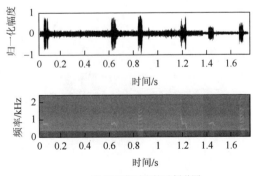

(a) 两头雄性冠海豹，右侧冠海豹隔膜膨胀　　　　　(b) 冠海豹叫声的时频谱图

图 5.19　冠海豹及其叫声

3. 加利福尼亚海狮

加利福尼亚海狮是人们最熟悉的鳍足类动物之一，经常出现在动物园和水族馆中，如图 5.20（a）所示。加利福尼亚海狮在繁殖季节利用叫声来建立和保卫领地，并确立统治地位。它们在水下的叫声包括吠叫、呜呜声、嗡嗡声及咔嗒声。加利福尼亚海狮在水中时，头高于水面，也会发出更多的叫声[8]，其中一些呼叫被传送到水中。当海狮在陆地上离开水面时，也会发出叫声。雄性在保护自己的空间和交配时会大量吠叫。雌性海狮在幼崽处于危险中时会吠叫、尖叫、打嗝和咆哮。雌性和幼崽能够识别彼此的叫声。典型的加利福尼亚海狮叫声如图 5.20（b）所示。

(a) 加利福尼亚州蒙特雷码头上的
雄性加利福尼亚海狮

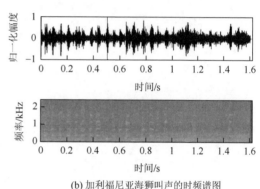

(b) 加利福尼亚海狮叫声的时频谱图

图 5.20　加利福尼亚海狮及其叫声

4. 海象

海象栖息在北大西洋和太平洋中，它们的皮肤坚韧，雄性被结节覆盖，可以保护它们免受其他雄性海象的攻击，如图 5.21（a）所示。与其他以鱼类为食的鳍

(a) 阿拉斯加白令海的海象

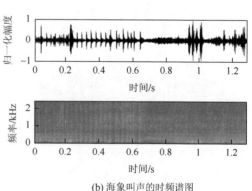

(b) 海象叫声的时频谱图

图 5.21　海象及其叫声

足类动物相比，海象有着独特的进食方式——它们以海底的小生物为食。海象在交配季节会发出独特的叫声。雄性海象在水下发声，听起来像敲击声、脉冲声和类似铃声的声音。从图 5.21（b）中可以看出，海象叫声的频率从 100Hz 到 2kHz 不等[9]。

5.4　鱼类动物叫声

根据海洋鱼类的两种主要发声机制，即声波肌肉-鱼鳔发声和摩擦发声，本节从这两方面分析鱼类的叫声特性。

1. 声波肌肉-鱼鳔发声的叫声特性

该发声方式在前面有所介绍，在海洋鱼类中十分常见。以其中典型的石首鱼 [图 5.22（a）] 为例，雄性会用声音来求偶，雌性或者未成年的石首鱼发声是一种惊吓反应。这种声音通常为短脉冲，频率一般较低，基频范围从 45～60Hz 到 250～300Hz。从图 5.22（b）中可以看出，该发声方式持续时间短，发声存在间隔。此外，响度呈周期性变化：在开始时最强，随后减至最弱，再激增到最强，周而往复，且最强响度基本一致，符合人们"击鼓"的情形。

(a) 细须石首鱼

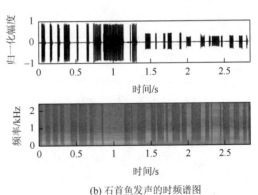

(b) 石首鱼发声的时频谱图

图 5.22　石首鱼及其发声

黑鼓鱼 [图 5.23（a）] 的体型大，能发出响亮的低频声音。其发声的频率范围为 60～1100Hz，大部分声能集中在 400Hz 以下，响度也呈现周期性变化，且非持续性发声，如图 5.23（b）所示。黑鼓鱼的叫声能在水下传播很远，一般用于求偶或者作为一种惊吓反应。

岩石斑鱼生活在岩石和礁石中，如图 5.24（a）所示。其发声机制是振动中轴肌肉敲击鱼鳔，与声波肌肉-鱼鳔发声方式基本相同。从图 5.24（b）中可以看出，该声音特点为发声频率较低、声音持续时间短、响度呈周期性变化。

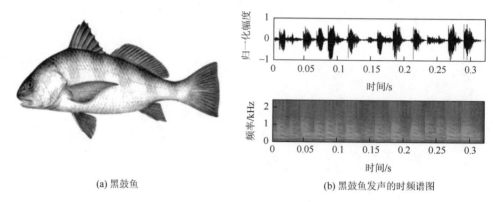

(a) 黑鼓鱼　　　　　　　　　　　(b) 黑鼓鱼发声的时频谱图

图 5.23　黑鼓鱼及其发声

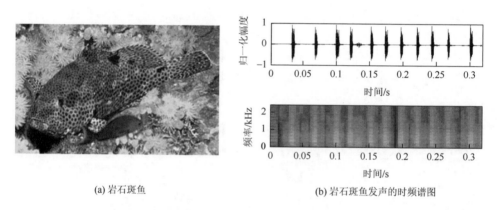

(a) 岩石斑鱼　　　　　　　　　　(b) 岩石斑鱼发声的时频谱图

图 5.24　岩石斑鱼及其发声

对声波肌肉-鱼鳔发声鱼类的叫声特性做出以下总结：声音频率低、发声持续时间短、发声存在间隔、响度变化呈周期性。

2. 摩擦发声的叫声特性

摩擦发声也是鱼类主要的发声机制之一，摩擦声可以作为惊吓反应或者领土保护手段。该声音还可能经过鱼鳔，鱼鳔会充当共振器放大摩擦声。

摩擦声的频率范围为 100～8000Hz，而主要频率一般在 1000～4000Hz。受鱼鳔影响的鸣叫声的主要频率远低于 1000Hz。相比于敲击鱼鳔发声，摩擦声的特点为声音的频率较高、发声持续时间长、响度几乎没有周期性。

红雀鲷［图 5.25（a）］生活在岩石基质及海带"森林"中，可以通过磨牙产生"砰砰"声，并被鱼鳔放大。侵入红雀鲷领地的鱼类会受到声音的警告。从图 5.25（b）中可以看出，该声音的频率较高，持续时间长，且响度变化无周期性。

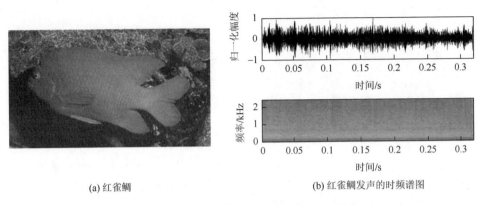

(a) 红雀鲷　　　　　　　　　　　(b) 红雀鲷发声的时频谱图

图 5.25　红雀鲷及其发声

海鲇鱼生活在海湾泥泞或者沙质底部及浅海岸。该物种有非常明显的特点：纤细的骨头连接到鱼鳔表面，并有特殊的声波肌肉可以振动发声；也可以通过胸骨摩擦胸带或者咬齿摩擦发声。海鲇鱼具有两种典型的发声方式，从图 5.26（a）和（b）中可以分别看出两种发声方式产生的声音，其中声波肌肉-鱼鳔发声特性符合上述规律，摩擦发声也具有高频、持久、响度无规律的特点。

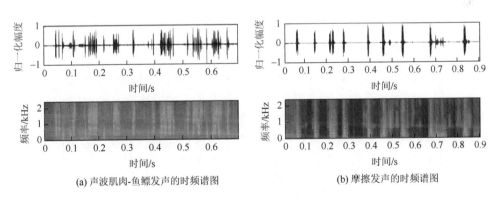

(a) 声波肌肉-鱼鳔发声的时频谱图　　　　　　(b) 摩擦发声的时频谱图

图 5.26　海鲇鱼及其发声

5.5　无脊椎动物叫声

目前对于海洋无脊椎动物的相关研究相对较少，由于敲击发声的典型物种可以通过不同方法敲击身体，如利用爪子敲击海洋基质。这样产生的声音十分复杂且没有规律，所以本节对应其他四种发声方式列举四种最典型的海洋生物，并分析其叫声特性。

1. 摩擦发声的叫声特性

多刺龙虾［图 5.27（a）］是遍布世界各地的海洋无脊椎生物，有两条长长的触角，是典型依靠摩擦发声的生物。这种生物通过将一块称为"拨子"（plectrum）的软组织摩擦它们眼睛附近光滑、坚硬的"锉刀"来发声，这种技术类似于琴弓在小提琴弦上的移动，产生的声音用于恐吓其他生物。从图 5.27（b）中可以看出，这种声音频率较高，持续时间较长。

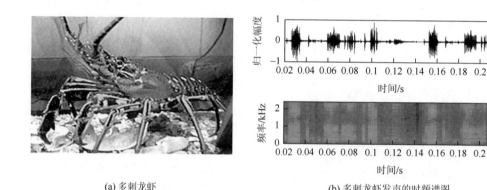

(a) 多刺龙虾　　　　　　　　　(b) 多刺龙虾发声的时频谱图

图 5.27　多刺龙虾及其发声

2. 气穴发声的叫声特性

卡达虾［图 5.28（a）］是甲壳类动物，广泛分布在热带和温带海域，是已知的唯一利用气穴发声的生物。卡达虾快速收缩爪子会发出响亮的"啪啪"声，还会产生气泡，气泡破裂时也会产生声音。这种"啪啪"声的响度高、频率高，大量卡达虾聚集在一起甚至会干扰水下通信。图 5.28（b）中采用 0.5 倍速绘制了声音的时频谱图以显示其高频性，但该声音在码头上录制，离声源很远，无法呈现其声源级。从图 5.28（b）中分析，该声音的特性为声源级高、强度高、持续时间短。

3. 肌肉收缩发声的叫声特性

加利福尼亚州螳螂虾［图 5.29（a）］是典型的通过肌肉发声的海洋无脊椎动物，是具有攻击性的捕食者，可利用锋利的附肢杀死对手，也有坚硬的甲壳作为防御手段。螳螂虾的发声是通过肌肉收缩带动甲壳振动，能发出低频的"隆隆"声，约为 167Hz，发声持续时间很短，约为 0.2s，其发声间隔也很短。从图 5.29（b）中可以看出，螳螂虾的发声几乎是连续不断的，响度变化也无规律。

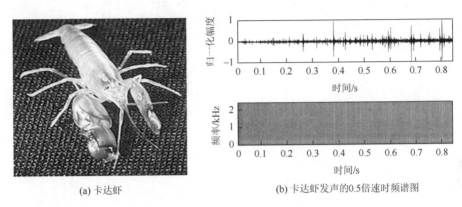

(a) 卡达虾　　　　　　　　　(b) 卡达虾发声的0.5倍速时频谱图

图 5.28　卡达虾及其发声

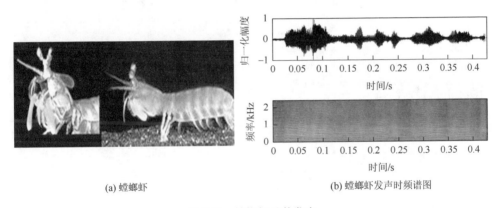

(a) 螳螂虾　　　　　　　　　(b) 螳螂虾发声时频谱图

图 5.29　螳螂虾及其发声

4. 其他发声机制——海胆

据统计，世界上共有约 700 种海胆，海胆有一个大致的球形身体并由许多碳酸钙组成的刚性外骨骼覆盖，如图 5.30（a）所示。海胆会产生水下声音，海胆还可以当作谐振器，其牙齿在摩擦岩石时会导致内部液体产生共振，频率范围在800Hz～28kHz，刮擦喂食也会产生声音，该声音频率为 700Hz～2kHz，海胆的发声以共振声音为主。从图 5.30（b）中可以看出，海胆的发声频率较高，持续时间较长。

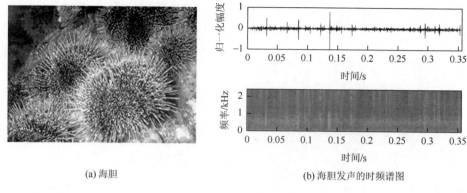

(a) 海胆

(b) 海胆发声的时频谱图

图 5.30　海胆及其发声

5.6　本　章　小　结

　　本章从海洋生物叫声信号特性分析的角度，分别介绍了典型鲸豚动物、鳍足类动物、鱼类动物和无脊椎动物的发声机理、发声特点及相应的特征参数统计，并给出了相应的动物叫声示例，为后续海洋生物叫声信号处理提供研究基础。

参 考 文 献

[1] Garland E C，Castellote M，Berchok C L. Beluga whale（*Delphinapterus leucas*）vocalizations and call classification from the eastern Beaufort Sea population[J]. The Journal of the Acoustical Society of America，2015，137（6）：3054-3067.

[2] 青昕. 典型鲸豚捕猎行为中生物声呐工作机理研究[D]. 哈尔滨：哈尔滨工程大学，2021.

[3] 刘萌. 仿座头鲸歌声隐蔽水声通信技术研究[D]. 哈尔滨：哈尔滨工程大学，2020.

[4] 刘淞佐. 仿生隐蔽水声通信技术研究[D]. 哈尔滨：哈尔滨工程大学，2014.

[5] 王梦佳. 海豚哨声分类识别与通信技术研究[D]. 哈尔滨：哈尔滨工程大学，2019.

[6] Ballard K A，Kovacs K M. The acoustic repertoire of hooded seals（*Cystophora cristata*）[J]. Canadian Journal of Zoology，1995，73（7）：1362-1374.

[7] Frouin-Mouy H C，Hammill M O. In-air and underwater sounds of hooded seals during the breeding season in the Gulf of St. Lawrence[J]. The Journal of the Acoustical Society of America，2021，150（1）：281-293.

[8] Rogers T L. Factors influencing the acoustic behaviour of male phocid seals[J]. Aquatic Mammals，2003，29（2）：247-260.

[9] Terhune J M，Ronald K. Some hooded seal（*Cystophora cristata*）sounds in March[J]. Canadian Journal of Zoology，1973，51（3）：319-321.

第6章 鲸豚哨声信号检测技术

鲸豚动物具有高超的发音天赋，它们利用多种信号进行定位导航、目标识别及通信交流。其中，哨声信号是海豚的通信信号[1]，它是一种频率调制信号，用于海豚同种个体、群落组织间的信息交流、情绪传递等。与海豚的嘀嗒声信号[2]、突发脉冲（burst pulse）信号[3]相比，哨声信号的时间连续、频率分布集中，声学特性十分明显。哨声信号是海豚进行通信与个体交流的主要方式，海豚会根据需求，发出具有不同时频特征的哨声信号，实现信息的有效传递。因此，哨声事件检测对研究鲸豚动物的种群密度和行为具有非常重要的作用[4]。对于被动声学检测，哨声事件检测通常被有效地用于评估鲸豚的数量，并在大空间和时间尺度上确定动物在其栖息地的位置，帮助研究人员了解其在栖息地的行为和相互作用。此外，随着采集传感器内存的增加，声学观测能够采集更长时间的鲸豚叫声信号，为研究人员提供关于物种及其环境的丰富信息。

6.1 哨声信号的预处理

海豚哨声信号大多采集于海洋。在海洋环境中，由于自然环境变化和人类活动，声音在传播过程中与海洋中的各类成分相互作用，产生了复杂多变的海洋噪声场[5]。同时，由于海豚是群居性物种，故在海域中采集海豚哨声信号时，声音中常伴有海洋背景噪声与其他生物叫声的干扰。因此，在对海豚哨声信号分析与应用之前，预处理步骤十分重要，这一过程为哨声检测和时频参数计算的准确性提供了保障。本节使用的预处理方法包括哨声信号分帧、加窗、降噪等，以下对每个操作进行介绍。

6.1.1 分帧

哨声信号类似于语音信号，属于非平稳信号，其特性随着时间变化。但在一段相对较短的时间内（10～30ms）可以认为是稳态的，即短时平稳信号。应用语音信号中的短时分析技术，将连续的哨声信号划分成一段一段的信号，即分帧处理。

如图 6.1 所示，设置帧长 wlen，后一帧相对前一帧的位移量称为帧移（inc），可以认为信号是短时平稳的，在 wlen 时间内当成稳态信号来分析。为了保证相邻两帧之间特征矢量系数的平滑，帧与帧之间要有部分重叠样本。本节进行分帧操作时，帧长设为 25ms，帧移为 10ms。

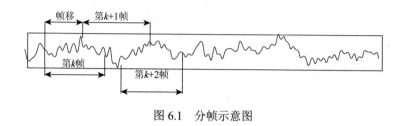

图 6.1　分帧示意图

6.1.2　加窗

将声音信号分成短段的具体操作是通过对信号加窗实现的，即用一个有限长可以在时间方向上滑动的窗函数序列 $\omega(n)$，与信号进行卷积运算，表达式如下：

$$s_\omega(n) = s(n) * \omega(n) = \sum_{m=-\infty}^{+\infty} s(m)\omega(n-m)　　　　（6.1）$$

窗函数的形状决定了信号的带通宽度和频率响应，常用的窗函数有矩形窗、汉明窗、汉宁窗，分别定义如下。

（1）矩形窗：

$$\omega(n) = \begin{cases} 1, & 0 \leqslant n \leqslant N-1 \\ 0, & \text{其他} \end{cases}　　　　（6.2）$$

（2）汉明窗：

$$\omega(n) = \begin{cases} 0.54 - 0.46\cos(2\pi n/(N-1)), & 0 \leqslant n \leqslant N-1 \\ 0, & \text{其他} \end{cases}　　　　（6.3）$$

（3）汉宁窗：

$$\omega(n) = \begin{cases} 0.5[1-\cos(2\pi n/(N-1))], & 0 \leqslant n \leqslant N-1 \\ 0, & \text{其他} \end{cases}　　　　（6.4）$$

在选择窗函数时，有两个考量指标，一是主瓣宽度，二是第一旁瓣衰减。主瓣宽度要尽可能窄，使得过渡带尽量陡峭；第一旁瓣衰减要尽量大，使得能量更多地集中在主瓣中。三种窗函数的特性如表 6.1 所示。

三种窗函数中，矩形窗的主瓣宽度最窄，说明过渡足够陡峭，但第一旁瓣衰减最小，说明频谱遗漏相对于另外两种窗函数来说较大，所以使用矩形窗会得到相对平滑的效果。汉明窗的主瓣宽度比较窄，第一旁瓣衰减最大，本节对哨声信号分析中选用的是汉明窗。汉宁窗的主瓣宽度最宽，第一旁瓣衰减较大。

表 6.1　三种窗函数的主瓣宽度和第一旁瓣衰减

项目	矩形窗	汉明窗	汉宁窗
主瓣宽度 B	$0.89\,\Delta\omega$	$1.3\,\Delta\omega$	$1.44\,\Delta\omega$
第一旁瓣衰减 A/dB	13	43	32

6.1.3　降噪

哨声信号大都采集于海洋，受风浪、船舰、其他海洋生物等的影响，海洋环境噪声复杂多样。要对哨声信号进行分析研究，通过降噪处理进行信号增强是非常必要的。

由于海洋中的噪声很多都存在于低频部分，首先对叫声信号加一个高通滤波器将低频段的噪声滤掉，接下来应用谱减法进行叫声信号带内降噪。

谱减法是一种检测性能相对较好的哨声降噪方法[6]。基于加性噪声与哨声信号相互独立的假设，认为带噪信号是哨声和噪声的混叠，根据有效哨声开始前的无哨声段估计出噪声功率，用带噪信号功率减去噪声功率，这样一来，就能得到有效哨声的功率。谱减法的优点是计算量小，效率高。

噪声混叠纯净哨声形成带噪哨声，混叠的方式可能是加性，也可能是非加性。非加性噪声可以通过数学变换转变为加性噪声，所以这里主要对和纯净哨声呈相加关系的噪声进行分析。设纯哨声为 $s(m)$，噪声为 $d(m)$，则带噪哨声 $x(m)$ 为

$$x(m) = s(m) + d(m) \tag{6.5}$$

一般认为哨声 $s(m)$ 和噪声 $d(m)$ 是互不相关的，即 $E[s(m)d(m)] = 0$，它们的傅里叶变换可以写为

$$X(\omega) = S(\omega) + D(\omega) \tag{6.6}$$

说明带噪哨声的频谱等于哨声频谱和噪声频谱的叠加。

设哨声信号时间序列为 $x(m)$，在加窗分帧处理后得到第 j 帧哨声信号为 $x_j(n)$，帧长为 N。任何一帧哨声信号 $x_j(n)$ 做离散余弦变换后为

$$X_j(k) = \sum_{n=0}^{N-1} x_j(n) \exp\left(\mathrm{j}\frac{2\pi nk}{N} \right), \quad k = 0,1,\cdots,N-1 \tag{6.7}$$

要对 $X_j(k)$ 求出每个分量的幅值和相角，幅值是 $\left| X_j(k) \right|$，相角是

$$X_{\mathrm{angle}}^{j}(k) = \arctan\left(\frac{\mathrm{Im}\left(X_j(k) \right)}{\mathrm{Re}\left(X_j(k) \right)} \right) \tag{6.8}$$

为了之后进行时间序列的恢复，将对应的幅值和相角都保存下来。

已知前导无哨声段（一般为噪声段）时长为 IS，对应的帧数为 NIS，可以求出该噪声段的平均能量为

$$\text{En}(k) = \frac{1}{\text{NIS}} \sum_{j=1}^{\text{NIS}} \left| X_j(k) \right|^2 \tag{6.9}$$

谱减法公式如下：

$$\left| \hat{X}_j(k) \right|^2 = \begin{cases} \left| X_j(k) \right|^2 - aD(k), & \left| X_j(k) \right|^2 \geqslant aD(k) \\ bD(k), & \left| X_j(k) \right|^2 < aD(k) \end{cases} \tag{6.10}$$

式中，a 和 b 为两个常数，a 称为过减因子，b 称为增益补偿因子。

由于哨声信号具有对相位不灵敏的特性，可以将之前保存的相角信息用到谱减后的信号中。根据谱减前保存的相角，结合谱减后幅值 $\left| \hat{X}_j(k) \right|$，经过快速傅里叶逆变换（inverse fast Fourier transform，IFFT）就能求出谱减后的哨声序列 $\hat{x}_j(n)$。图 6.2 即基本谱减法原理图。

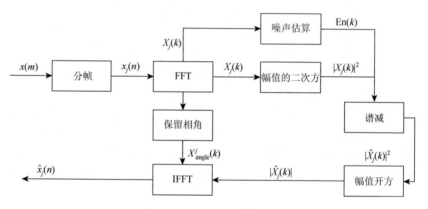

图 6.2　基本谱减法原理图

设置过减因子为 4，增益补偿因子为 0.001，对一段座头鲸叫声信号进行谱减降噪。以 13 帧前导无哨声段作为噪声，进行信号信噪比的计算，得到谱减前信号的信噪比为 79.9dB，谱减后信噪比提高了 45dB 左右。谱减法前后哨声信号的时域波形与时频谱图如图 6.3 和图 6.4 所示。从时域波形上可以看出，纯噪声段的能

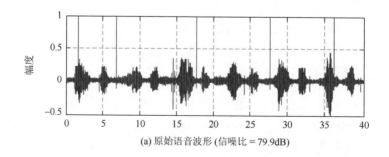

(a) 原始语音波形 (信噪比 = 79.9dB)

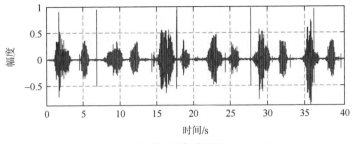

(b) 谱减法后语音 (信噪比 = 125.2dB)

图 6.3　谱减法前后的哨声信号时域波形

量均有明显减弱，而且有效叫声信号的能量并没有衰减，从时频谱图上也能得到
同样的结论，其中时频谱图右侧显示的颜色条代表了时频能量的强弱。

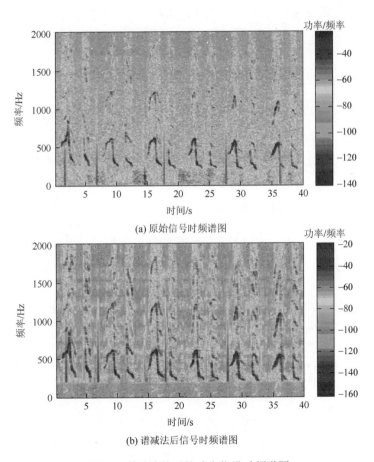

(a) 原始信号时频谱图

(b) 谱减法后信号时频谱图

图 6.4　谱减法前后的哨声信号时频谱图

6.2　基于时域的哨声信号检测方法

6.2.1　基于能量的哨声端点检测方法

1. 短时能量

基于短时能量的端点检测方法是哨声信号端点检测中常用的方法。在噪声背景环境下,哨声信号由哨声和噪声叠加而成,哨声段的能量要大于噪声段。依据二者能量上的差异,可以区分哨声和噪声,并可以利用双门限法确定哨声信号的起点和终点。在座头鲸叫声信号中,有歌声的信号区间同样是由歌声信号和其他海洋环境噪声叠加而成的,该段的能量要大于噪声区间的能量,因此可以依据短时能量对座头鲸歌声进行检测[7]。短时能量的计算表达式如下:

$$E_n = \sum_{m=-\infty}^{+\infty} [x(m)\omega(n-m)]^2 = \sum_{m=n-(N-1)}^{n} [x(m)\omega(n-m)]^2 \qquad (6.11)$$

式中,N 为窗长;$\omega(n)$ 为窗函数。

2. 基于短时能量和双门限的端点检测

根据式(6.11)得到每帧信号的短时能量,为了确定一段叫声信号的起止点,采用双门限的方法进行判决,即根据前 N 帧的短时能量值设定双阈值 T_1、T_2,具体的设定方式如式(6.12)所示:

$$T_1 = 2.1\text{th}$$
$$T_2 = 1.15\text{th} \qquad (6.12)$$

式中,th 为前 N 帧无哨声段短时能量的平均值,这里 N 设置为 20。双门限法是使用二级判决来实现的。第一级判决是根据较高帧能量阈值 T_1 进行一次粗判,若该帧能量值大于 T_1,则起止点应该位于该阈值与短时能量包络交点所对应的时间点之外。第二级判决是根据较低阈值 T_2,从刚才的交点处向左右两侧搜索,找到短时能量包络与 T_2 的两个交点。找到的这两个交点就是该段叫声信号的起始点和终止点。

基于短时能量的检测过程如图 6.5 所示。

图 6.5　基于短时能量的检测过程

除了根据短时能量设置双阈值之外,在判决过程中,还需要设定最大静音长度和最短信号长度。这里的最短信号长度设为 20 帧，最大静音长度设为 8 帧。小于最短信号长度的检测应该舍弃，超过最大静音长度时应开始新的起点的判断。

在图 6.6 中，两条竖的黑实线分别代表座头鲸叫声信号的起点和终点，短时能量图中两条横的灰虚线分别代表两个能量阈值 T_1（高门限）、T_2（低门限）。叫声信号的检测过程存在四个状态：静音、过渡、发声、结束。对叫声信号逐帧进行判断，当某帧信号的能量处于较低门限和较高门限之间时，认为此时信号可能为叫声，进入过渡状态；直到当某帧信号的能量高于较高门限时，认为进入了发声状态；当某帧信号的能量低于较低门限时，认为信号进入静音状态；当处于静音状态的信号长度大于最大静音长度时，认为信号进入结束状态。对于检测得到的座头鲸歌声信号，判断其长度是否大于最短信号长度，若长度较短，则认为该段无效，应舍弃掉。由图 6.6 也可以看出，采用能量检测方法，能量门限的设定对检测结果至关重要。当信噪比较高时，有座头鲸叫声的声音段和纯噪声的声音段在能量上有比较明显的差异，可以很好地进行阈值的设定，得到比较好的检测效果。而当信噪比较低时，二者的差异变得模糊，阈值的选择将变得非常困难，也会造成检测性能的下降。

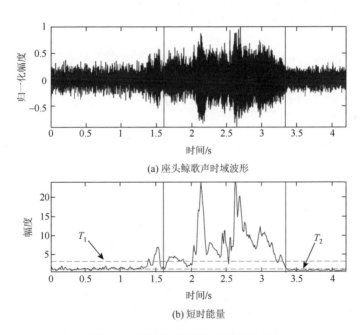

(a) 座头鲸歌声时域波形

(b) 短时能量

图 6.6　双门限端点检测结果示意图

3. 基于短时能量和双门限的哨声信号端点检测结果

以检测信号中 80～120s 的一段信号为例，图 6.7 展示了基于短时能量和双门限在 0dB 带噪哨声信号的端点检测结果。

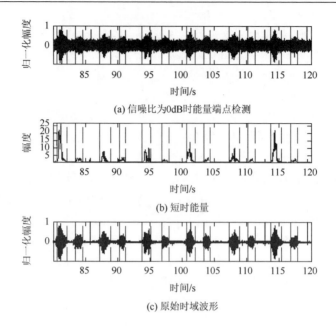

图 6.7　在信噪比 0dB 情况下基于短时能量的端点检测结果

其中，在信噪比 0dB 情况下，信息点与噪声点在能量上的区分变得明显，根据短时能量，可以比较方便地设置双能量阈值对噪声点与信息点进行区分。因此在这种端点检测方法中，阈值的设定是十分重要的。

6.2.2　基于经验模态分解与 Teager 算子结合的哨声端点检测方法

1. 经验模态分解

鲸豚动物的哨声信号是非平稳信号，对非平稳信号比较直观的分析方法是使用具有局域性的基本量和基本函数。1998 年，美籍华人 Norden E. Huang 创造性地提出了本征模态函数（intrinsic mode function，IMF）的概念，以及将任意信号分解成本征模态函数组成的新方法——经验模态分解（empirical mode decomposition，EMD）法[8]，从而赋予了瞬时频率合理的定义和有物理意义的求法。此后，该方法广泛应用于哨声信号处理等领域[9]。

基本模态分量 $f(t)$ 需要满足的两个条件为：

（1）在整个数据序列中，极值点的数量 N_e（包括极大值点和极小值点）与过零点的数量 N_s 必须相等，或者最多相差不多于一个，即

$$N_s - 1 \leqslant N_e \leqslant N_s + 1 \tag{6.13}$$

（2）在任意时间点 t_i 上，信号局部极大值确定的上包络线 $f_{\max}(t)$ 和局部极小

值确定的下包络线 $f_{\min}(t)$ 的均值为零，即

$$[f_{\max}(t_i) + f_{\min}(t_i)] / 2 = 0, \quad t_i \in [t_a, t_b] \tag{6.14}$$

式中，$[t_a, t_b]$ 为一段时间区间。

满足以上两个条件的基本模态分量，其连续两个过零点之间只有一个极值点，即只包括一个基本模态的振荡，没有复杂的叠加波存在。

为对信号进行经验模态分解，Norden E. Huang 等提出了如下假设：任何信号都是由一些不同的基本模态分量组成的；每个模态可以是线性的，也可以是非线性的，满足本征模态函数的两个基本条件；任何时候，一个信号可以包含多个基本模态分量；如果模态之间相互重叠，便形成复合信号。在此基础上，可以用经验模态分解法将信号的基本模态提取出来，然后对其进行分析。该分解方法也称为筛选过程，这种方法的本质是通过数据的特征时间尺度来获得基本模态分量，然后分解数据。

基于基本模态分量的定义，可以提出信号的模态分解原理如下：

（1）将原始信号 $x(t)$ 作为待处理信号，确定该信号的所有局部极值点（包括极大值点和极小值点），然后将所有极大值点和极小值点分别用三次样条曲线连接起来，得到 $x(t)$ 的上、下包络线，使信号的所有数据点都处于这两条包络线之间。取上、下包络线均值组成的序列为 $m(t)$。

（2）从待处理信号 $x(t)$ 中减去其上、下包络线均值 $m(t)$，得到

$$h_1(t) = x(t) - m(t) \tag{6.15}$$

检测 $h_1(t)$ 是否满足基本模态分量的两个条件，若不满足，则将 $h_1(t)$ 作为待处理信号，重复上述操作，直至 $h_1(t)$ 是一个基本模态分量，记

$$c_1(t) = h_1(t) \tag{6.16}$$

（3）从原始信号 $x(t)$ 中分解出第一个基本模态分量 $c_1(t)$ 之后，从 $x(t)$ 中减去 $c_1(t)$，得到剩余值序列 $r_1(t)$

$$r_1(t) = x(t) - c_1(t) \tag{6.17}$$

（4）将 $r_1(t)$ 作为新的"原始"信号重复上述操作，依次可得第 1，第 2，…，第 n 个基本模态分量，记为 $c_1(t), c_2(t), \cdots, c_n(t)$，这个处理过程在满足预先设定的停止准则后即可停止，最后剩下原始信号的余项 $r_n(t)$。

这样，就将原始信号 $x(t)$ 分解为若干基本模态分量和一个余项的和：

$$x(t) = \sum_{i=1}^{n} c_i(t) + r_n(t) \tag{6.18}$$

（5）分解过程的停止准则可以是如下两种条件之一：①当最后一个基本模态分量 $c_n(t)$ 或余项 $r_n(t)$ 变得比预期值小时停止；②当余项 $r_n(t)$ 变成单调函数时，到从中不能再筛选出基本模态分量时停止。

筛选过程的停止准则可以通过限制两个连续的处理结果之间的标准差 S_d 的大小来实现：

$$S_d = \sum_{t=0}^{T} \frac{\left| h_{k-1}(t) - h_k(t) \right|^2}{h_k^2(t)} \tag{6.19}$$

式中，T 为信号的时间长度；$h_{k-1}(t)$ 和 $h_k(t)$ 为在筛选基本模态分量过程中两个连续的处理结果的时间序列；S_d 的值通常取 0.3～0.4。

2. 基于经验模态分解与 Teager 算子的端点检测

Teager 能量算子[10]（Teager energy operator，TEO），简称 Teager 算子，是一种表征信号能量的新的形式，能有效追踪哨声信号的能量变化。Teager 算子能强化稳定或半稳定的信号，衰减不稳定的噪声，进而突出信号与噪声之间的差别，便于端点检测的实现。

长度为 N 的离散时间系统 $x(n)$ 的 Teager 算子定义如下：

$$T[x(n)] = [x(n)]^2 - x(n+1)x(n-1), \quad n = 2, 3, \cdots, N-1 \tag{6.20}$$

将数据外延，求出 $n=1$ 与 $n=N$ 的两端点处的 Teager 算子：

$$T[x(1)] = 2x(2) - x(3) \tag{6.21}$$

$$T[x(N)] = 2x(N-1) - x(N-2) \tag{6.22}$$

在计算哨声端点时，常将 Teager 算子与经验模态分解结合使用，在经验模态分解、重构过程中计算 Teager 能量，最终通过 Teager 能量判断哨声信号端点，具体步骤如下：

（1）对带噪哨声信号 $x(n)$ 进行分帧，得到第 i 帧数据 $x_i(m)$；

（2）对每帧信号进行经验模态分解，得到一组基本模态分量 $\mathrm{imf}_j^i(m)$，其中，上标 i 表示第 i 帧，下标 j 表示在经验模态分解后第 j 阶模态，m 是时间序号；

（3）对各阶 $\mathrm{imf}_j^i(m)$ 分量计算 Teager 能量，并计算平均值

$$E_j^i = \frac{1}{N} \sum_{m=1}^{N} T\left[\mathrm{imf}_j^i(m) \right] \tag{6.23}$$

（4）将各阶基本模态分量的 E_j^i 相加

$$\mathrm{TE}^i = \sum_{j=1}^{L} E_j^i \tag{6.24}$$

得到每一帧的 TE^i，上标 i 表示第 i 帧，L 表示经验模态分解的阶数。

将上述计算得到的 TE^i 使用单参数双门限法进行端点判决，即可准确找出哨声端点位置，完成检测。

3. 基于经验模态分解与 Teager 算子的哨声信号端点检测结果

根据 EMD-TEO 算法端点检测的原理，对选择的哨声信号进行 Teager 算子计

算，在信噪比为 0dB 的情况下，基于 EMD-TEO 算法进行端点检测，图 6.8 中展示了信噪比为 0dB 时的检测结果。

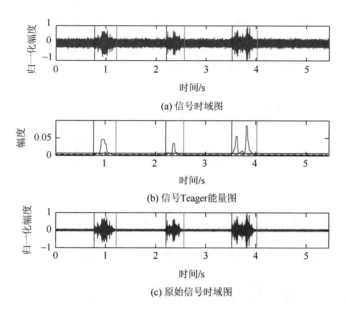

图 6.8　信噪比为 0dB 时 EMD-TEO 算法检测结果

　　根据以上仿真结果可知，EMD-TEO 算法的检测结果极其稳定，噪声段十分平稳，近似水平线，哨声段明显起伏，因此端点检测十分准确，且可靠性高，不随仿真的重新进行而变化。EMD-TEO 算法在高信噪比条件下的检测结果更加准确、可靠；在低信噪比条件下，由于其 Teager 算子检测的哨声与噪声边界模糊，故需要恰当地更改检测门限值才能准确进行端点检测。同时，EMD-TEO 算法的计算量大，检测速度较慢，不适合在实时检测中使用。

6.2.3　匹配滤波器

　　本节选取宽吻海豚的哨声信号进行仿真，如图 6.9 所示。在已知输入信号是宽吻海豚哨声序列的前提下，采用匹配滤波器检测输入信号中是否存在哨声以及哨声信号的起始位置[11]。图 6.9（a）为实际采集到的海豚哨声序列的波形与时频谱图，从时频谱图中可以看出哨声信号确实存在，但噪声干扰较强，哨声信号被湮没，时域波形中无法确定哨声的有无与起始位置；图 6.9（b）为已知的单个哨声信号波形与时频谱图经降噪处理后的结果。利用该已知信号对其他采集到的哨声序列进行匹配滤波，输出波形如图 6.9（c）所示。从图 6.9（c）中可以看到，匹配滤波器的输出波形中有明显的尖峰。选取合适的门限，当输出信号幅值超过门限时，判断为有哨声，否则为无哨声。可以发现，有五个峰值均超过门限，且其数量与图 6.9（a）中的五个哨声信号较契合，图中已用箭头标明。此外，输出信号中也存在一些幅度较小的峰值，这主要是强烈的噪声干扰导致，并且有可能存在信噪比更低的哨声，湮没在背景噪声中，经过匹配滤波器后，会有一些小相关峰。因此，需要根据所需要提取的哨声信号的信噪比，合理地选取门限。

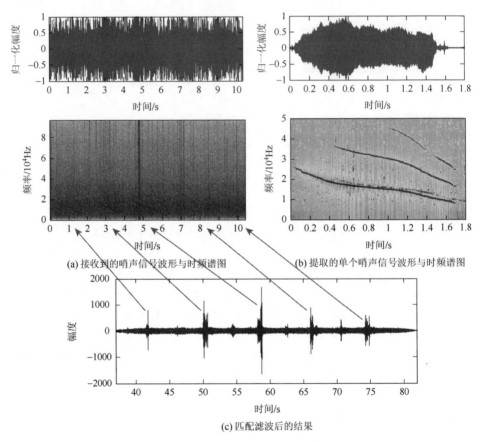

(a) 接收到的哨声信号波形与时频谱图   (b) 提取的单个哨声信号波形与时频谱图

(c) 匹配滤波后的结果

图 6.9 　哨声信号的匹配滤波检测结果

6.3 　基于时频域的哨声信号检测方法

6.3.1 　局部最大值检测器

研究发现，海豚哨声信号的时频特征较为显著：当存在哨声时，每一时刻哨声能量会在某一频点附近出现峰值，与单频信号十分相似，且该峰值所对应的频点位置会随着时间变化；当不存在哨声时，信号的频谱并不会出现这种峰值。而对于嘀嗒声或者噪声，由于其频带较宽，能量会相对均匀地分布在宽频带范围内，与哨声信号的能量分布完全不同。嘀嗒声信号在时频谱图中表现为一条垂直的亮线，哨声信号在时频谱图中表现为一条频率随时间变化的曲线；嘀嗒声信号在时域波形上容易分辨，而哨声信号则在时频谱图中较为容易分辨。由于鲸豚哨声在时频域中调制特征的多样性，基于时频域的分割方案要优于基于时域或其余变换域的方案。通常采用谱图平滑与阈值结合或跟踪的方法对鲸哨声信号进行自动检测。本节使用局部最大值检测器（local max detector，LMD）[11, 12]，对采集到的含有噪声和嘀嗒声干扰的哨声信号，基于时频谱进行时频二维搜索，以实现哨声信号的检测与时频谱轮廓的提取。

通过短时傅里叶变换，可以获得海豚哨声信号的时频谱 $S_w(t,f)$。由于采集到的哨声信号一般噪声干扰较大，为提高局部最大值检测器的检测性能，应先对哨声信号时频谱中的噪声干扰进行抑制。若噪声干扰的平均功率谱密度为 $N(f)$，某一时刻 t_i 窗函数截取出的哨声信号的功率谱为 $P(f)=S_w(t,f)|_{t=t_i}$，则进行噪声抑制后的哨声信号的功率谱 $P_e(f)$ 为

$$P_e(f)=P(f)-N(f) \tag{6.25}$$

由于每一时刻哨声信号的频谱会在某一频率点处出现峰值，而嘀嗒声信号的能量则会均匀分布在一个较宽的频率范围上，可以令噪声抑制后的哨声信号功率谱对频率求导，获得功率相对频率的变化率：

$$D(f)=2P_e(f)-[P_e(f-\mathrm{d}f)+P_e(f+\mathrm{d}f)] \tag{6.26}$$

式中，$\mathrm{d}f$ 为频率的步进长度。哨声信号峰值越陡峭，$D(f)$ 取值越大。设置合理的门限 th，当时刻 t_i 所对应的 $D(f)>$ th 时，则判断该时刻有哨声信号，否则该时刻无哨声信号。同时，若时刻 t_i 所对应的 $D(f)>$ th，通过对 $D(f)$ 峰值位置的确定，也可以得到海豚哨声信号在时刻 t_i 的频率 $f(t_i)$，实现海豚哨声信号时频谱轮廓的提取。

下面以伪虎鲸哨声信号为例，应用局部最大值检测器检测哨声信号并提取哨声信号时频谱轮廓曲线。伪虎鲸哨声信号中噪声的功率谱级 $N(f)$ 如图 6.10 所示，噪声抑制后的信号时频谱如图 6.11 所示。从图中可以看出，经过噪声抑制处理后，每一时刻信号中噪声的功率谱密度基本相同，这样在求导数时，可以有效减小噪声所引起的不平稳起伏。

对噪声抑制后的信号功率谱求导，可以得到不同时间局部最大值功率谱 $D(f)$ 的取值如图 6.12 所示。从图中可以看出，当存在哨声时，$D(f)$ 会出现明显的峰值，通过峰值大小与预设门限的对比，即可确定哨声信号存在与否和起止时间，同时也可以提取出哨声信号的时频谱轮廓曲线。若令门限 th $=0.1\times10^{-6}$，则局部最大值检测器提取出的哨声信号时频谱轮廓曲线如图 6.13 所示。

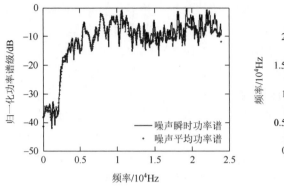

图 6.10　伪虎鲸哨声信号中噪声的功率谱级

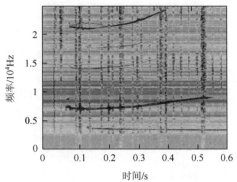

图 6.11　噪声抑制后信号时频谱图

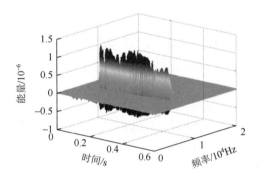

图 6.12　局部最大值变换时频谱图

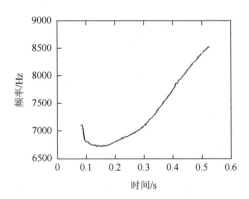

图 6.13　提取出的哨声信号时频谱轮廓曲线

　　由于图 6.13 所示哨声的基波信号能量较强，因此提取的时频谱轮廓曲线也为基波时频谱轮廓曲线。基于该曲线，可以通过适当的方法，获得谐波时频谱轮廓曲线。

6.3.2　谱熵法端点检测

"熵"这个字来源于统计热力学，是紊乱程度的度量，是一个重要的物理概念[13]。随着科学技术的交叉与综合化发展，熵这个概念已远远超出了物理学的范围。在信息论中，将熵作为一个随机事件的不确定性的度量。一个系统越有序，其熵就越低；反之，一个系统越混乱，其熵就越高。

在处理哨声信号时，就广泛地使用熵的概念进行哨声端点检测。检测鲸豚动物哨声信号的端点就是使用这种以能量为基础的谱熵端点检测技术实现的[14]。

1. 谱熵的定义

设带噪哨声信号的时域形式为 $x(n)$，加窗分帧处理后得到的第 i 帧哨声信号为 $x_i(m)$，则经快速傅里叶变换后，第 k 条谱线频率分量 f_k 的能量谱为 $Y_i(k)$，则每个频率分量的归一化谱概率密度函数定义为

$$p_i(k) = \frac{Y_i(k)}{\sum_{l=0}^{N/2} Y_i(l)} \qquad (6.27)$$

式中，$p_i(k)$ 为第 i 帧第 k 个频率分量 f_k 对应的概率密度；N 为快速傅里叶变换长度。

每个哨声帧的短时谱熵定义为

$$H_i = -\sum_{k=0}^{N/2} p_i(k) \lg p_i(k) \qquad (6.28)$$

2. 谱熵的特征

设 X 为离散信源，其概率空间为

$$\begin{bmatrix} X \\ P(x) \end{bmatrix} = \begin{bmatrix} x_1 & x_2 & \cdots & x_q \\ p_1 & p_2 & \cdots & p_q \end{bmatrix} \qquad (6.29)$$

则信源 X 的熵函数为

$$H(P) = H(p_1, p_2, \cdots, p_q) = -\sum_{i=1}^{q} p_i \lg p_i \qquad (6.30)$$

式中，$P = (p_1, p_2, \cdots, p_q)$ 为 q 维矢量，并且满足 $\sum_{i=1}^{q} p_i = 1$ 和 $p_i \geqslant 0$，故常称 P 为概率矢量。

由谱熵的定义可以明显看出，谱熵反映了信源在频域幅值分布的"无序性"。

若熵函数为

$$H(p_1, p_2, \cdots, p_q) = H(1/q, 1/q, \cdots, 1/q) = \lg q \qquad (6.31)$$

即等概率分布时，熵达到极大值，说明等概率分布时信源的平均不确定性最大。这一特征称为最大离散熵定理。

对于噪声，其归一化谱概率密度函数分布比较均匀，故其谱熵的值就大；而对于哨声信号，由于频谱具有共振峰频谱特性，其归一化谱概率密度函数分布不均匀，使哨声信号的谱熵一般低于噪声的谱熵。因此，可以利用谱熵的这一特性来检测采集到的一段音频文件中哨声信号的端点位置，进而准确地判断出哨声信号的起止时间。

为验证谱熵法的实际检测效果，选取一段采集到的海豚哨声信号，并对其进行预处理，得到一段信噪比较高的信号，其时域波形和时频谱如图 6.14 所示。

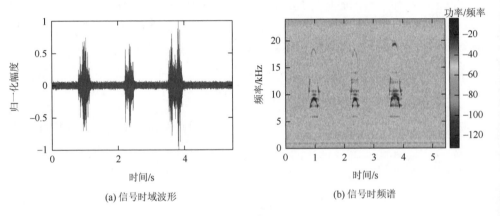

(a) 信号时域波形　　　　　　　　(b) 信号时频谱

图 6.14　待检测的哨声信号

基于以上谱熵法端点检测的原理，对上面的哨声信号进行检测，并仿真当信噪比在 0dB 时基于谱熵法端点检测的效果，如图 6.15 所示。

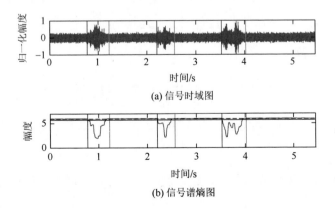

(a) 信号时域图

(b) 信号谱熵图

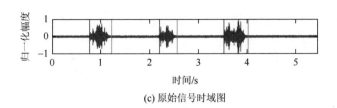

(c) 原始信号时域图

图 6.15　0dB 下谱熵法检测结果

对图 6.15 中展示的仿真结果进行分析，当信噪比为 0dB 时，谱熵法检测能够很准确地找到哨声端点。谱熵法的弊端十分明显，即当噪声的频带能量分布不均匀时，其检测性能会急剧下降。

6.3.3　能量谱熵比法端点检测

6.3.2 节介绍了使用谱熵法进行哨声信号端点检测的原理。实际上，在高信噪比情况下，利用谱熵法进行端点检测可以很准确地找到哨声段的端点位置。然而，实际采集到的水下声信号的信噪比往往比较低，在较低信噪比的情况下，谱熵法端点检测的效果并不尽如人意，可能会出现虚警和漏报的现象。因此，为了在低信噪比条件下完成准确的端点检测，需要对谱熵法进行改进——使用能量谱熵比（简称能熵比）法来进行端点检测[14]。

能熵比顾名思义，就是短时能量与谱熵之比，因此在介绍能熵比之前，需要先对短时能量进行阐述。

短时能量是信号经过分帧处理后的时域特性。设哨声波形时域信号为 $x(n)$，加窗函数 $\omega(n)$ 分帧处理后得到的第 i 帧哨声信号为 $y_i(n)$，则 $y_i(n)$ 满足：

$$y_i(n) = \omega(n)x(\mathrm{inc}(i-1)+n), \quad 1 \leqslant n \leqslant L, 1 \leqslant i \leqslant f_n \qquad (6.32)$$

式中，$\omega(n)$ 为窗函数，一般为矩形窗或汉明窗；$y_i(n)$ 为一帧的数值，$n=1,2,\cdots,L$，$i=1,2,\cdots,f_n$，L 为帧长；inc 为帧移长度；f_n 为分帧后的总帧数。

那么，计算第 i 帧哨声信号 $y_i(n)$ 的短时能量公式为

$$E(i) = \sum_{n=0}^{L-1} y_i^2(n), \quad 1 \leqslant i \leqslant f_n \qquad (6.33)$$

实际上，短时能量就是分帧后一帧信号所包含的能量。根据短时能量的定义，哨声段（信号段）的短时能量应该大于噪声段（无信号段）的短时能量，这样就能从噪声背景中分辨出哨声的端点位置，进而实现端点检测。

只使用短时能量进行端点检测的缺点同样是只适用于高信噪比的情况。如果信号的信噪比较低，那么信号的短时能量和噪声的短时能量就很接近，进而不能准确分辨哨声端点。

根据短时能量与谱熵的特点，可以总结出：哨声区间能量的数值较大，而谱熵的数值较小；在噪声区间能量的数值较小，而谱熵的数值较大。所以用能量值除以谱熵值，可以更加突出哨声区间的数值，同时噪声区间的数值变得更小，拉开了哨声区间和噪声区间的数值差距，在低信噪比条件下检测哨声端点的效果更好。基于这种思想，提出了能熵比端点检测方法。

根据能熵比法的原理，对选择的哨声信号进行能熵比计算，图6.16中展示了不同信噪比下的检测结果。

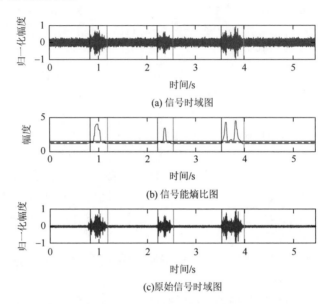

图 6.16　信噪比为 0dB 下能熵比法检测结果

根据图 6.16 中得到的仿真结果可以发现，能熵比法的检测结果与谱熵法的检测结果相似。当信噪比为−20dB 时，检测的虚警很多，检测效果不好；当信噪比为−15dB 时，已经可以正确判断哨声的位置，但检测精度不够，端点不准确；当信噪比为−10dB 及以上时，能熵比法能够准确检测哨声信号的端点位置，提取完整的哨声段。与谱熵法相比，这种条件下的能熵比法检测性能并没有很大的提高，两者的检测结果相似。但能熵比法克服了谱熵法在噪声频段分布不均时检测性能下降的缺点，对噪声频率分布的适应性大大增强。

6.3.4　基于谱图平滑与自适应阈值的哨声事件检测

1. 谱图平滑算法

谱图平滑算法采用的是高斯滤波平滑，对哨声信号进行平滑降噪，用于平滑频带内的噪声干扰及其他脉冲干扰，能够平滑虚假边缘并提高边缘检测性能[4]。

平滑滤波器的核内权重呈高斯分布，标准偏差为 σ 的二维高斯函数为

$$g(x,y) = \frac{1}{2\pi\sigma^2} e^{\frac{-(x^2+y^2)}{2\sigma^2}} \qquad (6.34)$$

二维高斯函数具有旋转对称性，高斯滤波器用邻域像素的加权均值代替该点像素值，高斯滤波器的平滑程度由 σ 决定，σ 越大高斯滤波器的频带越宽，平滑程度越好。权重计算公式为

$$\sigma = 0.3 \times \left[0.5 \times (k_{\text{size}} - 1) - 1 \right] + 0.8 \qquad (6.35)$$

式中，k_{size} 为核大小。

由图 6.17 可以看出，邻近像素的权重较高，具有较高的重要程度。高斯平滑操作为对周围像素与高斯和进行加权，将各结果相加作为谱图平滑以后的输出。

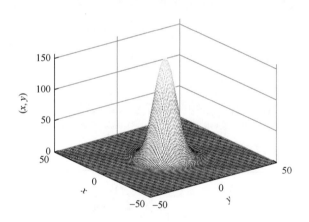

图 6.17　高斯权重分布

2. 自适应阈值选择

平滑后的信号时频谱图为 $S_{\text{ed}}(k,l)$，对图像每一帧的能量进行求和计算，如下所示：

$$W_l = \sum_{k=1}^{K} S_{\text{ed}}(k,l), \quad l = 1, 2, \cdots, f_n \qquad (6.36)$$

式中，K 为一帧需要累加的像素点个数，即离散傅里叶变换点数的一半，为 513；f_n 为待检测信号的总帧数。

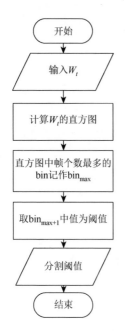

图 6.18　自适应阈值选取流程

根据式（6.36）得到时频谱图对应的帧能量变化曲线，对帧能量变化曲线进行直方图统计，这里直方图中"直条"bin 的个数默认为 10。自适应阈值根据检测信号的帧能量变化曲线及帧能量直方图统计设定，帧个数最多的 bin 记作 bin_{max}，选取 bin_{max} 右侧的 bin 记作 bin_{max+1}，取 bin_{max+1} 的中值为阈值 θ。自适应阈值选择的流程如图 6.18 所示。

3. 哨声帧选择

基于自适应阈值 θ 的哨声检测决策设置为 D：

$$D = \begin{cases} 1, & W_l \geqslant \theta \text{且} count(l) \geqslant 15 \\ 0, & \text{其他} \end{cases} \tag{6.37}$$

根据上述公式按帧对信号进行判定，最终的哨声事件检测的结果为：若连续超过 15 帧信号的能量都大于自适应阈值，则将该段信号帧判定为哨声片段。

4. 基于谱图平滑与自适应阈值的哨声事件检测结果

"202104261428(2).wav"白鲸叫声信号检测结果如下，经过平滑后的时频谱图中帧能量曲线变化如图 6.19 所示，对帧能量进行直方图统计如图 6.20 所示，哨声事件检测结果如图 6.21 所示，帧级哨声事件检测性能评估结果如表 6.2 所示。

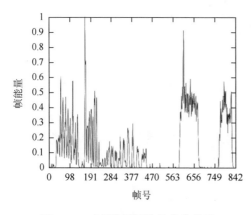

图 6.19　时频谱图帧能量变化曲线

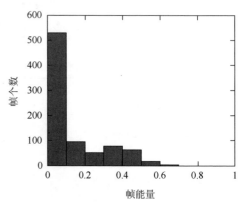

图 6.20　时频谱图帧能量统计直方图

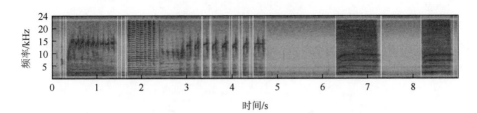

图 6.21　"202104261428(2).wav"白鲸叫声信号基于时频域检测结果

表 6.2　帧级哨声事件检测性能评估结果

项目	精确率	召回率	F-score
基于谱图平滑的检测器	0.98	0.91	0.94

本节对一段白鲸叫声音频信号采用基于时频域的谱图平滑算法与自适应阈值结合的方法对哨声事件进行了检测。虽然针对每段叫声信号不需要额外设定相应的阈值，但是仍然会存在每段白鲸叫声信号中包含的哨声信噪比不同导致阈值选取相对较难的问题。接下来基于无监督聚类算法对白鲸哨声进行检测，其中聚类算法能够有效地避免阈值设定的问题。

6.3.5　基于倒谱域的特征参数聚类的哨声事件检测

本节采用基于倒谱域的无监督 k-means 聚类算法对主成分分析（principal component analysis，PCA）降维后的梅尔倒谱系数（Mel frequency cepstrum coefficient，MFCC）进行聚类从而实现白鲸哨声事件检测[7]。首先对白鲸叫声片段进行 MFCC[15]提取，通过 PCA[16]进行特征降维后采用 k-means 聚类算法对非哨声帧和哨声帧进行聚类区分，整体流程如图 6.22 所示。

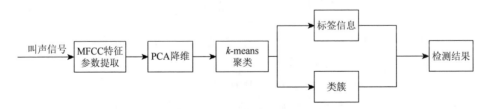

图 6.22　特征参数聚类检测器流程图

1. MFCC 特征参数提取

MFCC 基于人耳听觉机理定义为

$$F_{\text{Mel}} = 1125\lg(1 + f / 700) \tag{6.38}$$

式中，F_{Mel} 为感知频率（Mel）；f 为实际频率（Hz）。F_{Mel} 与 f 的关系如图 6.23 所示。

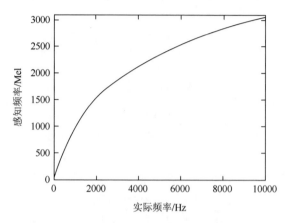

图 6.23　感知频率与实际频率关系曲线

带宽滤波器的传递函数为

$$H_m(k) = \begin{cases} 0, & k < f(m-1) \\ \dfrac{k - f(m-1)}{f(m) - f(m-1)}, & f(m-1) \leqslant k \leqslant f(m) \\ \dfrac{k - f(m-1)}{f(m) - f(m-1)}, & f(m) < k \leqslant f(m+1) \\ 0, & k > f(m+1) \end{cases} \tag{6.39}$$

式中，$H_m(k)$ 为带通滤波器，中心频率为 $f(m)$，$m = 1, 2, \cdots, M$，M 为滤波器个数；$f(m)$ 为中心频率，且 $f(m)$ 为

$$f(m) = \left(\frac{N}{f_s}\right) F_{\text{Mel}}^{-1}\left(F_{\text{Mel}}(f_l) + m\frac{F_{\text{Mel}}(f_h) - F_{\text{Mel}}(f_l)}{M + 1}\right) \tag{6.40}$$

其中，f_l 为滤波器最低频率；f_h 为滤波器最高频率；N 为快速傅里叶变换长度；f_s 为采样率；F_{Mel} 的逆函数 F_{Mel}^{-1} 为

$$F_{\text{Mel}}^{-1}(b) = 700(e^{b/1125} - 1) \tag{6.41}$$

对信号进行 MFCC 特征参数提取，原理框图如图 6.24 所示。

图 6.24　MFCC 特征参数提取原理框图

1）预处理

本节帧长为 21ms，帧移位 10ms，选择汉明窗，输入信号为 $x(n)$，经预处理后为 $x_i(m)$，i 代表第 i 帧。

2）快速傅里叶变换

对每一帧进行快速傅里叶变换，从时域转换至频域为

$$X(i,k) = \text{FFT}\big[x_i(m)\big] \tag{6.42}$$

3）计算谱线能量

对每帧进行快速傅里叶变换后计算谱线能量为

$$E(i,k) = \big|X(i,k)\big|^2 \tag{6.43}$$

4）计算通过梅尔滤波器的能量

每帧的能量谱为 $E(i,k)$，其中 i 代表第 i 帧，k 代表第 k 条谱线，与滤波器的频率响应 $H_m(k)$ 相乘后相加得

$$S(i,m) = \sum_{k=0}^{N-1}\big(E(i,k)H_m(k)\big), \quad 0 \leqslant m < M \tag{6.44}$$

5）计算离散余弦变换倒谱

序列 $x(n)$ 的快速傅里叶变换倒谱 $\hat{x}(n)$ 为

$$\hat{x}(n) = \text{FT}^{-1}\big[\hat{X}(k)\big] \tag{6.45}$$

式中，$\hat{X}(k) = \ln\{\text{FT}[x(n)]\} = \ln\{X(k)\}$，FT 和 FT^{-1} 分别为傅里叶变换及其逆变换。

序列 $x(n)$ 的离散余弦变换为

$$X(k) = \sqrt{\frac{2}{N}}\sum_{n=0}^{N-1} C(k)x(n)\cos\left(\frac{\pi(2n+1)k}{2N}\right), \quad k = 0,1,\cdots,N-1 \tag{6.46}$$

式中，参数 N 为序列 $x(n)$ 的长度；$C(n)$ 为正交因子，有

$$C(k) = \begin{cases} \dfrac{\sqrt{2}}{2}, & k = 0 \\ 1, & k = 1,2,\cdots,N-1 \end{cases} \tag{6.47}$$

将梅尔滤波器能量取对数后计算其离散余弦变换：

$$\text{MFCC}(i,m) = \sqrt{\frac{2}{M}}\sum_{m=0}^{M-1} \lg\big(S(i,m)\big)\cos\left(\frac{\pi n(2m-1)}{2M}\right) \tag{6.48}$$

式中，$S(i,m)$ 为梅尔滤波器能量，m 代表第 m 个滤波器，i 代表第 i 帧；n 为离散余弦变换后谱线。设置 24 个梅尔滤波器，采用三角窗函数得到滤波器组的响应曲线如图 6.25 所示。梅尔频率轴上，每个三角滤波器的中心频率均匀分布，因此对应到频域上，位于较低频率范围的滤波器中心频率较多。

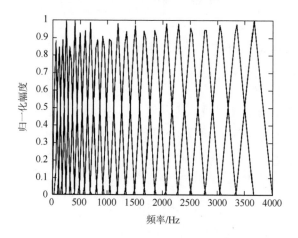

图 6.25　梅尔滤波器组响应曲线

　　低频段相对幅值比较密集，高频段相对幅值比较稀疏，则信号中的高频分量会被部分忽略，符合人耳的掩蔽效应。三角滤波器组中选择 N 个三角滤波器，就可以获得 N 维 MFCC 特征。设置三角滤波器个数为 24，截取待检测的信号中的一段，如图 6.26（a）所示，对该叫声信号提取 MFCC 特征，其 24 维 MFCC 特征如图 6.26（b）所示，根据 MFCC 特征利用聚类方法对噪声点和信息点进行区分。

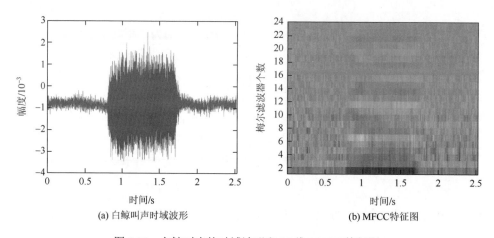

(a) 白鲸叫声时域波形　　　　　　　　　(b) MFCC特征图

图 6.26　白鲸叫声的时域波形和 24 维 MFCC 特征图

2. PCA 降维算法

　　滤波器个数选为 24，最终得到 24 维的特征数据。数据维度比较高，造成计算时间比较长，因此对提取到的叫声信号特征进行主成分分析，只保留特征中的主要分量，去除冗余量，进行降维。

PCA 为无监督数据降维，目的是将高维数据集转换为低维数据集。核心思想是向投影后最大的维度进行投影且最大限度地保留原始数据的信息，如图 6.27 所示。

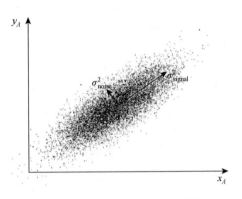

图 6.27　PCA 降维算法示意图

PCA 降维算法的思想是减少冗余和剔除噪声，将 n 维特征映射至 k 维空间，其中 $k<n$，原始数据映射到 k 维空间中使其方差尽可能大。

这里对 24 维 MFCC 特征进行降维，各分量贡献率从高到低如图 6.28 所示，仅列出前 10 维。前 3 维的贡献率累计可达到 95% 以上，说明降至 3 维的数据即可较为完整地保留原信息。对如图 6.26 所示的叫声信号进行聚类处理，仿真结果如图 6.28 所示，降维前后平均计算时间从约 24.7s 降低到了 9.2s，极大地提高了计算效率。

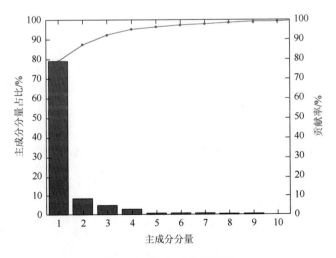

图 6.28　PCA 分量贡献率

3. 无监督 k-means 聚类算法

k-means 聚类为非监督学习，通过迭代寻找 k 个簇的划分方案使损失函数最小，损失函数为各个样本距离所属簇中心点的误差平方和，为

$$J(c,\mu) = \sum_{i=1}^{M} \left\| x_i - \mu_{c_i} \right\|^2 \tag{6.49}$$

式中，x_i 为第 i 个样本；c_i 为 x_i 的簇；μ_{c_i} 为簇的中心点；M 为样本总数。

k-means 的核心目标是将给定的数据划分为 k 个簇，k 为超参数，并给出每个样本数据对应的中心点。随机选取 k 个中心，记为 $\mu_1^{(0)}, \mu_2^{(0)}, \cdots, \mu_k^{(0)}$。损失函数如下：

$$J(c,\mu) = \min \sum_{i=1}^{M} \left\| x_i - \mu_{c_i} \right\|^2 \tag{6.50}$$

首先，对于每一个样本 x_i，将其分配至距离最近的中心 $c_i^t \leftarrow \arg\min_k \left\| x_i - \mu_k^t \right\|^2$，然后根据每个类中心 k，重新计算中心 $\mu_k^{t+1} \leftarrow \arg\min_\mu \sum_{i:c_i^t=k}^{b} \left\| x_i - \mu \right\|^2$。迭代上述过程直至损失函数收敛，如图 6.29 所示。

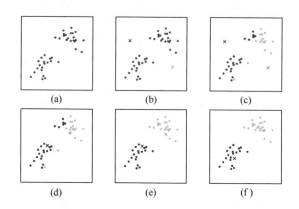

图 6.29　k-means 聚类迭代示意图

接下来，通过轮廓系数（silhouette coefficient）选取 k 值，轮廓系数 $s(i)$ 公式如下：

$$s(i) = \frac{b(i)-a(i)}{\max\{a(i),b(i)\}}, \quad s(i) = \begin{cases} 1-\dfrac{a(i)}{b(i)}, & a(i) < b(i) \\ 0, & a(i) = b(i) \\ \dfrac{b(i)}{a(i)}-1, & a(i) > b(i) \end{cases} \tag{6.51}$$

式中，$a(i)$ 为样本 i 与同簇点的平均距离；$b(i)$ 为样本 i 到其他簇样本点的平均距离。簇内差异 $a(i)$ 越小，簇外差异 $b(i)$ 越大；$s(i)$ 为描述簇内外差异的指标，$s(i)$ 取值范围为 $(-1,1)$，越接近 1，聚类效果越好，越接近 -1，聚类效果越差。

如图 6.30 所示，当 $k=2$ 时轮廓系数为 0.6，当 $k=3$ 时轮廓系数为 0.4，$k=2$ 的效果更好，即选取 k 值为 2 进行 k-means 聚类。结合前面极地馆采集到的白鲸信号，两类为信号帧与噪声帧，无须区分噪声种类，下面通过谱熵进行哨声帧与噪声帧的判定。

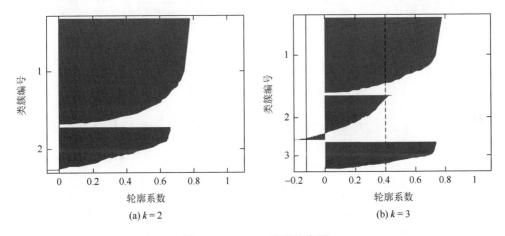

图 6.30　k-means 聚类轮廓图

熵反映信源在频域幅值分布的无序性。$x_i(m)$ 为每帧信号，快速傅里叶变换后第 k 条谱线分量 $f(k)$ 对应的功率谱为 $Y_i(k)$，频率分量的归一化谱概率密度函数为

$$p_i(k) = \frac{Y_i(k)}{\sum_{l=0}^{N/2} Y_i(l)} \qquad (6.52)$$

式中，$p_i(k)$ 为第 i 帧信号第 k 个频率分量的概率密度。每帧信号的短时谱熵为

$$H_i = -\sum_{k=0}^{N/2} p_i(k) \lg p_i(k) \qquad (6.53)$$

噪声归一化谱密度函数分布较均匀，哨声信号的归一化谱概率密度函数分布不均匀，因此哨声信号谱熵低于噪声谱熵。计算每个簇的谱熵，簇 1 和簇 2 的谱熵分别为 H_1 和 H_2。若 $H_1 < H_2$，则簇 1 为哨声帧；若 $H_1 > H_2$，则簇 2 为哨声帧。则哨声帧的标签 sf 为

$$\mathrm{sf} = \begin{cases} 1, & H_1 < H_2 \\ 2, & H_1 > H_2 \end{cases} \qquad (6.54)$$

4. 基于倒谱域的哨声事件检测结果

白鲸叫声片段"202104261428(2).wav"哨声事件检测结果如图6.31所示。

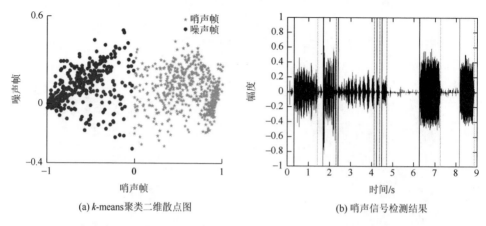

(a) *k*-means聚类二维散点图 (b) 哨声信号检测结果

图 6.31　白鲸叫声片段"202104261428(2).wav"哨声事件检测结果

图 6.31（a）为经过谱熵判决后 *k*-means 聚类二维散点结果，图 6.31（b）为白鲸叫声片段"202104261428(2).wav"哨声事件检测结果。帧级哨声事件检测性能评估结果如表 6.3 所示。

表 6.3　帧级哨声事件检测性能评估结果

项目	精确率	召回率	*F*-score
特征参数聚类检测器	0.98	0.98	0.98

本节对一段白鲸叫声音频信号采用变换域的无监督 *k*-means 聚类算法对 PCA 降维后的 MFCC 进行聚类方法的哨声事件检测。该方法对每段叫声信号均能取得较高的 *F*-score，哨声事件的检测性能较优，且最后的检测性能均高于基于时域的方法和基于时频域的方法。而且针对每段叫声信号都不需要额外设定相应的阈值，并且在每段叫声信号包含的哨声信噪比不同时也不会存在阈值选取困难的问题。

6.4　本章小结

本章对鲸豚动物的哨声信号的预处理方法，基于时域、时频域下的哨声信号检测技术进行了介绍；在哨声预处理的基础上，完成了匹配滤波器、谱熵法、能熵比法、相关法结合固定阈值四种基于时域的哨声信号检测方法的验证；介绍了局部最大值检测器、谱图平滑结合自适应阈值、倒谱域的特征参数聚类、EMD-TEO算法和小波变化法五种基于时频域的哨声信号检测方法，并在不同信噪比下对比了检测性能。本章研究内容可为哨声分析提供分析方法与算法基础。

参 考 文 献

[1] Tyack P L. Dolphins whistle a signature tune[J]. Science，2000，289（5483）：1310-1311.

[2] Turl C W，Penner R H. Differences in echolocation click patterns of the beluga（*Delphinapterus leucas*）and the bottlenose dolphin（*Tursiops truncatus*）[J]. The Journal of the Acoustical Society of America, 1989, 86: 497-502.

[3] Rankin S，Oswald J，Barlow J，et al. Patterned burst-pulse vocalizations of the northern right whale dolphin, Lissodelphis borealis[J]. The Journal of the Acoustical Society of America，2007，121（2）：1213-1218.

[4] Li L，Qiao G，Qing X，et al. Robust unsupervised Tursiops aduncus whistle-event detection using gammatone multi-channel Savitzky-Golay based whistle enhancement[J]. The Journal of the Acoustical Society of America，2022，151（5）：3509-3521.

[5] Board O S. Ocean Noise and Marine Mammals[M]. Washington：National Academies Press，2003.

[6] Li L，Qiao G，Liu S Z，et al. Automated classification of Tursiops aduncus whistles based on a depth-wise separable convolutional neural network and data augmentation[J]. The Journal of the Acoustical Society of America，2021，150（5）：3861-3873.

[7] 刘萌. 仿座头鲸歌声隐蔽水声通信技术研究[D]. 哈尔滨：哈尔滨工程大学，2020.

[8] Rilling G，Flandrin P，Goncalves P. On empirical mode decomposition and its algorithms[C]. EURASIP Workshop on Nonlinear Signal and Image Processing，Grado，2003，3（3）：8-11.

[9] Li L，Wang Q A，Qing X，et al. Robust unsupervised Tursiops aduncus whistle enhancement based on complete ensembled empirical optimal envelope local mean decomposition with adaptive noise[J]. The Journal of the Acoustical Society of America，2022，152（6）：3360-3372.

[10] Bahoura M，Rouat J. Wavelet speech enhancement based on the Teager energy operator[J]. IEEE Signal Processing Letters，2001，8（1）：10-12.

[11] Zimmer W M X. Passive Acoustic Monitoring of Cetaceans[M]. Cambridge：Cambridge University Press，2011.

[12] 马天龙. 仿鲸目动物哨声水声通信技术研究[D]. 哈尔滨：哈尔滨工程大学，2019.

[13] Wehrl A. General properties of entropy[J]. Reviews of Modern Physics，1978，50（2）：221-260.

[14] 赵翌博. 鲸豚动物声学信号分析软件设计与开发[D]. 哈尔滨：哈尔滨工程大学，2020.

[15] Muda L，Begam M，Elamvazuthi I. Voice recognition algorithms using Mel frequency cepstral coefficient（MFCC）and dynamic time warping（DTW）techniques[J]. Journal of Computing，2010，2（3）：138-143.

[16] Daffertshofer A，Lamoth C J C，Meijer O G，et al. PCA in studying coordination and variability：A tutorial[J]. Clinical Biomechanics，2004，19（4）：415-428.

第7章 鲸豚动物哨声信号特征提取与建模

随着被动声监测（passive acoustic monitoring，PAM）系统的发展[1, 2]，长时间采集与记录水下的声音已成为可能，然而面对海量的音频文件，如何自动地从中检测出包含鲸豚动物叫声的音频片段，并进一步将其时频特征从这些包含着海洋环境噪声的音频片段中提取出来，仍然是一个难题。从海量音频文件中自动提取鲸豚动物特征的方法将极大地减少人工分析数据的时间成本，提高鲸豚动物叫声分析的效率。基于提取的特征，构建一个高相似度的鲸豚叫声信号模型可以作为模拟纯净哨声信号以及鲸豚动物叫声样本扩增的有效手段，进一步推动鲸豚叫声研究。鲸豚动物的叫声十分丰富，其中，它们的哨声又最具特征，因此本章主要针对鲸豚动物哨声信号的提取与建模进行介绍。

7.1 鲸豚动物哨声信号时频特征提取

由于鲸豚动物哨声信号的频率随时间呈现明显的变化，因此其时频特征是国内外学者的重点研究对象。利用时频分析方法可以将哨声信号以时频谱图像的形式呈现，而鲸豚动物哨声信号在时频谱中呈现的曲线（又称"时频谱轮廓"）包含了其主要的时频特征[1]，因此鲸豚动物哨声信号的时频特征提取问题就转化为在时频谱图像中提取谱轮廓的问题。

7.1.1 基于最大值的哨声时频谱轮廓提取

最大值提取法旨在利用哨声时频谱轮廓能量的时频分布特性，从时频域中将哨声谱轮廓从噪声背景中分离出来。为了提高所提取谱轮廓的质量，在后置处理中进一步对谱轮廓进行平滑处理，具体处理流程如图 7.1 所示[3]。

图 7.2 给出了一个海豚哨声信号时域波形，在本章后续部分，如无特殊说明，均使用此信号。利用前面所述短时傅里叶变换对该信号进行处理，假定哨声信号在 20ms 内不变，采样率 44100Hz，采用汉明窗，窗长 512 点，相当于时间 11.6ms，符合要求，每次滑动 256 点，所得哨声信号频谱图如图 7.3 所示。

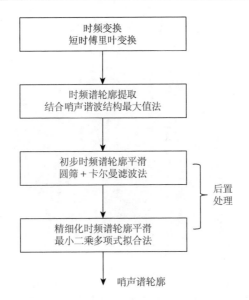

图 7.1　基于最大值的哨声时频谱轮廓提取流程

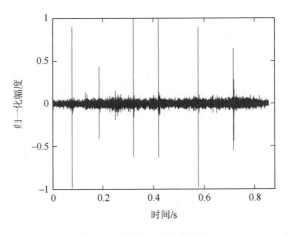

图 7.2　原始海豚哨声信号

1. 结合哨声信号特点的最大值提取法

假设哨声信号为 $s(t)$ ，采样率为 $1/T$ ，经过采样后的数字信号表示为 $s[n] = s(nT)$ ，对其进行短时傅里叶变换处理获得时频二维分布。假定鲸目动物叫声信号在 L 点持续时间内是平稳的，则选取窗长度为 L 点，信号 $s[n]$ 被分为 M 个数据块，数据块的序号是 m ， $X_m[k]$ 表示窗长 L 、第 m 个数据块短时傅里叶变换的结果。若 $f_i(m)$ 中 i 表示谐波次数， m 表示数据块序号，则第 m 个数据块的基频表示为 $f_1(m)$ ，采用峰值提取方法的表达式如下：

$$f_1(m) = \arg\max |X_m[k]| \tag{7.1}$$

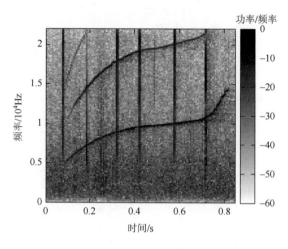

图 7.3　哨声信号频谱图

通常，哨声信号基频处具有最强的能量，随着谐波次数的增加，能量逐渐减弱，但是根据对实际采集的哨声样本分析，在某些频率点，有时信号的二次谐波具有能量大于基频信号的能量，所以利用式（7.1）有时无法正确提取出哨声信号基频。因此，本节给出额外的判决条件，首先获得时频信号能量最大处对应的频率采样点值和该频率采样点处对应的能量值的 1/2，如式（7.2）所示：

$$\begin{cases} [e(m), \text{index}(m)] = \max |X_m(k)| \\ e'(m) = X_m\left(\dfrac{\text{index}(m)}{2}\right) \end{cases} \tag{7.2}$$

式中，$\text{index}(m)$ 为傅里叶变换后能量最大值 $e(m)$ 对应的频率的采样点值，即基频对应的采样点；$e'(m)$ 为在 $\text{index}(m)/2$ 处对应的能量值。

补充的判决准则主要有两点：一是判决利用式（7.2）获得的基频能量值 $e(m)$ 是否大于 1/2 基频对应能量值 $e'(m)$ 的 α 倍；二是判决 1/2 基频对应能量值 $e'(m)$ 是否大于噪声能量 P_0 的 β 倍，如式（7.3）所示。若满足条件，则基频对应采样点变为 $N_m/2$。

$$\begin{cases} e(m) > \alpha e'(m) \\ e'(m) > \beta P_0 \end{cases} \tag{7.3}$$

式中，P_0 为噪声的能量；α、β 为系数。

2. 谱轮廓后置处理方法

由于采集到的真实海豚哨声信号通常信噪比较低，对短时傅里叶变换后的时频谱处理，提取信号时频谱轮廓线，通常会得到野点，所以需结合海豚哨声信号具有谐波特点提取谱轮廓线；提取出的轮廓线若依然含有噪声，则采用圆筛结合卡尔曼滤波的方法实现平滑的效果；对处理后的数据采用最小二乘多项式拟合法，得到最终的哨声信号时频谱轮廓曲线。

1）动窗加权平均滤波

动窗加权平均滤波也是一种较为常用的信号平滑算法，要求随机误差服从高斯分布。设残差是输出信号和信号中值的差，用 r_m 来表示，则

$$r_m = s_m - \mathrm{median}(s_m) \tag{7.4}$$

式中，$\mathrm{median}(s_m)$ 为信号的中值，且有

$$\mathrm{median}(s_m) = \begin{cases} \left(s_m\left(\dfrac{n}{2}\right) + s_m\left(\dfrac{n}{2}+1\right) \right) \Big/ 2, & n\text{为偶数} \\[3mm] s_m\left(\dfrac{n+1}{2}\right), & n\text{为奇数} \end{cases} \tag{7.5}$$

由于随机误差服从高斯分布，进而残差 r_m 也是服从高斯分布的，高斯分布的前提下，残差的标准差 σ_m 大约是 $\mathrm{mean}(|r_m|)$ 的 1.3 倍，并引入常数项 10^{-12} 防止标准差为零，则 σ_m 为

$$\sigma_m = 1.3 \times \mathrm{mean}(|r_m|) + 10^{-12} \tag{7.6}$$

利用残差的标准差 σ_m 定义一个门限值 th_m，且

$$\mathrm{th}_m = 4.6\sigma_m \tag{7.7}$$

则对于动窗加权平均的权系数 ω_m，当 $|r_m(i)| \leqslant \mathrm{th}_m$ 时，有

$$\omega_m = \left[1 - \left(r_m(i)/\mathrm{th}_m \right)^2 \right]^2 \tag{7.8}$$

当 $|r_m(i)| > \mathrm{th}_m$ 时，有

$$\omega_m = 0 \tag{7.9}$$

由式（7.8）可以看出，权系数 ω_m 随着 $|r_m(i)|$ 减小而趋向于 1，反之趋向于 0。由于是残差的标准偏差，当 $|r_m(i)| > \mathrm{th}_m$，即 r_m 的绝对值大于或者等于 4.6 倍的 σ_m 时，说明 r_m 落在了 $-4.6\sigma_m \sim 4.6\sigma_m$ 范围外。当不存在野点时，数据落在 $-4.6\sigma_m \sim 4.6\sigma_m$ 范围外的概率很小，仅 0.000002。

根据动窗加权平均的权系数 ω_m，可以得到动窗加权平均的输出：

$$z_m(j) = \frac{\displaystyle\sum_{i=m-n+1}^{m} v_m(i)\cdot\omega_m(i)}{\displaystyle\sum_{i=m-n+1}^{m} \omega_m(i)} \tag{7.10}$$

2）圆筛滤波

"圆筛剔野点"的思想最早源于图像处理中的去椒盐噪声干扰，要求有效样本

大于 50%。若 $f(n)$ 为需处理的样本，其中 $1 < n < N$，N 为待处理样本总数。对于第 k 个样本数据 $f(n_k)$，其中 $N_0 \leqslant k \leqslant N$，判断其是否为野点时，需用到 $f(n_i)$ 得到判据，$k - N_0 < i < k - 1$。不妨令 Q 和 Q_0 为判断 $f(n_k)$ 是否为野点的判据，则

$$Q = \sum_{i=1}^{N_0} (n_k - n_{k-i})^2 + (f(n_k) - f(n_{k-i}))^2, \quad N_0 \leqslant k \leqslant N \tag{7.11}$$

$$Q_0 = \sum_{i=1}^{N_0} (n_k - n_{k-i})^2 + N_0 b^2, \quad N_0 \leqslant k \leqslant N \tag{7.12}$$

式（7.12）中，b 为筛选样本时的跳动容限。令

$$\mu = \frac{1}{Q}, \quad \mu_0 = \frac{1}{Q_0} \tag{7.13}$$

μ_0 为筛选样本的门限，若 $\mu \geqslant \mu_0$，则该点为有效样本，否则判定为野点。通常在实际应用时，筛选样本的门限 μ_0 根据有效样本数据在总样本中的比重而加以适当权重，即 $\mu_0 \varepsilon$，$0 < \varepsilon \leqslant 1$。有效样本数据越多，$\varepsilon$ 越趋向于 1，反之越趋向于 0。

设 $l(n_k)$ 为圆筛剔野点后的结果，对于第 k 点样本数据 $f(n_k)$，经过圆筛剔野点后，有

$$l(n_k) = \begin{cases} f(n_k), & \mu \geqslant \mu_0 \varepsilon \\ f(n_{k-1}), & \mu < \mu_0 \varepsilon \end{cases} \tag{7.14}$$

即若 $f(n_k)$ 的判据 μ 不小于设定的筛选样本门限，则圆筛剔野点后的结果为其本身；若 $f(n_k)$ 的判据 μ 小于设定的筛选样本门限，则圆筛剔野点后的结果为该样本点的前一点 $f(n_{k-1})$。

3）卡尔曼滤波

卡尔曼滤波利用一组数学递推公式，以最小均方误差（minimum mean square error）为最佳准则，对系统状态值进行估计。其基本思想是：在信号与噪声的状态空间模型的基础上，利用上一时刻的估计值和当前时刻的测量值来更新对状态变量的估计，从而得到当前时刻的估计值。因卡尔曼滤波可以实时更新系统状态估计值，故被广泛应用于各领域中的实时信号处理中。

引入一个离散时间过程，该过程可用线性随机差分方程描述，如式（7.15）所示：

$$X_k = AX_{k-1} + BU_{k-1} + W_{k-1} \tag{7.15}$$

式中，A 为状态转移矩阵；B 为系统输入量和系统状态之间的关系矩阵；U_{k-1} 为系统的输入量；W_{k-1} 为过程激励噪声，其相应的量测方程如式（7.16）所示：

$$Z_k = HX_k + V_k \tag{7.16}$$

式中，H 为观测量与系统状态之间的关系矩阵；V_k 为观测噪声。

卡尔曼滤波以反馈的方式估计系统的状态，它分为两个部分：时间更新过程和测量更新过程。

（1）时间更新。

时间更新过程又称预测过程，该过程在上个历元状态估计值的基础上预测当前历元的状态值。离散卡尔曼滤波器的时间更新方程如式（7.17）和式（7.18）所示：

$$\hat{X}_k^- = A\hat{X}_{k-1} + BU_{k-1} \tag{7.17}$$

$$P_k^- = AP_{k-1}A^{\mathrm{T}} + Q \tag{7.18}$$

式中，"–"代表先验，"ˆ"代表估计，"T"代表转置；Q为过程噪声的协方差。式（7.18）是用来衡量式（7.17）中状态估计值可靠性的误差协方差估计。时间更新将系统状态估计值$\hat{X}_k^-$和协方差估计P_k^-从$k-1$时刻推算到k时刻，并将其作为$k+1$时刻的先验估计。

（2）测量更新。

测量更新过程又称校正过程，该过程利用实际测量值校正预测得到的状态先验估计值。离散卡尔曼滤波器的测量更新方程如式（7.19）～式（7.21）所示：

$$\hat{X}_k = \hat{X}_k^- + K_k\left(Z_k - H\hat{X}_k^-\right) \tag{7.19}$$

$$K_k = P_k^- H^{\mathrm{T}}(HP_k^- H^{\mathrm{T}} + R)^{-1} \tag{7.20}$$

$$P_k = \left(I - K_k H\right)P_k^- \tag{7.21}$$

式中，K_k为卡尔曼增益；$Z_k - H\hat{X}_k^-$为残余，它反映了预测值和实际值之间的不一致程度，该式表明后验估计$\hat{X}_k$由先验估计值及测量值结合构造而成。

式（7.20）是卡尔曼增益K_k的一种表示形式，其中R为量测方程中的噪声协方差。卡尔曼增益K_k的作用是使$P_k = E\left[e_k e_k^{\mathrm{T}}\right]$达到最小，而$e_k = X_k - \hat{X}_k$。将式（7.19）代入$e_k = X_k - \hat{X}_k$中，再将$e_k$代入$P_k$的定义式中，得到期望后，将$P_k$对$K_k$求导。令一阶导数为零，从而求得$K_k$。式（7.21）是用来衡量式（7.19）中后验估计值可靠性的后验误差协方差。

完成k时刻的时间更新和测量更新后，将k时刻得到的后验估计作为$k+1$时刻的先验估计，整个过程不断重复，如图7.4所示。

在卡尔曼滤波器的实际实现过程中，测量噪声协方差R一般通过离线获取的系统观测值得到。因为无法直接观测到过程信号X_k，所以过程噪声的协方差Q比较难确定，这种情况下，通常的做法是选择一个适当的Q值，并以此向X_k"注入"不确定性，建立一个简单的状态方程，当然该状态方程并不精准，但其结果可以接受，此时通常要求观测值可信。以上两种情况下，无论选择系数的标准是否恰当合理，从统计学来看都能通过调节滤波器系数达到需要的滤波效果。

4）曲线拟合

曲线拟合的目的在于得到与实验数据吻合较好的光滑曲线。数据处理中常见的曲线拟合方法有最小二乘法、插值法及神经网络方法等。

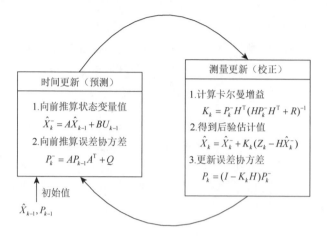

$$\text{图 7.4 卡尔曼滤波原理}$$

设 $(x_i, y_i)(i = 0,1,\cdots,m)$ 为一组实验数据，引入函数 $p(x)$，令

$$p(x) = \sum_{k=0}^{n} a_k q_k(x), \quad n < m \tag{7.22}$$

最小二乘法旨在确定 $p(x)$ 使得 $\sum_{i=1}^{m}(p(x_i) - y_i)^2$ 的值最小，从几何意义上看，即确定与给定数据点的距离平方和为最小的曲线 $p(x)$。$p(x)$ 的形式需要根据经验进行判断。这里采用的是最小二乘多项式拟合方法，则

$$p_n(x) = \sum_{k=0}^{n} a_k x^k \in \Phi \tag{7.23}$$

式中，Φ 为所有次数不大于 n $(n \leqslant m)$ 的多项式构成的类。此时需要确定 $p(x)$ 满足 L 最小：

$$L = \sum_{i=0}^{m} \left(p_n(x_i) - y_i \right)^2 = \sum_{i=0}^{m} \left(\sum_{k=0}^{n} a_k x_i^k - y_i \right)^2 \tag{7.24}$$

式(7.24)表明 L 为 $a_0, a_1, \cdots, a_n$ 的函数，因此只要求得 L 的极值便可确定 $p(x)$。对 L 求导，有

$$\frac{\partial L}{\partial a_j} = 2 \sum_{i=0}^{m} \left(\sum_{k=0}^{n} a_k x_i^k - y_i \right) x_i^j = 0, \quad j = 0,1,\cdots,n \tag{7.25}$$

即

$$\sum_{k=0}^{n} \left(\sum_{i=0}^{m} x_i^{k+j} \right) a_k = \sum_{i=0}^{m} x_i^j y_i, \quad j = 0,1,\cdots,n \tag{7.26}$$

式（7.26）的矩阵形式为

$$
\begin{bmatrix}
m+1 & \sum\limits_{i=0}^{m} x_i & \cdots & \sum\limits_{i=0}^{m} x_i^{n} \\
\sum\limits_{i=0}^{m} x_i & \sum\limits_{i=0}^{m} x_i^{2} & \cdots & \sum\limits_{i=0}^{m} x_i^{n+1} \\
\vdots & \vdots & & \vdots \\
\sum\limits_{i=0}^{m} x_i^{n} & \sum\limits_{i=0}^{m} x_i^{n+1} & \cdots & \sum\limits_{i=0}^{m} x_i^{2n}
\end{bmatrix}
\begin{bmatrix}
a_0 \\ a_1 \\ \vdots \\ a_n
\end{bmatrix}
=
\begin{bmatrix}
\sum\limits_{i=0}^{m} y_i \\
\sum\limits_{i=0}^{m} x_i y_i \\
\vdots \\
\sum\limits_{i=0}^{m} x_i^{n} y_i
\end{bmatrix}
\tag{7.27}
$$

式（7.24）的系数矩阵为对称正定矩阵，存在唯一解，将数据代入可解出 $a_0, a_1, \cdots, a_n$，从而得到多项式 $p(x)$。

3. 仿真结果

利用前面给出的方法对哨声信号时频谱轮廓线提取进行仿真。首先直接采用最大值提取法，提取在不同时间窗内具有最大能量的哨声信号瞬时频率值。从图 7.5 中可以看出，基波信号时频谱轮廓线具有较多野点，但是这些野点大多位于二次谐波上，这是由于哨声信号特点影响，在某些频点上，高阶谐波能量大于基波能量，所以采用前面给出的结合哨声信号特点的哨声信号时频谱轮廓提取方法，可以剔除这些在谐波上的野点，得到如图 7.6 所示的结果，此时图中的野点是由信号噪声导致的。

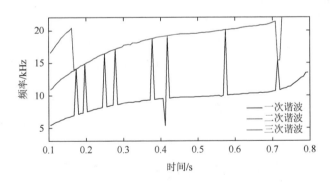

图 7.5　直接提取短时谱轮廓结果（彩图附书后）

由于海豚哨声信号具有谐波特点，所以接下来只处理信号的基波，根据动窗加权平均方法，其中窗长选择 5 个数据点，仿真得到如图 7.7 所示的结果。从图中可以看出，经过动窗加权平均方法处理后，实现了野点的剔除和平滑的效果，但是信号处理过程中有窗的延时问题，在信号快速变化时跟踪效果不理想。

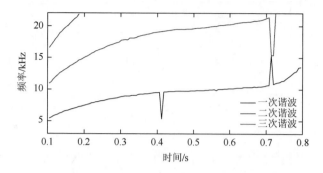

图 7.6　结合哨声特点提取短时谱轮廓结果（彩图附书后）

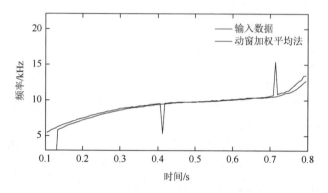

图 7.7　动窗平滑结果（彩图附书后）

图 7.8 为圆筛剔野点后的处理结果，其中圆筛滤波器的参数为 $N_0 = 3$，$b = 6000$，$\varepsilon = 0.8$。从图中可以看出，可以实现正确的野点剔除，但野点值由上一点真值代替，所以哨声信号频率有明显的突变，并且从圆筛滤波器的定义可以

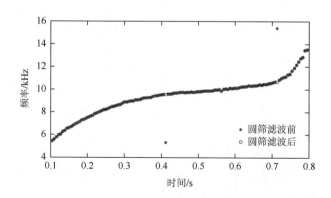

图 7.8　圆筛处理后谱轮廓结果

看出它对信号的前 N_0-1 个点不能进行相应的圆筛处理。本书是根据前 N_0-1 个点的均值，设定相应的门限进行判断的，并不属于圆筛滤波的范畴。因此，在实际应用圆筛滤波时，需要对前 N_0-1 个点进行特殊处理，选择一种其他判定方法，或者提前存储 N_0-1 个数据弥补该问题。

图 7.9 是不采用圆筛剔野点方法，直接采用卡尔曼滤波处理的结果。因为每一个哨声信号的频率变化规律均不相同，所以无法在卡尔曼滤波中找到一个精准确定的状态方程，仿真中将上一个时刻的后验估计值作为本时刻的先验估计值，即 $\hat{X}_k^- = \hat{X}_{k-1}$，并且将状态方程的噪声的协方差设置为 $Q = 5 \times 10^{-4}$。尽管该方法可以跟踪哨声信号频率的变化，但是在野点处还是需要 4 个点才能收敛到真实值附近。

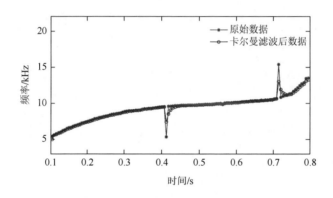

图 7.9　卡尔曼滤波后谱轮廓结果

结合圆筛剔野点和卡尔曼滤波方法的优点，将这两种方法串行级联进行仿真。从图 7.10 的仿真结果可以看出，此时可以很好地剔除野点，并且在卡尔曼滤波的容限内，也能实现对哨声轮廓线的平滑，该处理结果效果较好。

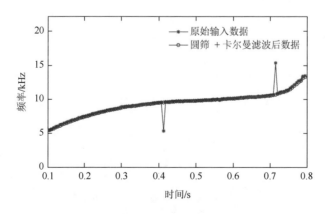

图 7.10　圆筛与卡尔曼滤波后数据

　　图 7.11 是上述几种滤波方法处理后，与处理前的哨声信号时频谱轮廓线相减得到的残差。从图中可以看出，动窗滤波法残差最大，尤其在频率变化较快时，不能很好地实现频率跟踪；圆筛滤波法由于实现的目标是剔除野点，除野点外并不改变原始数据，所以除野点外，残差为零，在野点处，残差较大；卡尔曼滤波法由于估计值只与前一点有关，所以跟踪速度较动窗滤波法快，但是在野点处，由于动窗滤波法中残差（此处的残差是指输出信号和信号中值的差）大于门限时，权系数直接设置为零，因此跟踪速度比卡尔曼滤波法快。采用圆筛剔野点结合卡尔曼滤波的方法，可以实现剔除野点的同时对曲线进行平滑，该方法在上述几种方法中最能满足哨声短时谱轮廓提取的需求，如图 7.12 所示。

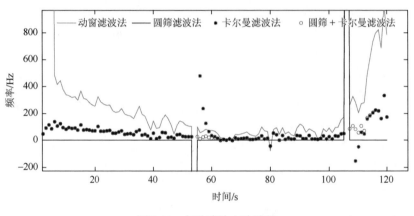

图 7.11　各种滤波方法残差

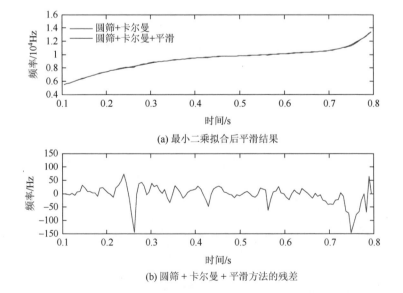

(a) 最小二乘拟合后平滑结果

(b) 圆筛＋卡尔曼＋平滑方法的残差

图 7.12　最小二乘拟合后平滑结果、圆筛＋卡尔曼＋平滑方法的残差（彩图附书后）

因为哨声信号瞬时频率在短时间内被认为是连续变化的，所以对原始数据进行短时傅里叶变换时，由于噪声的影响和数据处理长度的限制，瞬时频率并不是很好的连续变换，所以接下来对滤波后的曲线进行最小二乘多项式拟合，力求得到一个连续变化的哨声信号时频谱轮廓。图 7.13 给出了最小二乘多项式拟合处理后的结果和残差。

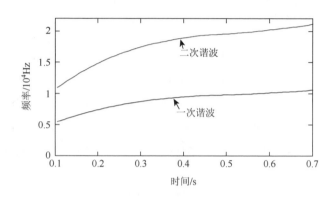

图 7.13　实际处理的谐波分量频谱

7.1.2　基于多目标跟踪的哨声时频谱轮廓提取

本节所介绍的谱轮廓提取方法[4]，能够从大量的带噪声样本中自动提取出谱轮廓，且能同时提取多个哨声的谱轮廓。该方法分为两个部分，分别是预处理[5, 6]和多目标跟踪。在预处理中，将哨声信号投影到时频域上，以呈现其谱轮廓特征，并在时频域做初步的降噪处理，以便于后续的谱轮廓提取，而多目标跟踪旨在从时频域中将视为运动轨迹的哨声信号谱轮廓从噪声背景中分离出来，从而实现谱轮廓的提取。

1. 哨声时频谱图像预处理

本节采用短时傅里叶变换对齿鲸哨声信号进行时频分析，以保证宽泛的适用性以及较小的计算复杂度。将哨声信号通过短时傅里叶变换从时域转换到时频域后，由于海洋噪声及回声定位脉冲等干扰的存在，谱轮廓被湮没在噪声背景中难以提取，因此通过预处理一方面提高谱轮廓与噪声背景的区分度，另一方面使时频谱图像转化为适合多目标跟踪算法处理的形式。由于齿鲸还会发出回声定位脉冲信号，在时频域中与哨声信号谱轮廓交叠在一起，严重影响谱轮廓的提取。针对回声定位脉冲干扰的抑制，可以从图像处理角度出发，将谱轮廓图像从噪声背景图像中突显出来。图像处理的目的并非提高哨声信号的信噪比或信干比，而在于提高谱轮廓与噪声背景之间的区分度。

在图像处理的第一步中，模糊时频谱噪声背景中能量在频率方向上分布的噪声特征。首先对时频谱中的每一帧做中值滤波，具体步骤如下：定义一个长度为奇数的 L 长窗口，$L = 2N + 1$，N 为正整数。第 i 帧频谱为 $y_{i,j}(0 < j < M)$，对每个 $y_{i,j}$，取其附近 L 个样本，得到窗口内的频谱序列样本，并将其按从小到大的顺序排列，得到 $\{y_{i,j-n}, \cdots, y_{i,j}, \cdots, y_{i,j+n}\}$，其中 $y_{i,j}$ 为位于窗口中心的频谱值，即该窗口内频谱序列的中值，定义为中值滤波的输出值，可以写为[5]

$$\tilde{y}_{i,j} = \mathrm{Med}(y_{i,j-n}, \cdots, y_{i,j}, \cdots, y_{i,j+n}) \tag{7.28}$$

对每一帧时频谱做中值滤波是为了平滑频谱，L 越大，时频谱在频域方向的平滑程度越高。将原始时频谱除以该平滑时频谱，即 $y_{i,j} / \tilde{y}_{i,j}(0 < j < M)$，在本节将这一步称为图像正规化，可以模糊能量在每一帧中分布于宽频带的噪声与干扰（如回声定位脉冲干扰）的频率特征，而哨声信号能量在每一帧中只集中于某一频点，其特征不会因此丢失。

在图像处理的第二步中，模糊时频谱噪声背景中能量在时间方向上分布的噪声特征。首先对时频谱中的每一帧做指数移动平均，如下所示[5]：

$$\hat{y}_{i,j} = (1 - \beta)\hat{y}_{i-1,j} + \beta y_{i,j} \tag{7.29}$$

指数移动平均是从时间上平均频谱，可以横向平滑时频谱图。β 越小，时频谱在时域方向的平滑程度越高。将原始时频谱除以该平滑的时频谱，即 $y_{i,j} / \hat{y}_{i,j}$ $(0 < j < M)$，可以模糊能量分布在相邻两帧高度相关的噪声与干扰（如多径干扰、单频干扰）的时间特征，而时变较快的哨声信号则不会因此损失特征。

通过对时频谱做时域方向及频域方向上的图像正规化，可以白化背景噪声，从时频谱图像上看，噪声背景会被模糊，从而使得哨声信号的时频谱轮廓在时频谱图像中显得更为突出。时域与频域的平滑程度过小，正规化后会导致背景噪声的特征模糊不明显，相反，若平滑程度过大，哨声信号的时频特征也会被模糊，因此需要选择合适的参数 L 与 β。

最后通过取每一帧大于某个门限的极大值进一步过滤背景噪声，将时频谱图转化成适合多目标跟踪处理的二值化图像。二值化图像中每隔一个像素点对应于频率与时间的坐标，作为谱轮廓的检测值（即多目标跟踪算法中的观测值）。以上预处理无法保证谱轮廓上的每个频率点都能通过阈值，未通过阈值的频率点称为漏检。此外，预处理无法滤除所有噪声和干扰，噪声及干扰的频率点通过阈值称为错检，错检会导致观测值中不仅包含谱轮廓的频率，还包含噪声及干扰的频率，称为噪点，而后续的谱轮廓提取步骤就是利用多目标跟踪算法从这些包含错检和漏检的谱轮廓检测值中提炼出正确的谱轮廓曲线。

2. 基于高斯混合概率假设密度滤波器的谱轮廓提取

1）高斯混合概率假设密度滤波器原理

经过预处理后得到的时频域二值化图像中会包含错检和漏检，因此想要从中提取出谱轮廓就需要进一步排除错检且补偿漏检。将谱轮廓视为轨迹，就可以利用多目标跟踪的方法，将具有符合运动模型的谱轮廓轨迹从二值化图像中跟踪出来。下面先介绍多目标跟踪算法以及本书所采用的一种多目标跟踪算法——高斯混合概率假设密度（Gaussian mixture-probability hypothesis density，GM-PHD）滤波器。最后介绍如何将 GM-PHD 滤波器用于谱轮廓提取。

多目标跟踪算法是单目标跟踪算法的衍生算法，例如，卡尔曼滤波器、粒子滤波器等单目标跟踪算法是在观测值与预测值之间取一个方差最小的折中值作为后验估计值。其中，观测值可以通过对目标进行检测得到。对于谱轮廓提取，将二值化时频谱图像中的每一个检测值当成一个观测值，而基于运动模型以及过去时刻的估计值进行推测可以得到预测值。在单目标跟踪算法中，只有观测值与目标有明确的对应关系才能进行后验估计，而在多目标跟踪场景中，不仅观测值与目标的对应关系未知，目标的数量通常也是未知的。在传统的多目标跟踪中，如多假设跟踪（multiple hypothesis tracking）、联合概率数据关联滤波器（joint probabilistic data association filter）以及概率多假设跟踪，测量值与目标会被关联起来。然而，当错检率及漏检率较高时，概率假设密度（probability hypothesis density，PHD）滤波器相比上述传统多目标跟踪算法计算量更小且更加稳健，这是由于 PHD 滤波器能够直接从数据中估计目标数，而传统方法要么假设目标数已知，要么通过数据关联间接推测目标数。

概率假设密度 $v_k(x|Z_{1:k})$（也称为强度函数）的积分是目标数的期望，其峰值代表目标最有可能出现的位置，因此密度函数可以作为多目标贝叶斯滤波器中多目标后验概率密度的近似，以此降低多目标贝叶斯滤波器的计算复杂度。这种近似的结果就是 PHD 滤波器。

正如其他目标跟踪算法，PHD 滤波器也分为两个部分：预测及更新。PHD 滤波器的预测基于目标的运动模型，此外不仅纳入了目标存活的概率，还考虑了新目标的出现。概率密度假设等号左边式子可缩写为等号右边式子，即 $v_k(x|Z_{1:k}) \stackrel{abbr}{=} v_k(x_k)$，PHD 滤波器的预测可由式（7.30）计算[6]：

$$v_{k|k-1}(x_k) = \gamma_k(x_k) + \int p_{S,k}(x_{k-1})v_{k-1}(x_{k-1})f_{k|k-1}(x_k|x_{k-1})dx_{k-1} \qquad (7.30)$$

式中，$\gamma_k(x_k)$ 是在 $k-1$ 时刻到 k 时刻新生目标的概率假设密度函数；$p_{S,k}(x_{k-1})$ 是一个目标从 $k-1$ 时刻存活到 k 时刻的概率；$f_{k|k-1}(x_k|x_{k-1})$ 是从 $k-1$ 时刻到 k 时刻单目标运动模型。常规的 PHD 预测还有一项表示一个目标分裂成多个目标时的密

度函数，但是谱轮廓不具有分裂的特性，因此在式（7.30）中略去了该项。在 PHD 滤波器的更新中，观测值被用于校准预测的概率假设密度。由于观测值中会存在错检，在更新中纳入了一个噪点模型，补偿由错检带来的影响。此外，PHD 滤波器在更新中还纳入了目标漏检概率。在 k 时刻，密度函数的更新如下[6]：

$$v_k(x_k) = \left[1 - p_{D,k}(x_k)\right]v_{k|k-1}(x_k) + \sum_{z \in Z_k} \frac{p_{D,k}(x_k)g_k(z \mid x_k)v_{k|k-1}(x_k)}{K_k(z) + \int p_{D,k}(x_k)g_k(z \mid x_k)v_{k|k-1}(x_k)\mathrm{d}x_k}$$

（7.31）

式中，$p_{D,k}(x_k)$ 是一个目标被检测到的概率；Z_k 是在 k 时刻的多目标观测值；$K_k(z)$ 是在 k 时刻噪点的概率假设密度；$g_k(z \mid x_k)$ 是在 k 时刻的单目标观测模型。式（7.31）的第一项补偿了漏检目标的概率假设密度，而第二项调整了预测概率假设密度，使其更集中于观测值。

虽然 PHD 滤波器比多目标贝叶斯滤波器更容易计算，但它仍然涉及难以计算的多重积分，于是 GM-PHD 滤波器作为一种 PHD 滤波器的近似被提出，以进一步降低计算复杂度。在 GM-PHD 滤波器中，用一个高斯混合模型近似概率假设密度，换言之，将概率假设模型分解为多个高斯分量，如此一来，在 PHD 滤波器中对概率假设密度的迭代就会变为对各个高斯分量的迭代。为了避免在迭代中高斯分量的畸变，需要假设描述目标运动与观测的模型都是线性的，所有模型噪声均为高斯白噪声，可以写为

$$x_k = F_{k-1}x_{k-1} + n_{k-1} \tag{7.32}$$

$$z_k = H_k x_k + \eta_k \tag{7.33}$$

式中，x_k 和 z_k 分别是状态向量和观测向量；F_{k-1} 和 H_k 是状态转移矩阵和观测矩阵，分别用于描述运动和观测模型；n_{k-1} 是系统噪声，是协方差矩阵为 Q_{k-1} 的独立高斯白噪声；η_k 是观测噪声，是协方差矩阵为 R_k 的独立高斯白噪声。基于高斯混合模型近似，GM-PHD 滤波器的预测公式可以表示为[6]

$$v_{k|k-1}(x) = \gamma_k(x) + v_{S,k|k-1}(x) = \sum_{i=1}^{J_{k|k-1}} w_{k|k-1}^{(i)} N\left(x; m_{k|k-1}^{(i)}, P_{k|k-1}^{(i)}\right) \tag{7.34}$$

$$\gamma_k(x) = \sum_{i=1}^{J_{\gamma,k}} w_{\gamma,k}^{(i)} N\left(x; m_{\gamma,k}^{(i)}, P_{\gamma,k}^{(i)}\right) \tag{7.35}$$

$$v_{S,k|k-1}(x) = \sum_{j=1}^{J_{k-1}} p_{S,k}(x_{k-1}) w_{k-1}^{(j)} N\left(x; m_{S,k|k-1}^{(j)}, P_{S,k|k-1}^{(j)}\right) \tag{7.36}$$

$$m_{S,k|k-1}^{(j)} = F_{k-1} m_{k-1}^{(j)} \tag{7.37}$$

$$P_{S,k|k-1}^{(j)} = Q_{k-1} + F_{k-1} P_{k-1}^{(j)} F_{k-1}^{\mathrm{T}} \tag{7.38}$$

式中，$N(\cdots; m, P)$ 是均值为 m、方差为 P 的高斯概率密度；$\gamma_k(x)$ 是新生目标的

概率假设密度，其中 $J_{\gamma,k}$、$w_{\gamma,k}^{(i)}$、$m_{\gamma,k}^{(i)}$、$P_{\gamma,k}^{(i)}$ 是用于确定新生目标概率假设密度具体形式的参数；$v_{S,k|k-1}(x)$ 是从上一时刻存活至当前时刻的预测概率假设密度。

基于高斯混合模型近似的概率假设密度更新如下所示[6]：

$$v_k(x) = \left(1 - p_{D,k}(x)\right)v_{k|k-1}(x) + \sum_{z \in Z_k}\sum_{i=1}^{J_{k|k-1}} w_k^{(i)}(z)N\left(x, m_k^{(i)}(z), P_k^{(i)}\right) \tag{7.39}$$

式（7.39）中的参数如下：

$$w_k^{(i)}(z) = \frac{p_{D,k}(x_k)w_{k|k-1}^{(i)}g_k^{(i)}(z)}{L(z)} \tag{7.40}$$

$$g_k^{(i)}(z) = N\left(z; H_k m_{k|k-1}^{(i)}, R_k + H_k P_k^{(i)} H_k^{\mathrm{T}}\right) \tag{7.41}$$

$$L(z) = K_k(z) + p_{D,k}(x_k)\sum_{i=1}^{J_{k|k-1}} w_{k|k-1}^{(i)}g_k^{(i)}(z) \tag{7.42}$$

$$m_k^{(i)}(z) = m_{k|k-1}^{(i)} + K_k^{(i)}\left(z - H_k m_k^{(i)}\right) \tag{7.43}$$

$$P_k^{(i)} = \left(I - K_k^{(i)}H_k\right)P_{k|k-1}^{(i)} \tag{7.44}$$

$$K_k^{(i)} = P_{k|k-1}^{(i)}H_k^{\mathrm{T}}\left(H_k P_{k|k-1}^{(j)}H_k^{\mathrm{T}} + R_k\right)^{-1} \tag{7.45}$$

高斯分量权重 $w_k^{(i)}(z)$ 更新基于对观测值 z 与第 i 个目标的相似性的评估。注意到，式（7.43）～式（7.45）与卡尔曼滤波器的预测与更新公式形式上一致，这并非巧合，因为卡尔曼滤波器与 GM-PHD 滤波器都是基于贝叶斯滤波器与高斯模型推导出来的。在 GM-PHD 滤波器中，可以说是基于卡尔曼滤波器来预测及更新了每个高斯分量的均值与方差，而 GM-PHD 滤波器自身的特有之处在于高斯分量权重的预测与更新。

2）基于高斯混合概率假设密度滤波器的谱轮廓提取步骤

前面介绍的是 GM-PHD 滤波器的基本原理，这里将谱轮廓视为需要跟踪的目标，将 GM-PHD 滤波器用于跟踪谱轮廓，谱轮廓的状态向量由频率 f 与频率随时间的变化率 α 组成，写为

$$x_k = [f, \alpha]^{\mathrm{T}} \tag{7.46}$$

运动模型的状态转移矩阵为

$$F_{k-1} = \begin{bmatrix} 1 & \Delta \\ 0 & 1 \end{bmatrix} \tag{7.47}$$

式中，Δ 为短时傅里叶变换的步长。运动模型的系统噪声 n_{k-1} 的协方差矩阵为

$$Q_k = \begin{bmatrix} \sigma_f^2 & \sigma_{f,\alpha} \\ \sigma_{\alpha,f} & \sigma_\alpha^2 \end{bmatrix} \tag{7.48}$$

观测模型的观测矩阵为 $H_k = [1,0]$，假设观测误差在频率分辨率内均匀分布，于是观测噪声的方差可由 $b_w^2 / 12$ 求得，b_w 为频率分辨率。

为了便于提取谱轮廓，对常规的 GM-PHD 滤波器做如下改动或假设。一是假设目标的存活概率与检测概率是独立的且为常数：

$$p_{S,k}(x) = p_S \tag{7.49}$$

$$p_{D,k}(x) = p_D \tag{7.50}$$

二是通过给高斯分量附上身份标签，将高斯分量与目标对应起来。权重越高的高斯分量所对应的谱轮廓的可信度就越高，因此提取谱轮廓就是找到这些高权重高斯分量所对应谱轮廓的状态估计值。三是在常规的 GM-PHD 滤波器中，通常假设新生目标会均匀分布于全频带中以防止将某一目标遗漏，然而如此假设会导致计算量的大幅增加。为了提高计算效率，这里假设新生谱轮廓分布于观测值附近，这就意味着在对概率假设密度预测与更新时，需要区别对待当前时刻新生的谱轮廓以及从上一时刻存活下来的谱轮廓。为了便于区分，将存活谱轮廓标记为 $\beta = 0$，而将新生谱轮廓标记为 $\beta = 1$。以下为具体步骤[6, 7]。

第一步：初始化。

在初始时刻（即 $k = 0$），概率假设密度 v_0 由 J_0 个高斯子分量组成：

$$v_0(x) = \sum_{i=1}^{J_0} w_0^{(i)} N\left(x; m_0^{(i)}, P_0^{(i)}\right) \tag{7.51}$$

这里将 J_0 设为 1～10 的一个随机数；均值 m_0 取 2kHz 到 30kHz 之间的一个随机数；初始方差 P_0 设为系统噪声协方差 Q_{k-1} 的值；所有分量的初始权重设为 $w_0 = 1 / J_0$。给每个分量分配一个标签 $L_0^{(i)}$，所有标签的集合写为 $L_0 = \left\{L_0^{(i)}\right\}_{i=1}^{J_0}$。

第二步：预测。

在这一步，卡尔曼滤波器预测公式［即式（7.37）和式（7.38）］用于预测存活谱轮廓高斯分量的均值（m）与方差（P），而存活谱轮廓权重（w）的预测由存活概率（p_S）决定。由于将新生谱轮廓与存活谱轮廓分开处理，预测概率假设密度可以基于式（7.34），将其改写为

$$v_{k|k-1}(x) = p_S \sum_{j=1}^{J_{k-1}} w_{k-1}^{(j)} N\left(x; m_{k|k-1}^{(j)}, P_{k|k-1}^{(j)}\right) \tag{7.52}$$

在这一步中，新生谱轮廓的高斯分量均值由式（7.53）和式（7.54）计算：

$$\left\{m_{\gamma,k}^{(i)}\right\}_f = \frac{1}{J_{\gamma,k}} \sum_{i=1}^{J_{\gamma,k}} N\left(x; z_{f,k}^{(i)}, 0.01 z_{f,k}^{(i)}\right) \tag{7.53}$$

$$\left\{m_{\gamma,k}^{(i)}\right\}_\alpha = 0 \tag{7.54}$$

其方差设为 Q_{k-1}；第 i 个新生谱轮廓的权重由式（7.55）求得

$$w_{\gamma,k}^{(i)} = \frac{p_{\text{start}}\left(z_{f,k}^{(i)}\right)}{J_{\gamma,k}} \qquad (7.55)$$

式中，$p_{\text{start}}\left(z_{f,k}^{(i)}\right)$ 是谱轮廓初始频率在 $z_{f,k}^{(i)}$ 处的权重，通过基于训练数据集训练所得的对数正态分布的概率密度函数求得。

最后，分别给新生谱轮廓和存活谱轮廓赋予标签。对于存活谱轮廓，继承其在上一时刻的标签，而对于新生谱轮廓则赋予其新的标签：

$$L_{k|k-1} = L_{k-1} \qquad (7.56)$$

$$L_{\gamma,k} = \left\{ L_{\gamma,k}^{(1)}, L_{\gamma,k}^{(2)}, \cdots, L_{\gamma,k}^{(J_{\gamma,k})} \right\} \qquad (7.57)$$

第三步：更新。

在这一步，卡尔曼滤波器更新公式［即式（7.43）～式（7.45）］用于更新存活谱轮廓以及新生谱轮廓高斯分量的均值与方差。同样将新生谱轮廓与存活谱轮廓分开处理，存活后验概率假设密度可以基于式（7.39）改写为

$$v_k(x,0) = (1-p_D)v_{k|k-1}(x,0) + \sum_{z \in Z_k}\sum_{i=1}^{J_{k|k-1}} w_k^{(i)}(z)N\left(x, m_k^{(i)}(z), P_k^{(i)}\right) \qquad (7.58)$$

而新生谱轮廓的概率假设密度可以改写为

$$v_k(x,1) = \sum_{z \in Z_k}\sum_{i=1}^{J_{\gamma,k}} w_{\gamma,k}^{(i)}(z)N\left(x, m_{\gamma,k}^{(i)}(z), P_{\gamma,k}^{(i)}\right) \qquad (7.59)$$

最后会有 $(1+|Z_k|)J_{k|k-1}$ 个高斯分量，其中 $1+|Z_k|$ 个高斯分量是存活谱轮廓的预测概率假设密度的继承，而 $|Z_k|J_{k|k-1}$ 个高斯分量由新生谱轮廓产生。更新后的高斯分量标签继承其被更新时关联高斯分量的标签，写为

$$L_k = L_{k|k-1}^{v_{k|k-1}} \bigcup L_{k|k-1}^{z_1} \bigcup \cdots \bigcup L_{k|k-1}^{z_{|Z_k|}} \qquad (7.60)$$

$$L_{\gamma,k} = L_{\gamma,k}^{z_1} \bigcup \cdots \bigcup L_{\gamma,k}^{z_{|Z_k|}} \qquad (7.61)$$

第四步：精炼。

随着时间的推移，构成概率假设密度的高斯分量数量可能会不断膨胀，导致计算量不断增大，因此在这一步中合并邻近的分量，去掉小权重分量，以精炼更新过后的高斯分量，控制高斯分量的数量。具体而言，首先去掉权重低于阈值 T_r 的高斯分量，然后将马氏距离小于阈值 U 的高斯分量合并为一个高斯分量。若高斯分量的数量仍然大于 $J_{\max}$，则只保留权重最大的 $J_{\max}$ 个高斯分量。

第五步：提取。

在这一步中只保留权重大于阈值 w_{th} 的高斯分量，各高斯分量的均值即其对应谱轮廓频率的估计。提取谱轮廓就是找到所有带有相同标签的高斯分量，并计算

其均值，若一个标签在某一时刻对应若干个高斯分量，则只取权重最大的那个高斯分量。最后只留下时间长度大于 150ms 的谱轮廓以进一步降低错检。

3. 仿真结果

本节基于真实的齿鲸哨声信号音频数据对谱轮廓提取方法进行测试与分析。

1）评价指标

共采用六个指标衡量评估提取谱轮廓的质量，分别为召回率、精确率、平均碎片数、平均频率误差、覆盖率及冗余率[4]。

召回率和精确率计算公式如下：

$$召回率 = \frac{正确检测谱轮廓数}{应检测谱轮廓数} \times 100 \tag{7.62}$$

$$精确率 = \frac{正确检测谱轮廓数}{检测谱轮廓数} \times 100 \tag{7.63}$$

两者反映了谱轮廓的总体提取情况，前者反映了需要提取的谱轮廓被提取到的比例，后者反映了提取到正确谱轮廓的比例。另四个参数反映了提取的谱轮廓与谱轮廓真值之间的偏差。其中，平均碎片数是一条谱轮廓被提取成若干条分裂的谱轮廓（称为谱轮廓碎片）时的平均谱轮廓碎片数。平均频率误差是指提取的谱轮廓频率与谱轮廓真值频率之间的平均偏差。覆盖率是指提取的谱轮廓与谱轮廓真值在时间上重合的平均比值。冗余率是指提取的谱轮廓超出谱轮廓真值部分的持续时间与谱轮廓真值持续时间之间的平均比值。

图 7.14 为性能指标示意图。

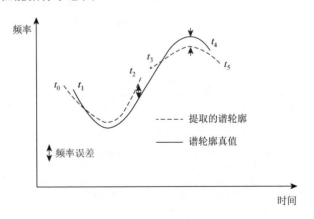

图 7.14　性能指标示意图

对于图 7.14，其平均碎片数为 2，频率偏差如图中的标示，覆盖率为 $\{[(t_4-t_3)+(t_2-t_1)]/(t_4-t_1)\} \times 100$，冗余率为 $\{[(t_5-t_4)+(t_1-t_0)]/(t_4-t_1)\} \times 100$。

2）基于数据集的测试与分析

关于真实齿鲸哨声信号的数据集来自 MobySound 数据库（www.mobysound.org），其中每个音频文件只包含一种齿鲸的哨声信号，齿鲸种类有瓶鼻海豚、真海豚及瓜头鲸，采样率均为 192kHz。所有音频样本中的 1%哨声信号样本作为训练集用于确定参数，而剩下的音频作为测试集以评估谱轮廓提取性能。为了评估提取谱轮廓的误差，需要获得真实哨声信号的谱轮廓真值作为基准，而 MobySound 数据库提供了数据集对应的齿鲸谱轮廓真值。

GM-PHD 滤波器的参数选择可以分为两个部分：第一部分是关于其卡尔曼滤波部分的参数，基于 GM-PHD 滤波在训练集中关于召回率与精确率的表现，Q_k 的 $\{\sigma_f^2, \sigma_{f,\alpha}, \sigma_{\alpha,f}, \sigma_\alpha^2\}$ 取 $\{5000,155000,155000,5100000\}$；第二部分是关于 GM-PHD 滤波器的其他参数，式（7.55）中的 $p_{\text{start}}\left(z_{f,k}^{(i)}\right)$ 是积分为每时间步新生谱轮廓平均数的对数正态分布密度，而每时间步新生谱轮廓平均数为 10。根据信号平均长度，p_S 值设定为 0.999。p_D、w_{th}、T_r 和 U 按照以下顺序确定：p_D 确定为 0.99；w_{th} 设定为 0.01；T_r 设定为 w_{th} 的一半，即 0.01；U 设定为 8 以覆盖 80%的两个更新后的高斯分量之间的马氏距离。此外，谱轮廓持续时间阈值 t_d 设定为 200 个时间步长[8]。

图 7.15 是对一段瓶鼻海豚信号做正规化处理前后的对比图。

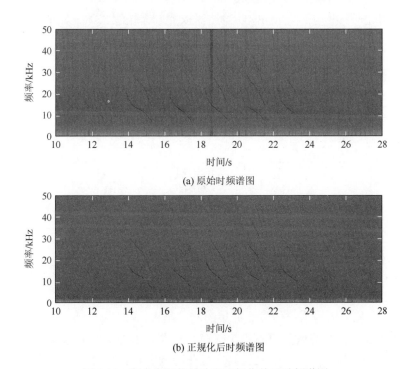

(a) 原始时频谱图

(b) 正规化后时频谱图

图 7.15　瓶鼻海豚信号片段正规化前后时频谱图

如图 7.15 所示，经过正规化处理后，短时宽频的回声定位脉冲时频特征被抑制，背景噪声趋近于高斯白噪声，显著提高了哨声信号特征与噪声背景之间的区分度。

接着，对正规化图像做二值化处理，结果如图 7.16 所示。

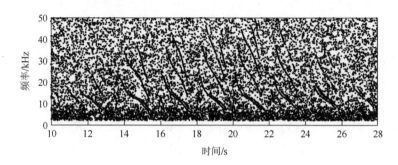

图 7.16   瓶鼻海豚信号片段二值化时频谱图

为了保证较小的漏检概率，二值化阈值设定较小，导致噪声与干扰在二值化后也保留了下来，形成二值化图像中的大量噪点。

对二值化时频谱应用 GM-PHD 滤波器以提取谱轮廓，结果如图 7.17 所示。

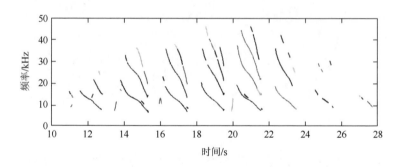

图 7.17   瓶鼻海豚信号片段中提取的谱轮廓

如图 7.17 所示，GM-PHD 滤波器将具有调频特性的哨声信号谱轮廓从噪点中分离出来，其中，某些谱轮廓没有被完整地提取，使得一些提取的谱轮廓呈碎片化。

表 7.1 为基于齿鲸哨声信号数据集的测试结果。

总体而言，提取的瓶鼻海豚谱轮廓在召回率与精确率方面综合表现最佳，这是由于瓶鼻海豚哨声信号信噪比较高，且在时域上存在重合的哨声信号较少，使其更易于提取。相较之下，瓜头鲸哨声信号的信噪比普遍偏低，导致召回率与精确率较低。真海豚哨声信号信噪比较高，然而存在大量能量较高的干扰，即信干比较低，使得召回率较高但精确率却偏低。总而言之，信噪比与信干比是影响谱轮廓提取召回率与精确率的重要因素。较高的信噪比会带来较高的召回率，而较低的信干比会导致较低的精确率。

表 7.1　基于齿鲸哨声信号数据集的谱轮廓提取结果

种类	谱轮廓数量	召回率/%	精确率/%	覆盖率/%
瓶鼻海豚	3208	80	83.3	64.2±23.7
真海豚	2726	85.3	66.6	73.2±24.4
瓜头鲸	2693	60.8	65.3	61±25.6
种类	冗余率/%	平均频率误差/Hz		平均碎片数
瓶鼻海豚	5.2±10.0	141.2±92.0		1.1±0.3
真海豚	12.8±27.8	168.9±106.5		1.5±0.8
瓜头鲸	10.5±17.6	150.5±105.8		1.2±0.4

从提取的哨声信号自身质量的角度，由于真海豚哨声信号较高的信噪比，其覆盖率最高，而信噪比较低的瓜头鲸哨声信号的覆盖率最小。此外，真海豚哨声信号存在大量时间与频率上的重合，而面对这种时频重合的哨声信号，谱轮廓提取时难以将两者完全分离，容易导致提取的谱轮廓碎片化较为严重，最终使得平均碎片数较高。此外，真海豚的哨声信号能量随时间变化也较大，导致谱轮廓中能量较小的部分在二值化时被滤除，产生漏检。虽然 GM-PHD 滤波器的式（7.39）中 $(1-p_{D,k}(x))v_{k|k-1}(x)$ 可以在一定程度上补偿漏检导致的概率假设密度，一定程度上缓解了漏检导致的谱轮廓碎片化，但较严重的漏检还是会恶化碎片化的情况。真海豚与瓜头鲸的哨声信号在调频上更复杂多变，面对时变性较强的信号，在 GM-PHD 滤波中的卡尔曼滤波部分存在惯性，无法跟上较快的谱轮廓变化，导致提取的谱轮廓与谱轮廓真值相比在时间上有所延迟，而这种延迟是导致较高频率误差与较高冗余率的主要因素，尤其是持续时间较短的谱轮廓，是导致较大冗余率方差的主要因素。总之，较高信噪比可以保证较高的覆盖率，时频重合与能量的时变性是导致较高平均碎片数的主要原因，调频的时变性与多目标跟踪的惯性是导致频率误差的主要因素。

7.2　鲸豚动物哨声信号建模

鲸豚动物哨声信号建模是模拟纯净哨声信号以及扩充哨声样本的有效手段。

本节介绍多种鲸豚动物哨声信号模型[8-11]，不同的模型具有不同的复杂度，常规哨声模型是最为常用的哨声模型，能够模拟大多数哨声，而高复杂度模型哨声能够基于若干变量模拟具有复杂调频特性的哨声。所有的模型都旨在使构造的信号尽可能地逼近真实的哨声谱轮廓。

7.2.1 常规海豚哨声模型

1. 基于双曲调频信号模型的海豚哨声建模

本小节介绍基于双曲调频信号（hyperbolic-frequency-modulated waveform，HFM）模型构建特定仿生信号模型。选定上扫频信号和下扫频信号作为特例，只生成该类仿生信号。本小节内容将从数学表达式出发，研究双曲调频信号的特性，分析以双曲调频信号建模仿真海豚哨声的实用性。

双曲调频信号与线性调频信号类似，是一种宽带调频信号，其调频规律为双曲函数。双曲调频信号有三个参数，分别是起始频率 f_1、终止频率 f_2、信号时长 T。若 $f_1 < f_2$，则为双曲调频升调频信号，否则为双曲调频降调频信号。双曲调频信号表达式为[12]

$$s(t) = \left[u(t) - u(t-T)\right]\exp\left(\mathrm{j}\frac{2\pi}{k}\ln(1+kf_1t)\right) \tag{7.64}$$

式中，$u(t)$ 为阶跃信号；k 为调频率，表达式为

$$k = \frac{f_1 - f_2}{Tf_1f_2} \tag{7.65}$$

信号时域波形如图 7.18 所示。相位函数具有对数形式，表达式为

$$\varphi(t) = \frac{2\pi}{k}\ln(1+kf_1t) \tag{7.66}$$

瞬时频率为

$$f(t) = \frac{1}{2\pi}\frac{\mathrm{d}\varphi(t)}{\mathrm{d}t} = \frac{1}{kt+\dfrac{1}{f_1}} \tag{7.67}$$

信号瞬时频率如图 7.19 所示。

因为双曲调频信号调频率不以线性变化，所以带内不同频率能量并非恒定，幅度以反比例函数关系随频率变化，如图 7.20 所示。

双曲调频信号同样具备线性调频信号良好的脉冲压缩特性，如图 7.21 所示。

双曲调频信号的匹配滤波输出波形的主瓣宽度为$1/B$，主瓣高度为$\sqrt{BT}$。除此之外，双曲调频信号还具有多普勒不变性，如图 7.21 所示。

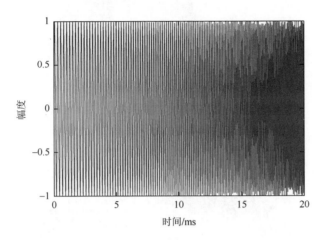

图 7.18　双曲调频信号时域波形

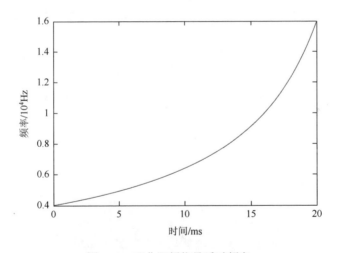

图 7.19　双曲调频信号瞬时频率

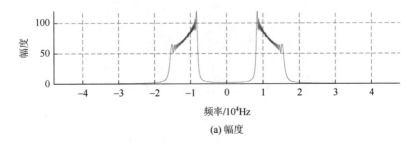

(a) 幅度

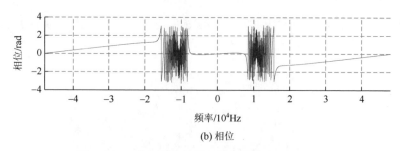

(b) 相位

图 7.20　双曲调频信号傅里叶变换幅度与相位谱

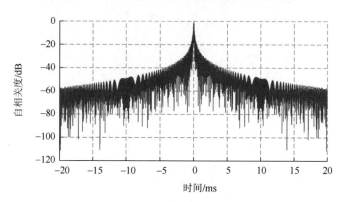

图 7.21　双曲调频信号匹配滤波器归一化输出

设上扫频信号时频曲线起始频率约为 4800Hz，终止频率约为 14300Hz，信号时长为 550ms，带宽为 9500Hz，整体结构与双曲调频信号极为接近。按照此参数，生成双曲调频信号与之对比，如图 7.22 所示，发现双曲调频信号与真实海豚上扫频信号基本一致，可以取代真实海豚哨声信号作为仿生通信码元。

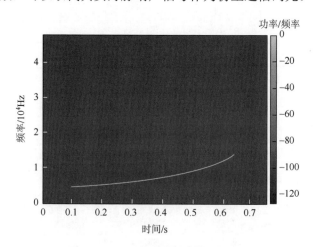

图 7.22　仿上扫频的双曲调频信号

　　前面经过谱轮廓提取得到了仿生信号频谱曲线，通过对比分析确定双曲调频信号可以作为仿生通信基频信号模型。若以双曲调频信号建模合成仿生信号，则必须添加谐波分量，以接近真实生物叫声的时频谱图，时域也应添加窗函数以接近真实生物叫声的包络。经过分析频谱和时域波形确定了对信号添加谐波和时域加窗，最终生成如图 7.23 所示的建模合成仿生信号。

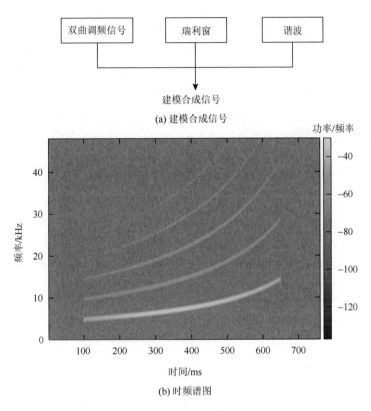

(a) 建模合成信号

(b) 时频谱图

图 7.23　建模合成的仿生信号及其时频谱图

　　通过以双曲调频信号建模产生的仿生信号，在时频特性上有着近似海豚上扫频/下扫频信号的特点，并且人耳听到的声音也与真实生物叫声相差无几。同时，其也具有哨声信号自相关特性良好的特点。

2. 基于正弦波信号模型的海豚哨声建模

　　海豚哨声信号是一个调频谐波信号，可以通过它的包络、基频及谐波来建模仿真，也可以通过计算它的基频和谐波频率成分的能量来测试是否含有重要的信息。算法可以使基频或谐波频率变成一个常数，或者对频率进行调制，压缩或者扩展信号持续时间，采用短时傅里叶变换获得哨声信号频率和幅度参数，采用如式（7.68）所示的正弦波模型对海豚哨声信号进行建模与合成[13]：

$$s[n] = \sum_{r=1}^{R} a_r[n]\sin(2\pi\phi_r[n] + \theta_r)$$

$$= \sum_{r=1}^{R} a_r[n]\cos\left(2\pi\sum_{n=1}^{N}\frac{rf_1[i]}{f_s} + \theta_r\right) \qquad （7.68）$$

式中，R 为谐波次数；$a_r[n]$ 为第 r 次谐波时第 n 点的幅度；$\phi_r[n]$ 为第 r 次谐波时第 n 点的相位。由海豚哨声建模公式（7.68）可知，若要实现海豚哨声信号的合成，需要获得幅度和相位参数。后面会研究如何利用 7.1 节估计出的时频谱包络参数得到信号建模与合成所需要的幅度和相位参数。

由式（7.68）可知，若要实现哨声信号合成，需要知道信号每一个采样点中各次谐波的幅度和相位，首先计算信号第 r 次谐波第 m 个数据块的幅度 $a_r[m]$ 和相位 $\phi_r[m]$，然后通过插值的方法获得每一个采样点的幅值 $a_r[n]$ 和相位 $\phi_r[n]$。

1）能量幅度转化

假设 L 个数据范围内，信号是平稳的，则由式（7.68）可知，第 r 次谐波的第 m 个数据块能量为 $e_r[m]$，令每个数据块第一个采样点为 $a_r[mL] = 2\sqrt{e_r[m]/L}$，为了获得该数据块每一个采样点的值，采用插值的方法，获得其余样本点的幅度值，最终获得 $a_r[n]$。图 7.24 为哨声信号短时谱轮廓能量转化为每个采样点幅度的结果，其中黑线代表一次谐波幅度，红线代表二次谐波幅度，从图中可以看出，处理的哨声信号一次谐波能量大于二次谐波能量。

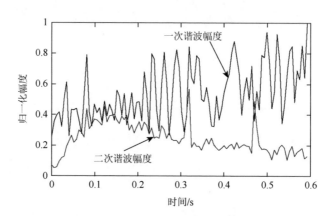

图 7.24　短时谱能量幅度插值转换结果

2）瞬时频率相位转化

瞬时频率表示复平面向量幅角的转速，它定义为对相位的求导，所以每一个采样点相位的估计变为对瞬时频率的积分，如式（7.69）所示：

$$\varphi_r(j) = 2\pi \sum_{i=1}^{j} \frac{f_r[i]}{f_s} \qquad (7.69)$$

由于 $f_r[m] = f(mLT)$，为了重构 $\varphi_r[n] = \varphi(nT)$，以 $\varphi_r[m]$ 为样本点，采用插值的方法，获得其余相位值，最终获得 $\varphi_r[n]$。它是通过瞬时频率积分得到的相位的结果，可以看出相位连续，单调递增。

通过图 7.24 和图 7.25 可以看到，采用前面方法得到了每个采样点的幅度和相位实现信号的合成，进而得到如图 7.26 所示的仿生信号合成时域波形和时频谱图，与原始信号相比，信号谱轮廓形状相同，但是没有海洋环境噪声干扰。由于合成波形过程中没有考虑信号的三次谐波，所以图 7.26 中没有三次谐波分量。

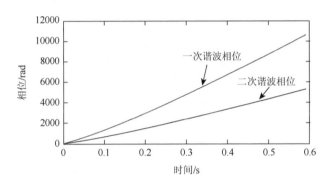

图 7.25　短时谱频率相位插值转换结果

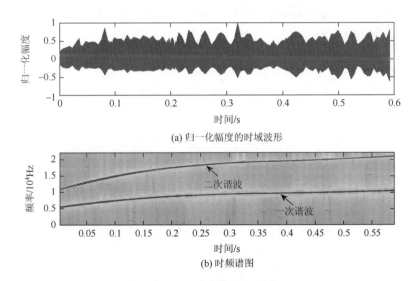

(a) 归一化幅度的时域波形

(b) 时频谱图

图 7.26　仿生信号合成图

对于大多数传统的仿生信号设计方法，它们仅基于相对简单的仿生信号模型，因此无法构造出高相似度的仿生信号来匹配那些复杂的鲸类声音。另外，虽然基于加权信号叠加技术的仿生信号构造方法很少，但是很难调整相关参数以匹配不同的鲸类动物声音或合成其他需要的仿生信号。

7.2.2　高复杂度海豚哨声模型

1. 基于双曲调频信号模型的海豚哨声建模

本小节介绍基于双曲调频信号模型构建仿生信号模型的方法。定义持续时间为 T 的双曲调频信号为[14]

$$s_p(t) = A(t)\sin\left(2\pi\left[\frac{Bt^{\alpha+1}}{(\alpha+1)T^\alpha} + f_0 t\right]\right), \quad 0 \leqslant t \leqslant T \qquad (7.70)$$

式中，f_0 为信号起始频率；B 为信号带宽；α 为曲率调整系数。双曲调频信号的瞬时频率表达式为

$$f_p(t) = B\left(\frac{t}{T}\right)^\alpha + f_0 \qquad (7.71)$$

式（7.71）表明，双曲调频信号的调频斜率由 α 决定，α 的大小决定了时频谱线弯曲的弧度大小及弯曲的方向。当 $\alpha = 1$ 时，$f_p(t)$ 的表达式与线性调频信号表达式相同，即线性调频信号。当 $\alpha \neq 1$ 时，$f_p(t)$ 是非线性调频信号：当 $\alpha > 1$ 时，频谱曲线向下弯曲；当 $\alpha < 1$ 时，频谱曲线向上弯曲，近似海豚哨声上扫频信号。当 $\alpha = 0$ 时，信号为频率 $f_0 + B$ 的连续波信号。当 $B = 0$ 时，信号为频率 f_0 的连续波信号。起始频率 8000Hz、带宽 8000Hz 的双曲调频信号不同 α 取值时的时频曲线如图 7.27 所示。

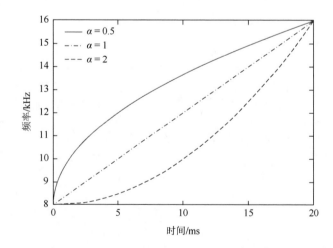

图 7.27　双曲调频信号不同曲率调整系数时时频曲线

2. 基于双曲调频信号模型的海豚哨声建模

本小节介绍基于双曲调频信号模型构建仿生信号模型的方法。定义持续时间为 T 的双曲调频信号为[15]

$$s_s(t) = A(t)\sin\left(2\pi\left(-\frac{BT}{2\pi}\sin\frac{\pi t}{T} + f_c t\right)\right), \quad 0 \leqslant t \leqslant T \quad (7.72)$$

式中，f_c 为信号中心频率；B 为信号带宽。双曲调频信号的瞬时频率表达式为

$$f_s(t) = -\frac{B}{2}\cos\frac{\pi t}{T} + f_c \quad (7.73)$$

式（7.73）表明，双曲调频信号瞬时频率呈现三角函数的变化规律，等同于一个幅度为 $B/2$ 的余弦函数搬移到频率为 f_c 的轴上，瞬时频率围绕 f_c 变化。双曲调频信号时频曲线如图 7.28 所示。

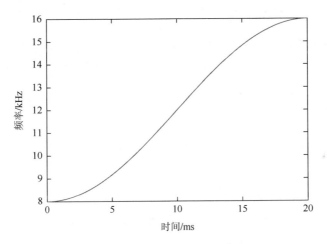

图 7.28　双曲调频信号时频曲线

一旦双曲调频信号的频带范围和持续时间固定，则其频谱轮廓和调频斜率都不能改变。因此，需要向信号中添加参数，在保证信号特性不产生较大变化的前提下，控制频谱轮廓的斜率。

3. 基于 SFMB 信号模型的海豚哨声建模

本小节介绍基于正弦调频仿生（sinusoidal frequency modulation bionic，SFMB）模型构建仿生信号模型的方法。定义持续时间为 T 的 SFMB 信号瞬时频率表达式为[16]

$$f(t) = (B - hT)\sin^\beta\left(\frac{\pi t}{2T}\right) + ht + f_0 \quad (7.74)$$

式中，f_0 是信号起始频率；B 是信号带宽；β 是曲率调整系数（$0 < \beta$）；h 是斜率调整系数（$0 \leqslant h \leqslant B/T$）。

SFMB 信号的时域波形表达式为

$$s(t) = A(t)\cos\left(2\pi\int_{\tau=0}^{t} f(\tau)\mathrm{d}\tau\right)$$

$$= A(t)\cos\left(2\pi\int_{\tau=0}^{t}\left[(B-hT)\sin^{\beta}\left(\frac{\pi\tau}{2T}\right)+h\tau+f_0\right]\mathrm{d}\tau\right) \quad (7.75)$$

当 $h = 0$、$\beta = 2$ 时，式（7.75）完全等同于双曲调频信号模型。当 $h = 0$、$\beta = 0$ 时，信号为频率 $f_0 + B$ 的连续波信号。当 $h = B/T$、$\beta = 0$ 时，式（7.75）等同于线性调频信号模型。因此，可以通过调整 β 和 h 两个参数来生成具有不同谱轮廓的信号。

从式（7.75）中可以看出，信号 $s(t)$ 的约束条件扩展到 B、f_0、h、β 四项。对于某种海豚哨声信号，首先可以确定信号的持续时间和频带范围，然后调整 h、β 参数来拟合频谱轮廓的倾斜角度和曲线弧度。

保持 β 不变、改变 h，绘制频谱轮廓如图 7.29 所示。可以看出 h 表示信号的斜率，即倾斜角度。h 取最大值 B/T 时，SFMB 模型生成线性调频信号，即图中虚线。随着 h 减小，时频曲线逐渐远离线性调频谱线。

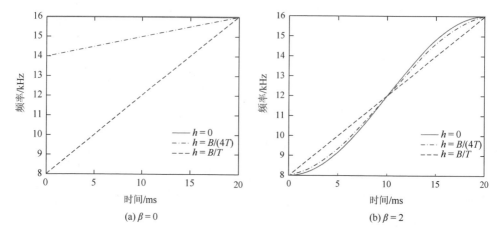

图 7.29 保持 β 不变、改变 h 的频谱轮廓

保持 h 不变、改变 β，绘制频谱轮廓如图 7.30 所示。可以看出 β 表示信号的曲率。当 $\beta = 2$ 时，SFMB 模型生成双曲调频信号；当 $\beta < 2$ 时，随着 β 逐渐减小，信号频率整体上移，呈现出频谱轮廓上凸；当 $\beta > 2$ 时，随着 β 逐渐增大，信号频率整体下移，呈现出频谱轮廓下凹。

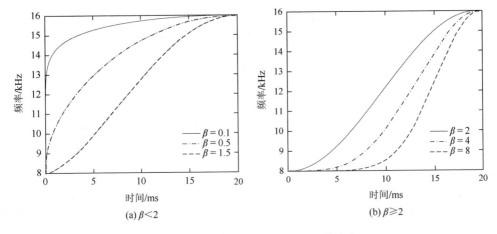

图 7.30　保持 h 不变、改变 β 的频谱轮廓

SFMB 模型是一种适用性广的通用仿生信号模型，通过改变 h 和 β 的取值，可以得到多种信号，调整特定取值并且组合多个信号，可以生成与海豚哨声信号极为接近的仿生信号。

从通信的稳定性考虑，多样的信号容易造成接收端混叠，且不同信号的主要能量分布、匹配滤波器输出、抗多普勒性能等各有不同。在水下高速运动的平台上使用时，其产生的多普勒频移造成信号难以分辨，通信性能严重下降。同时，多样的信号也造成接收端识别复杂度大幅度提高。从通信的鲁棒性角度出发，只需要一种多普勒容限高的信号即可。

7.3　本章小节

本章介绍了鲸豚动物哨声信号特征提取方法及建模合成方法。在特征提取方面，介绍了适用于提取单条谱轮廓的最大值提取法，包含对提取谱轮廓进一步做降噪处理的后置处理方法。此外，还介绍了能够同时提取多条谱轮廓的基于多目标跟踪的提取方法，该方法更适用于海量数据处理。

在哨声信号建模方面，介绍了常规的海豚哨声建模方法，其中基于双曲调频信号的方法能够模拟具有上下调频特性的哨声，而正弦波信号能够基于真实的谱轮廓参数模拟复杂哨声信号。此外，还介绍了高复杂度海豚哨声模型，相较于双曲调频信号，这类模型具有更多可调节参数，能够模拟具有更复杂调频特性的哨声信号。

参 考 文 献

[1]　Mellinger D K，Stafford K M，Moore S E，et al. An overview of fixed passive acoustic observation methods for

cetaceans[J]. Oceanography，2007，20（4）：36-45.

[2]　　Gillespie D，Caillat M，Gordon J，et al. Automatic detection and classification of odontocete whistles[J]. The Journal of the Acoustical Society of America，2013，134（3）：2427-2437.

[3]　　刘淞佐. 仿生隐蔽水声通信技术研究[D]. 哈尔滨：哈尔滨工程大学，2014.

[4]　　浦王轶. 鲸豚动物社交信号时频特征提取关键技术研究[D]. 哈尔滨：哈尔滨工程大学，2023.

[5]　　Mallawaarachchi A，Ong S H，Chitre M，et al. Spectrogram denoising and automated extraction of the fundamental frequency variation of dolphin whistles[J]. The Journal of the Acoustical Society of America，2008，124（2）：1159-1170.

[6]　　Vo B N，Ma W K. The Gaussian mixture probability hypothesis density filter[J]. IEEE Transactions on Signal Processing，2006，54（11）：4091-4104.

[7]　　Gruden P，White P R. Automated tracking of dolphin whistles using Gaussian mixture probability hypothesis density filters[J]. The Journal of the Acoustical Society of America，2016，140（3）：1981-1991.

[8]　　Gruden P，White P R. Automated extraction of dolphin whistles：A sequential Monte Carlo probability hypothesis density approach[J]. The Journal of the Acoustical Society of America，2020，148（5）：3014-3026.

[9]　　ElMoslimany A，Zhou M，Duman T M，et al. An underwater acoustic communication scheme exploiting biological sounds[J]. Wireless Communications and Mobile Computing，2016，16（15）：2194-2211.

[10]　Liu S Z，Ma T L，Qiao G，et al. Biologically inspired covert underwater acoustic communication by mimicking dolphin whistles[J]. Applied Acoustics，2017，120：120-128.

[11]　Jiang J J，Sun Z B，Duan F J，et al. Disguised bionic sonar signal waveform design with its possible camouflage application strategy for underwater sensor platforms[J]. IEEE Sensors Journal，2018，18（20）：8436-8449.

[12]　Yuan Y T，Zhang L，Sun W. Waveform design of covert communication signal for bionic active sonar[C]. IEEE International Conference on Signal Processing，Communications and Computing，Xiamen，2018：1-6.

[13]　马天龙. 仿鲸目动物哨声水声通信技术研究[D]. 哈尔滨：哈尔滨工程大学，2017.

[14]　Papandreou-Suppappola A. Time-Frequency Processing：Tutorial on Principles and Practice[M]//Papandredu-Suppappola A. Applications in Time-Frequency Signal Processing. Carabas：CRC Press，2002.

[15]　Wang Y，Wang Z F，Zhao B，et al. Parameters estimation of sinusoidal frequency modulation signal with application in synthetic aperture radar imaging[J]. Journal of Applied Remote Sensing，2016，10（2）：020502.

[16]　Jiang J J，Sun Z B，Duan F J，et al. Synthesis and modification of cetacean tonal sounds for underwater bionic covert detection and communication[J]. IEEE Access，2020，8：119980-119994.

第8章 哨声信号分类

海豚复杂而高度发达的通信系统反映了它们社会关系的复杂性，种群之间和种群内部的哨声信号存在着明显的差异。哨声的种类与海豚的行为相关，有些种类的哨声可以用来传达有关个体物种身份的特定信息。海豚幼崽的存在、觅食、环境噪声和社会行为同时也与哨声的变化相关，表明长而复杂的音调能够促进社会群体的凝聚力。瓶鼻海豚个体的水下行为与非特征哨声的产生存在着很大的相关性。其中哨声的产生与游泳速度的快慢呈现正相关，与身体接触呈现负相关，这表明同一物种的海豚发出的不同哨声类型表明了其特定行为。因此，对海豚个体的哨声进行分类，对于研究海豚的行为和社会关系以及保护海豚至关重要。哨声信号分类技术主要基于每个哨声信号的时频特性，从信号的角度对哨声信号进行分类[1]。

8.1 线性判别器

线性判别分析（linear discriminant analysis，LDA）[2]是一个比较基础的分类方法。线性判别器是将多维空间中的向量映射到一个合适的向量空间，希望能够抽取样本类别和压缩特征维数，即期望在该空间不同类别的点的投影距离相对较远，而相同类别的点的投影距离相对较近，进而保证样本类别的可分离性。线性判别类间距离和类内距离示意图如图 8.1 所示。

给定样本 $x = (x^{(1)}, x^{(2)}, \cdots, x^{(n)})^{\mathrm{T}}$，这里 $x^{(n)}$ 为样本 x 的第 n 个特征向量，拟合出的线性模型为 $y = w^{\mathrm{T}} x$，其中 $w = (w^{(1)}, w^{(2)}, \cdots, w^{(n)})^{\mathrm{T}}$ 为每个特征向量对应的权重组成的权值向量。

对于二分类问题，将样本分类标签为 0 和 1，将样本中每个特征的平均值组成特征向量，记为 μ_0 和 μ_1：

$$\mu_0 = \left(\mu_0^{(1)}, \mu_0^{(2)}, \cdots, \mu_0^{(n)} \right)^{\mathrm{T}} \tag{8.1}$$

$$\mu_1 = \left(\mu_1^{(1)}, \mu_1^{(2)}, \cdots, \mu_1^{(n)} \right)^{\mathrm{T}} \tag{8.2}$$

对应的样本之间的协方差矩阵为 Σ_0 和 Σ_1。两类样本在直线上的投影分别为 $w^{\mathrm{T}} \mu_0$ 和 $w^{\mathrm{T}} \mu_1$。

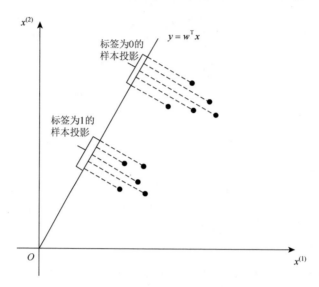

图 8.1　线性判别类间距离和类内距离示意图

　　线性判别的思想就是期望同种类之间的样本投影的方差尽可能小，不同种类样本之间的距离尽可能大。$w^{\mathrm{T}}\Sigma_0 w$ 和 $w^{\mathrm{T}}\Sigma_1 w$ 是同种类样本间的方差，期望 $w^{\mathrm{T}}\Sigma_0 w + w^{\mathrm{T}}\Sigma_1 w$ 值尽可能小。$\left\| w^{\mathrm{T}}\mu_0 - w^{\mathrm{T}}\mu_1 \right\|^2$ 表示两类样本间的距离，该期望值尽可能大。由此得出目标函数为

$$J = \frac{\left\| w^{\mathrm{T}}\mu_0 - w^{\mathrm{T}}\mu_1 \right\|^2}{w^{\mathrm{T}}\Sigma_0 w + w^{\mathrm{T}}\Sigma_1 w} \tag{8.3}$$

　　为使目标函数尽可能大，利用拉格朗日乘子法将目标函数进行最优化求解。

8.2　基于局部二值模式特征的 K-最近邻法海豚哨声分类

8.2.1　局部二值模式

　　局部二值模式（local binary pattern，LBP）算法是图像处理领域的经典算法，由 Ojala 等[3]于 1994 年提出，主要用于提取图像的局部特征。局部二值模式算法凭借自身的灰度不变性与旋转不变性，在人脸分析、纹理分类等领域广泛应用。
　　如图 8.2 所示，局部二值模式算法是在 3×3 窗口内进行操作。在 3×3 邻域内，将中心位置的像素作为阈值，将邻域内的 8 个像素依次与阈值进行判决：大于等于阈值，则该位置的像素记为 1，反之记为 0。再将产生的 8 个二进制数转为十进制数，所得结果就是该 3×3 邻域的中心像素点的局部二值模式值，用来反映该区域的纹理信息。

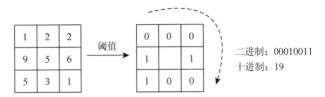

图 8.2 局部二值模式算法原理图

局部二值模式算法用公式可以表示为

$$\mathrm{LBP}(x_c, y_c) = \sum_{p=0}^{P-1} 2^p s(i_p - i_c) \tag{8.4}$$

式中，(x_c, y_c) 为中心点；i_c 与 i_p 分别为中心点与相邻采样点的灰度值；s 为符号函数，$x \geq 0$ 时 $s(x)=1$，$x < 0$ 时 $s(x)=0$。

随着局部二值模式算法应用的深入，人们发现传统局部二值模式算法的覆盖区域过于狭小，对某些特征信息的提取过程太过烦琐耗时。为了满足不同尺寸的纹理特征的需要，Ojala 等[3]将局部二值模式算法的区域从方形变成圆形，增加区域的覆盖范围，提高运算速率。于是，改进后的局部二值模式算法从最基本的 3×3 邻域扩展到任意邻域，并采用半径为 R、采样点数为 P 的圆形邻域作为局部二值模式算子，如图 8.3 所示。

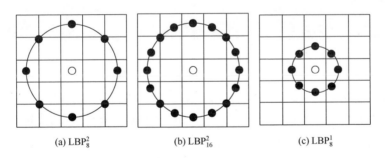

(a) LBP_8^2 (b) LBP_{16}^2 (c) LBP_8^1

图 8.3 圆形局部二值模式算子

以图 8.3（a）为例，定义一个 5×5 的邻域，圆形局部二值模式算子的半径为 2、采样点数为 8，可以表示为 LBP_8^2。圆形局部二值模式算子中 8 个采样点的位置坐标可以通过式（8.5）和式（8.6）计算：

$$x_p = x_c + R\cos\left(\frac{2\pi p}{P}\right) \tag{8.5}$$

$$y_p = y_c - R\sin\left(\frac{2\pi p}{P}\right) \tag{8.6}$$

式中，(x_c, y_c) 为中心点；(x_p, y_p) 为采样点，$p \in P$。但有时计算得到的采样点的坐标不一定是整数，这时可以采用双线性插值法计算该采样点的像素值，如式（8.7）所示：

$$f(x,y) \approx \begin{bmatrix} 1-x & x \end{bmatrix} \begin{bmatrix} f(0,0) & f(0,1) \\ f(1,0) & f(1,1) \end{bmatrix} \begin{bmatrix} 1-y \\ y \end{bmatrix} \tag{8.7}$$

　　局部二值模式用于分类识别时，通常采用局部二值模式特征谱的统计直方图作为样本的特征。在计算局部二值模式特征统计直方图时，常采用分块法来实现，即将整个图像分成若干块，分别计算每个子区域内的特征直方图，再将各个子区域的直方图组合在一起，得到整个图像的局部二值模式统计直方图，作为分类识别时的样本特征。以凸型信号为例，将哨声信号分成 16 个子区域，分割方式如图 8.4 所示。

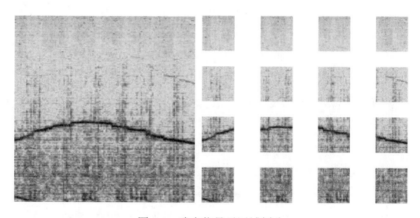

图 8.4　哨声信号子区域划分

　　以统计直方图作为特征向量，采用 LBP_8^1 算子计算六类哨声信号每个子区域的特征值，从而得到整体的特征。但从哨声时频谱图的局部二值模式统计直方图中不能看出各类信号特征向量间的差异，它只是作为分类器的输入，通过分类器内部的操作对不同的特征进行分类识别，如图 8.5 所示。

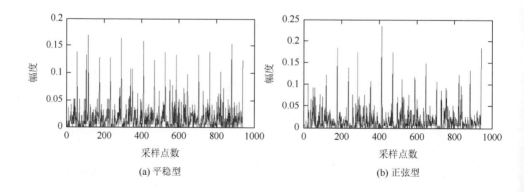

(a) 平稳型　　　　　　　　　　　(b) 正弦型

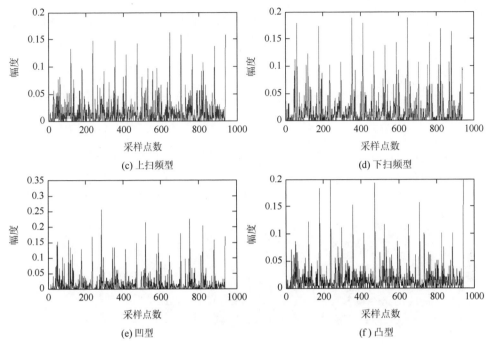

图 8.5   六类哨声信号的局部二值模式特征向量

8.2.2   *K*-最近邻法

K-最近邻法是一种惰性学习分类算法[4]，最初由 Cover 和 Hart 于 1968 年提出，目前该算法在理论上比较成熟。K-最近邻法的核心思想是，在整个特征空间内，如果距离目标样本最近的 K 个样本中，绝大多数都属于某一类，那么判断该目标样本也归属为这类，并具有该类样本的所有特性。

通常，影响 K-最近邻分类器的因素有距离与 K 值的选取。距离的度量方法有很多，如欧氏距离、曼哈顿距离、夹角余弦、马氏距离等，比较常用的是欧氏距离。如式（8.8）所示，哨声信号 x_i 与 x_j 之间的欧氏距离可表示为

$$d(x_i, x_j) = \sqrt{\sum_{r=1}^{n}(a_r(x_i) - a_r(x_j))^2} \qquad (8.8)$$

式中，x 的特征向量可以写为 $\{a_1(x), a_2(x), \cdots, a_n(x)\}$，$a_r(x)$ 为 x 的第 r 个属性值。

K 值则取决于训练样本，通常对样本数据反复训练来调整 K 值的大小。由于 K 值的选取方式不够严格，反复训练会加大算法的运算量，十分消耗时间。此外，分类的准确程度与样本也有很大关系，如果样本分布不均匀，即某一类的样本很多，而其他类样本很少，那么在识别过程中，很可能出现误判的现象。因此，在使用 K-最近邻分类器时，需要均匀分配训练样本、合理设置参数，以提高识别精

度。为保证哨声样本的一致性，基于哨声信号的时频分析结果，采用二值化处理方式，将哨声信号处理为像素大小相同的样本，操作流程如图 8.6 所示。

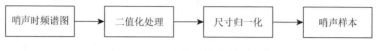

图 8.6　哨声信号样本预处理

二值化是将图像像素点的灰度值变成 0 或 255，直观来看图像只有黑白两色，其中黑色对应灰度值 0，白色对应灰度值 255。这里将哨声信号样本的像素大小调整为 64×64，形成规格统一的哨声样本，六类哨声信号样本的预处理结果如图 8.7 所示。

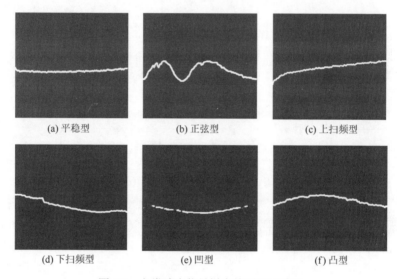

(a) 平稳型　　　　　　(b) 正弦型　　　　　　(c) 上扫频型

(d) 下扫频型　　　　　　(e) 凹型　　　　　　(f) 凸型

图 8.7　六类哨声信号样本的预处理结果

8.2.3　局部二值模式特征提取算法与 K-最近邻分类器结合

将局部二值模式特征提取算法与 K-最近邻分类器结合，实现哨声信号的自动分类[5]。本方法可以在 MATLAB 平台进行实验，所用的哨声样本数据来自沃特金斯海洋哺乳动物声音数据库[6]。首先将处理后的哨声信号样本分为两部分，一部分用于构建样本数据库，另一部分用于测试。样本数据库的构建步骤如下：

（1）对采集到的哨声信号进行预处理，形成像素大小相同的样本。

（2）将样本分割成若干个子区域，采用局部二值模式算法提取哨声特征，将每个样本的特征向量存入数据库。

实验中，训练样本 300 个（每类 50 个），测试样本有七组：第一组是六类哨声的混合样本，样本总数 120 个（每类 20 个）；其余六组是六类单独的哨声样本，即凹型、下扫频型、上扫频型、平稳型、凸型、正弦型，每类样本 20 个。

首先将哨声信号处理为像素大小 64×64 的统一样本，并将每个样本划分成 16 个子区域，采用 LBP_8^1 算子提取子区域特征；K-最近邻分类器的 K 值设为 1～10。则该算法对第一组混合测试样本的识别结果如表 8.1 所示。

表 8.1　第一组混合测试样本的识别结果

K 值	识别率/%
1	95
2	95
3	91.67
4	93.33
5	90
6	90
7	89.71
8	90.83
9	90
10	90

从表 8.1 中可以看出，在不同的 K 值下，该算法的识别结果绝大部分都达到了 90%，当 K 值为 1 和 2 时，识别结果最高，准确率可达 95%。其次对第二组六类哨声样本进行测试，实验条件为：训练样本 300 个；采用 LBP_8^1 算子，样本划分为 16 个子区域；分类器 K 值设为 1。各类哨声的识别结果如表 8.2 所示。

表 8.2　第二组混合测试样本的识别结果

实际类型	凹型	下扫频型	上扫频型	平稳型	凸型	正弦型
凹型	**20**	0	0	0	0	0
下扫频型	0	**20**	0	0	0	0
上扫频型	5	0	**14**	0	0	1
平稳型	0	0	0	**20**	0	0
凸型	0	0	0	0	**20**	0
正弦型	0	0	0	0	0	**20**
识别率/%	100	100	70	100	100	100

注：粗体代表最优结果。

表 8.2 中加粗的黑体表示标签正确识别的个数。从表中可以看出，有五类哨声信号可以实现较为精准的分类，识别率均可达到 100%。但在识别上扫频型信号时存在误判现象，将上扫频型信号识别为凹型信号或正弦型信号。该现象与样本有关，各

类样本间都存在部分相似性，可能导致识别出错。这也与训练样本的数量有关，本章使用的训练样本相对较少，样本特征不够全面，在分类识别中也会出现误判情况。

最后，对局部二值模式特征提取时划分子区域个数对识别效果的影响进行实验分析。表 8.3 给出了不同子区域划分个数下的识别结果，其中特征提取采用圆形 LBP_8^1、分类器 K 值设为 1。从识别结果可以看出，当子区域划分个数为 16、32、64 时，识别率均能超过 92%；当划分为 4 个子区域时，识别率略有降低。而子区域的划分方式对识别结果影响不大。

表 8.3　不同子区域划分个数时的识别结果

子区域划分个数	子区域行数	子区域列数	正确识别数量	错误识别数量	识别率/%
4	2	2	107	13	89.17
16	2	8	114	6	95.00
	4	4	114	6	95.00
	8	2	111	9	92.50
32	2	16	113	7	94.17
	4	8	114	6	95.00
	8	4	114	6	95.00
	16	2	112	8	93.33
64	4	16	114	6	95.00
	8	8	113	7	94.17
	16	4	114	6	95.00

8.3　基于哨声时频谱图的卷积神经网络的分类

8.3.1　卷积神经网络

深度学习在图像识别领域和语音识别领域取得了极佳的成果[7]。卷积神经网络是深度学习中一种重要的模型，由于分类识别准确率极高，现今被广泛应用[8]。

卷积神经网络的一大优势就是该模型不仅是一个分类识别准确率极高的分类器，它还包含了特征提取的过程，这将降低前期数据特征提取的难度和时间。这也是本章选取卷积神经网络作为多种类海洋声学信号识别模型的原因。海洋生物叫声、人为通信信号以及航运船只声音等海洋中的声音，由于声源、发声机理、发声目的等不同，信号的特性也不同，因此寻找一种能够准确描述各类海洋声音的特征提取方案非常困难，而卷积神经网络刚好可以解决这一难题。

卷积神经网络由输入层、隐含层和输出层组成。输入层是指对输入数据进行简单预处理的处理层，通常在这一层设置输入图像的大小，对图像进行预处理，如数据标准化等。输出层通常承接着隐含层中的全连接层，使用逻辑函数即 Softmax 函数输出分类的标签结果。

8.3.2 分类任务模型评估指标

通常分类任务模型采用的评估指标为混淆矩阵，如表 8.4 所示。

表 8.4 混淆矩阵

真实情况	预测结果	
	正样本	负样本
正样本	TP	FN
负样本	FP	TN

其中，精确率表示分类正确的能力，表示为

$$精确率 = \frac{TP}{TP + FP} \tag{8.9}$$

召回率也称为查全率，是模型能够正确分类出所有该类型样本的能力，即模型能分类出的样本占真实样本的比例：

$$召回率 = \frac{TP}{TP + FN} \tag{8.10}$$

F-score 为精确率与召回率的调和平均值：

$$F\text{-score} = \frac{2 \times 精确率 \times 召回率}{精确率 + 召回率} \tag{8.11}$$

式中，F-score 通常作为分类问题的测评方法，能够用于同时评价分类结果的精确率和召回率。准确率的计算公式如下：

$$准确率 = \frac{n_{correct}}{n_{total}} \tag{8.12}$$

式中，n_{total} 为总样本数；$n_{correct}$ 为分类正确的样本数。

8.3.3 卷积神经网络分类结果

应用前面设计的卷积神经网络对海豚的六类哨声信号进行分类识别。神经网络的训练样本共 300 个，其中每类 50 个。训练样本中的信号形态各异，部分信号还存在少量的噪声干扰。批处理尺寸 Batchsize 为 10，激活函数为 ReLu，池化方式为均值池化，共迭代 1200 次。

测试样本有七组，第一组是混合样本，为 120 个六类混合的样本，每类 20 个；其余六组是六类单独的哨声样本，凹型、下扫频型、上扫频型、平稳型、凸型、正弦型，每类样本 20 个。

测试结果如表 8.5 所示，由表中数据可以看出，该神经网络对混合样本的正确识别率达 80%。此外，该网络对各类样本单独分类识别时，识别效果也较为理想。表中对凹型、下扫频型、平稳型哨声样本的识别率比较理想，均能达到正确分类识别，但在识别上扫频型、凸型、正弦型时，会出现个别错误，尤其是在正弦型信号的识别上，准确率不高。在仿真中，从对正弦型哨声样本的仿真输出结果可以看出，网络对于正弦型信号的判别结果，除了正弦型，还有凹型、下扫频型、上扫频型以及凸型。其原因可能在于，正弦型信号与除了平稳型信号外的其他四类信号（凹型、下扫频型、上扫频型、凸型）的轮廓曲线形状比较相近，又由于训练样本的各类信号形状各有不同，所以在对正弦型信号的识别上会错判为与其形状相似的信号。

测试结果表明，卷积神经网络能够对大多数海豚哨声信号做出正确分类识别。

表 8.5　卷积神经网络测试结果

测试样本	样本数量	识别率/%
混合样本	120	80
凹型	20	100
下扫频型	20	100
上扫频型	20	80
平稳型	20	100
凸型	20	95
正弦型	20	5

8.4　基于哨声时频谱图迁移学习的微调卷积神经网络的分类

模型权重最初在 ImageNet 数据库上训练，该数据库中包含了 1000 类对象的图片并且其预先训练的权重可以被不同任务或领域运用。该方法是有效的，由于预训练模型是在大量不同特征的图像上训练的，并且模型对大量的标签进行了训练，模型可以有效地学习从图像中提取特征，并同时能在白鲸哨声分类的问题上表现出良好的性能。通常选择三种卷积神经网络模型 VGG16、ResNet50 以及 DenseNet121 进行微调迁移。

8.4.1　微调 VGG16 迁移模型

VGG16 是由牛津大学的视觉几何小组（Visual Geometry Group）提出的卷积神经网络模型[9, 10]，下面介绍 VGG16 的模型结构。VGG16 采用的结构较为简洁，包括 13 个卷积层和 3 个全连接层，网络的输入为 RGB 图像，通道数为 3，具体模型结构如表 8.6 所示。

表 8.6　VGG16 的模型结构

层	VGG16	输出尺寸
卷积层	3×3Conv-64 stride1 3×3Conv-64 stride1	256×256
池化层	2×2Max Pool stride2	128×128
卷积层	3×3Conv-128 stride1 3×3Conv-128 stride1	128×128
池化层	2×2Max Pool stride2	64×64
卷积层	3×3Conv-256 stride1 3×3Conv-256 stride1 3×3Conv-256 stride1	64×64
池化层	2×2Max Pool stride2	32×32
卷积层	3×3Conv-512 stride1 3×3Conv-512 stride1 3×3Conv-512 stride1	32×32
池化层	2×2Max Pool stride2	16×16
卷积层	3×3Conv-512 stride1 3×3Conv-512 stride1 3×3Conv-512 stride1	16×16
池化层	2×2Max Pool stride2	8×8
全连接层	FC-4096 FC-4096 FC-1000	—

表 8.6 中，Conv3-64 是指滤波器通道数为 64，每个滤波器内的卷积核通道数为 3；Conv3-128 是指滤波器通道数为 128，每个滤波器内的卷积核通道数为 3，以此类推。Max Pool 为最大池化层，FC-1000 表示全连接层的节点数为 1000，对应 VGG16 的分类类别数，最后进行 Softmax 输出 1000 个预测结果。

模型的输入为 256×256×3，图像的大小为 256×256×3，通道数为 3。该网络的详细计算过程如下：

（1）输入图像通道数 3，通过两个通道数为 64 的滤波器，滤波器的卷积核通道数 3，卷积核尺寸为 3×3，激活函数为 ReLu，输出图像尺寸为 256×256×64。

（2）最大池化层，池化层尺寸为 2×2，步长为 2，输出图像尺寸为 128×128×64。

（3）两个通道数为 128 的滤波器，卷积核尺寸为 3×3，激活函数为 ReLu，输出图像尺寸为 128×128×128。

（4）最大池化层，输出图像尺寸为 64×64×128。

（5）三个通道数为 256 的滤波器，卷积核尺寸为 3×3，激活函数为 ReLu，输出图像尺寸为 64×64×256。

（6）最大池化层，输出图像尺寸为 16×16×512。

（7）三个通道数为 512 的滤波器，卷积核尺寸为 3×3，激活函数为 ReLu，输出图像尺寸为 32×32×512。

（8）最大池化层，输出图像尺寸为 16×16×512。

（9）三个通道数为 512 的滤波器，卷积核尺寸为 3×3，激活函数为 ReLu，输出图像尺寸为 16×16×512。

（10）最大池化层，输出图像尺寸为 8×8×512。

（11）经过平铺层将数据变换为一维，3 层全连接层后输出 1000 类预测结果。

以上为官方在 ImageNet（ensneble Deng2009）数据库上训练的 VGG16 模型。使用时保留了预训练好的 VGG16 模型前 13 层的权重，并对后 3 层的超参数进行微调，最后增加了全连接层、正则化层及输出层，微调 VGG16 迁移模型如图 8.8 所示。

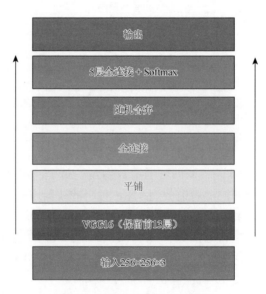

图 8.8　微调 VGG16 迁移模型

去除了 VGG16 的最后 3 层全连接层，仅保留了前 13 层的权重及结构。

（1）输入图像尺寸为 256×256×3，经过 VGG16 的 13 层网络，输出图像尺寸为 8×8×512。

（2）经过平铺层，将数据转换为一维，参数为 32768。

（3）全连接层，节点数为 512，激活函数为 ReLu。

（4）正则化层，随机舍弃率为 0.5。

（5）通过 Softmax 进行计算，全连接层节点为 5，对应白鲸哨声的 5 个种类。

该模型的特点是采用堆叠 3×3 的卷积核和 2×2 的池化核，卷积核扩大通道数，池化核缩小尺寸，使模型在变深的同时，计算量缓慢增加，参数更少，网络的计算量更低。

8.4.2　微调 ResNet50 迁移模型

ResNet 残差网络（residual network）模型是由 He 等[10]提出的，ResNet 模型使训练层数达到数百层甚至上千层，并且性能很好，因此该模型迅速成为计算机视觉任务中使用最为广泛的模型结构之一。

图 8.9 为 ResNet50 的模型结构，主要分为三部分，左侧为 ResNet50 模型的整体架构，中间为每一个步骤的详细结构，右侧为瓶颈的详细结构，其中 BTNK1 为卷积块，BTNK2 为恒等块。其中，CONV 为卷积，BN 为批归一化，ReLu 为激活函数。下面详细介绍 ResNet50 模型的基本构成，并对瓶颈进行简要分析。ResNet 模型使每一个节点学习到的不再是参数本身，而是残差。

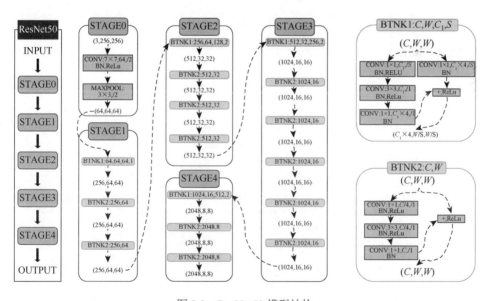

图 8.9　ResNet50 模型结构

ResNet 通过恒等映射和残差映射解决网络退化问题，如图 8.10 所示。恒等映射为图中弯线部分，残差映射为图中剩余部分。这种连接方式为快捷连接。将某

层数据输出跳过多层引到后面数据层的输入，残差结构的公式为

$$x_{l+1} = x_l + F(x_l, W_l) \tag{8.13}$$

式中，l 为层数；x 为特征；W_l 为权重；F 为残差函数。

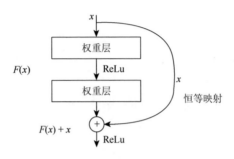

图 8.10　残差网络

通过递归，任意单元 L 的特征表达为

$$x_L = x_l + \sum_{i=l}^{L-1} F(x_i, W_i) \tag{8.14}$$

单元 L 的特征 x_L 为浅层单元 l 的特征 x_l 加上 $\sum_{i=l}^{L-1} F(x_i, W_i)$ 的残差函数，则对于单元 L，有

$$x_L = x_0 + \sum_{i=0}^{L-1} F(x_i, W_i) \tag{8.15}$$

设损失函数为 ε，根据反向传播的链式法得出

$$\frac{\partial \varepsilon}{\partial x_l} = \frac{\partial \varepsilon}{\partial x_L} \frac{\partial x_L}{\partial x_l} = \frac{\partial \varepsilon}{\partial x_L} \left(1 + \frac{\partial}{\partial x_l} \sum_{i=1}^{L-1} F(x_i, W_i) \right) \tag{8.16}$$

式(8.16)分为两部分：不通过权重层的传递 $\dfrac{\partial \varepsilon}{\partial x_L}$；通过权重层传递 $\dfrac{\partial \varepsilon}{\partial x_L} \dfrac{\partial}{\partial x_l} \sum\limits_{i=1}^{L-1} F(x_i, W_i)$。第一部分保证了信号直接传回至 x_l 层，第二部分防止了梯度消失的现象，因为 $\dfrac{\partial}{\partial x_l} \sum\limits_{i=1}^{L-1} F(x_i, W_i)$ 不可能为 1，解决了网络深度加深而产生的学习效率变低与准确率无法有效提升的问题。

在 ImageNet（ensneble Deng2009）数据库上训练的 ResNet50 模型，训练整个模型的情况下，使用 ResNet50 预先训练的权重，并通过添加全连接层、正则化层以及输出层来微调参数，网络结构如表 8.7 所示。

表 8.7　微调 ResNet50 迁移模型网络结构

网络结构	输出尺寸
Input	256×256×3
ResNet50	8×8×2048
Global_average_Pooling	2048
FC-512	512
FC-5	5

8.4.3　微调 DenseNet121 迁移模型

DenseNet 模型是用于视觉对象识别的最新的神经网络之一[11]。图 8.11 为 DenseNet 模型网络前面层与后面层之间的短路连接。

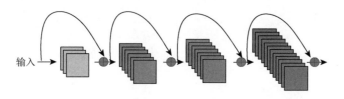

● 代表元素级别相加

图 8.11　DenseNet 模型的短路连接机制

该模型与 ResNet 较为相似,DenseNet 采用密集连接机制,即连接每个层,如图 8.12 所示。每个层与前面所有层在通道维度上通过 concat(连接)实现特征重用,作为下一层的输入。该网络机制减缓了梯度消失的现象,在减少参数和计算量的同时,实现了比 ResNet 更优的性能。

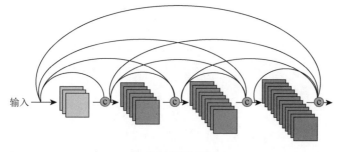

ⓒ 代表通道维度相加

图 8.12　DenseNet 模型的密集连接机制

　　该网络可以避免梯度消失，提高特征的传播效率，同时能减少网络参数。这里采用 DenseNet121 模型，下面详细介绍该模型的结构。

　　如表 8.8 所示，输入后通过一个卷积层和一个最大池化层，之后分别是稠密块和过渡层，最后通过 Global Average Pool（简称为 GAP），FC 代表全连接层，1000 层对应于 ImageNet（ensneble Deng2009）数据库中的 1000 类。

表 8.8　DenseNet121 的模型结构

层	DenseNet121	输出尺寸
卷积层	7×7Conv stride2	128×128
池化层	7×7Max Pool stride2	64×64
稠密块	$\begin{bmatrix}1\times1 & \text{Conv}\\3\times3 & \text{Conv}\end{bmatrix}\times6$	64×64
过渡层	1×1Conv	64×64
	2×2 Average Pool stride2	32×32
稠密块	$\begin{bmatrix}1\times1 & \text{Conv}\\3\times3 & \text{Conv}\end{bmatrix}\times12$	32×32
过渡层	1×1Conv	32×32
	2×2 Average Pool stride2	16×16
稠密块	$\begin{bmatrix}1\times1 & \text{Conv}\\3\times3 & \text{Conv}\end{bmatrix}\times24$	16×16
过渡层	1×1Conv	16×16
	2×2 Average Pool stride2	8×8
稠密块	$\begin{bmatrix}1\times1 & \text{Conv}\\3\times3 & \text{Conv}\end{bmatrix}\times16$	8×8
全连接层	Global Average Pool	1×1
	FC-1000	—

　　全局平均池化层代替全连接层，即用池化层的方式进行降维，图 8.13 为全连接层和全局平均池化层的区别。全连接层是将提取到的特征图在元素级别进行串联连接，GAP 计算特征图每个通道的平均值。

　　由图 8.14 可以看出，全连接层通过 concatention 在元素级别进行连接，全局平均池化层计算特征图每个通道的平均值，通过减少模型的参数减少过拟合，用于减小空间维度。例如，尺寸为 $h\times w\times d$，h 和 w 为特征图的高和宽，d 为通道数，通过全局平均池化层后尺寸变为 $1\times1\times d$。全局平均池化层计算平均值，将每一个 $h\times w$ 特征映射层转换为单个数字，如图 8.14 所示。

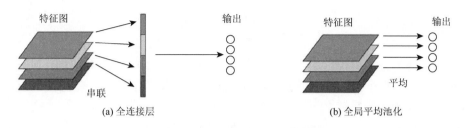

图 8.13　全连接层和全局平均池化对比

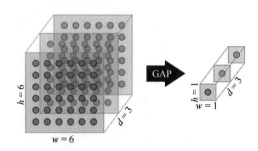

图 8.14　全局平均池化示意图

在 ImageNet（ensneble Deng2009）数据库上训练的 DenseNet121 模型，训练整个模型的情况下，使用 DenseNet121 预先训练权重，并通过添加全局平均池化层、正则化层以及输出层来微调参数。网络结构及输出尺寸如表 8.9 所示。

表 8.9　基于 DenseNet121 的迁移学习网络结构

网络结构	输出尺寸
输入	$256\times256\times3$
DenseNet121	$8\times8\times1024$
全局平均池化	1024
全连接层	512
激活层	5

8.4.4　不同微调网络对比

VGG16、ResNet50、DenseNet121 模型的损失函数均为多元交叉熵函数，优化器为 Adam，学习率为 0.0001，损失函数对分类效果的评价同时提供了优化的方向，多元交叉熵函数为

$$\text{loss} = -\sum_{i=1}^{\text{types}} y_{i\text{tag}} \lg y_{i\_\text{pre\_prob}} \tag{8.17}$$

式中，types 为分类总数，这里将白鲸哨声分为五类；$y_{i\text{tag}}$ 为分类的标签值；$y_{i\_\text{pre\_prob}}$ 为模型输出的概率值。当一段哨声信号预测某类的概率为 1 时，多元交叉熵为 0；反之，分类预测概率越小，损失函数越大。

当模型训练批尺寸（epoch）为 20 时，模型趋于收敛，三种模型的验证集与训练集的训练曲线如图 8.15～图 8.17 所示。

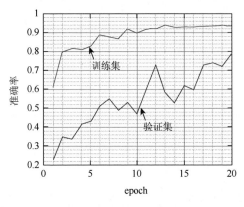

图 8.15　微调 ResNet50 迁移模型训练曲线　　图 8.16　微调 VGG16 迁移模型训练曲线

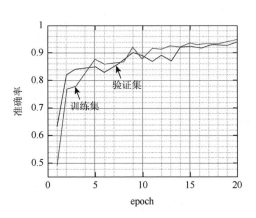

图 8.17　微调 DenseNet121 迁移模型训练曲线

当 epoch 为 20 时，ResNet50 模型训练集的准确率为 0.95，验证集的准确率为 0.79；VGG16 模型训练集的准确率为 0.95，验证集的准确率为 0.93；DenseNet121 模型训练集的准确率为 0.95，验证集的准确率为 0.94。通过验证集的分类准确率

对模型进行评估,可以看出 DenseNet121 模型对白鲸哨声的分类性能最佳,VGG16
模型的分类性能优于 ResNet50 模型的分类性能。

微调 ResNet50 迁移模型的分类结果及其分类性能评估如表 8.10 和表 8.11
所示。

表 8.10　微调 ResNet50 迁移模型测试集分类混淆矩阵

实际	预测				
	下降型	平型	颤音型	U 型	上升型
下降型	65	8	0	0	3
平型	7	91	0	0	3
颤音型	0	27	23	0	0
U 型	3	5	0	51	10
上升型	6	1	0	0	82

表 8.11　微调 ResNet50 迁移模型各类型分类性能

类型	精确率	召回率	F-score	各类别的样本数量
下降型	0.80	0.85	0.83	76
平型	0.69	0.90	0.78	101
颤音型	1.00	0.45	0.62	50
U 型	1.00	0.74	0.85	69
上升型	0.84	0.91	0.87	89

由微调 ResNet50 迁移模型的混淆矩阵可以得出,模型分类为颤音型以及 U
型哨声信号均正确,但约一半的颤音型哨声被分类为平型哨声,可能是两者时频
域的调频特征走势相似,因此模型分类时易混淆。

由微调 ResNet50 迁移模型的分类性能评估指标可得出,微调 ResNet50 迁移
模型对于下降型、平型、U 型以及上升型的哨声分类较为准确。

微调 VGG16 迁移模型的分类结果及其分类性能评估如表 8.12 和表 8.13
所示。

表 8.12　微调 VGG16 迁移模型测试集分类混淆矩阵

实际	预测				
	下降型	平型	颤音型	U 型	上升型
下降型	68	3	0	0	5
平型	8	92	0	0	1

续表

实际	预测				
	下降型	平型	颤音型	U 型	上升型
颤音型	0	0	50	0	0
U 型	0	0	0	69	0
上升型	6	0	9	0	74

表 8.13 微调 VGG16 迁移模型各类型分类性能

类型	精确率	召回率	F-score	各类别的样本数目
下降型	0.79	0.88	0.83	76
平型	0.92	0.92	0.92	101
颤音型	1.00	1.00	1.00	50
U 型	0.98	1.00	0.99	69
上升型	0.94	0.84	0.89	89

由微调 VGG16 迁移模型的混淆矩阵可以得出，对训练集样本的颤音型和 U 型哨声信号全部分类正确，但是上升型存在易被分为颤音型和下降型的可能性。

微调 VGG16 迁移模型与微调 ResNet50 迁移模型相比，对于 U 型和颤音型哨声信号的 F-score 明显提高，分类性能更佳。同时对平型和上升型哨声信号的 F-score 相较于 ResNet50 也有所提升。

微调 DenseNet121 迁移模型的分类结果及其分类性能评估如表 8.14 和表 8.15 所示。

表 8.14 微调 DenseNet121 迁移模型测试集分类混淆矩阵

实际	预测				
	下降型	平型	颤音型	U 型	上升型
下降型	70	2	0	0	4
平型	6	92	0	0	3
颤音型	0	0	50	0	0
U 型	0	0	0	69	0
上升型	5	0	5	0	79

表 8.15　微调 DenseNet121 迁移模型各类型分类性能

类型	精确率	召回率	*F*-score	各类别的样本数目
下降型	0.88	0.92	0.90	76
平型	0.98	0.92	0.95	101
颤音型	0.91	1.00	0.95	50
U 型	1.00	1.00	1.00	69
上升型	0.91	0.89	0.90	89

由微调 DenseNet121 迁移模型的混淆矩阵可以得出，对训练集样本的颤音型和 U 型哨声信号全部分类正确，上升型哨声信号可能会与下降型和颤音型混淆，平型哨声信号可能会与下降型与上升型哨声信号混淆。

由表 8.15 可以得出，微调 DenseNet121 迁移模型对下降型、平型、U 型及上升型哨声的 *F*-score 较 VGG16 和 ResNet50 的 *F*-score 均有提升，即对这四种类型的哨声信号分类性能更优，但对于颤音型哨声信号，该模型的分类性能不如 VGG16 模型。

8.5　基于语义分割的非线性支持向量机分类模型

上述两种使用卷积神经网络的分类方法，都是将哨声信号转变为时频谱图进行研究，因此对于哨声的检测转变为图像处理任务。哨声的提取是一个具有挑战性的问题，采用传统的基于阈值和基于区域增长分割方法检测的哨声结果通常无法检测出完整的哨声。因此，可以使用一种用于语义分割的全卷积神经网络在像素级别上从时频光谱图中提取哨声的调频特征。

8.5.1　基于语义分割的哨声特征提取

通过训练基于全卷积网络（fully convolutional network，FCN）的语义分割模型[12]实现对白鲸哨声信号的自动提取，训练集由尺寸大小为 192×320 的人工标注哨声的图像组成。下面对哨声的人工提取标准进行介绍。

人工检测真实白鲸哨声的方法包括查看哨声和跟踪哨声。通常使用 Procreate 软件实现对采集的白鲸哨声的查看和人工提取。根据不同的哨声片段长度可使用缩放工具获得哨声的合理视图，缩放可以更加聚焦到特定的哨声。通过调整亮度和对比度以更加清晰地查看哨声信号。对于处理不同的哨声信号，均需要调整以上设置，以确保没有遗漏任何信号。下面对人工提取采集的哨声信号不同的情况进行标准规范。

第一种情况如图 8.18（a）所示，提取特征规则是无论哨声长短，都需要被追踪提取。第二种情况如图 8.18（b）所示，提取特征规则为选择能量最强的哨声。

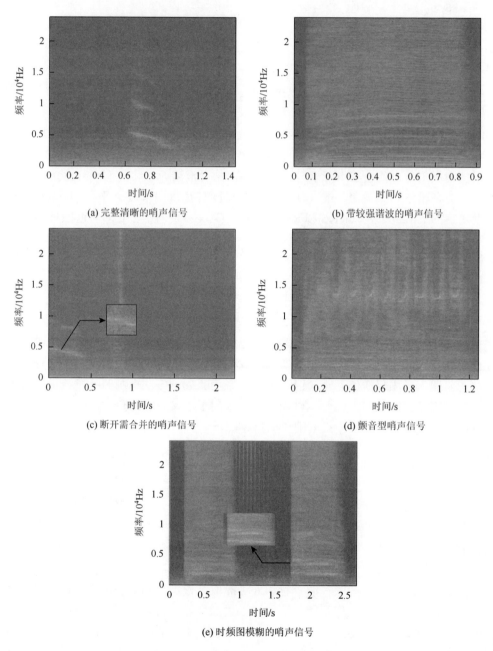

(a) 完整清晰的哨声信号

(b) 带较强谐波的哨声信号

(c) 断开需合并的哨声信号

(d) 颤音型哨声信号

(e) 时频图模糊的哨声信号

图 8.18　哨声提取规则中的五种情况

若为一个带有多径的哨声信号，则只追踪主哨声，寻找信号中能量最强的部分并以此为原则；若所有部分能量相同，则优先选择首先出现的哨声线条并保持一致。第三种情况如图 8.18（c）所示，为具有紧密间隔的较大阶梯段的哨声。第四种情况如图 8.18（d）所示，为具有间隔更远的较小片段的哨声，片段之间带有间隔的哨声片段不进行合并。第五种情况如图 8.18（e）所示，模糊的哨声片段按照最佳的轮廓进行合并、调整显示设置等以获得最佳的色调视图。人工提取哨声信号的谱轮廓特征，并将其作为 FCN 模型训练数据的标签。

8.5.2　核支持向量机

支持向量机（support vector machines，SVM）[13]是在特征空间上的间隔最大的线性分类器，如图 8.19 所示。本节采用非线性支持向量机中的核支持向量机（kernel support vector machines，KSVM）[14]对哨声种类进行分类。

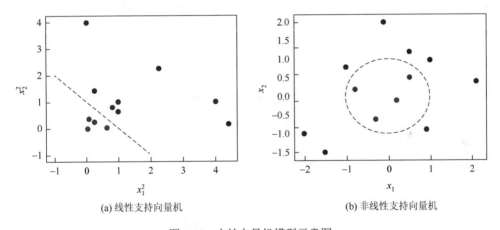

(a) 线性支持向量机　　　　　　　　　　(b) 非线性支持向量机

图 8.19　支持向量机模型示意图

非线性分类是将低维不可分数据映射至高维可分，而后采用线性支持向量机求解，其中映射函数为核函数。令 $\phi(x)$ 表示 x 映射后的特征向量，则特征空间划分超平面的模型为

$$f(x) = w^{\mathrm{T}}\phi(x) + b \tag{8.18}$$

最小化函数为

$$\min_{w,b} \frac{1}{2}\|w\|^2 \quad \text{s.t.} \quad y_i(w^{\mathrm{T}}\phi(x_i) + b) \geq 1, \quad i = 1, 2, \cdots, m \tag{8.19}$$

其对偶问题为

$$\max_{\alpha} \sum_{i=1}^{m} \alpha_i - \frac{1}{2}\sum_{i=1}^{m}\sum_{j=1}^{m}\alpha_i\alpha_j y_i y_j \phi^{\mathrm{T}}(x_i)\phi(x_j) \quad \text{s.t.} \quad \sum_{i=1}^{m}\alpha_i y_i = 0, \ \alpha_i \geqslant 0, \ i=1,2,\cdots,m$$

(8.20)

因为计算 $\phi^{\mathrm{T}}(x_i)\phi(x_j)$ 特征空间维数可能会很高，所以

$$k(x_i,x_j) = \langle \phi(x_i),\phi(x_j)\rangle = \phi^{\mathrm{T}}(x_i)\phi(x_j)$$

(8.21)

式中，x_i 和 x_j 在特征空间的内积为函数 $k(x_i,x_j)$ 的函数值，则上述公式可写为

$$\max_{\alpha} \sum_{i=1}^{m} \alpha_i - \frac{1}{2}\sum_{i=1}^{m}\sum_{j=1}^{m}\alpha_i\alpha_j y_i y_j k(x_i,x_j) \quad \text{s.t.} \quad \sum_{i=1}^{m}\alpha_i y_i = 0, \ \alpha_i \geqslant 0, \ i=1,2,\cdots,m$$

(8.22)

求解后得到

$$f(x) = w^{\mathrm{T}}\phi(x_i) + b = \sum_{i=1}^{m}\alpha_i y_i k(x_i,x_j) + b$$

(8.23)

式中，$k(x_i,x_j)$ 为核函数，这里采用高斯核函数（$\sigma > 0$）：

$$k(x_i,x_j) = \exp\left(-\frac{\|x_i - x_j\|^2}{2\sigma^2}\right)$$

(8.24)

8.5.3 基于语义分割的核支持向量机白鲸哨声分类性能分析

基于语义分割的 FCN 模型提取的特征谱图作为核支持向量机的输入数据，FCN 模型提取的特征谱图作为输入数据，结果如图 8.20 所示。

将 FCN 模型的输出结果作为核支持向量机模型的输入，如图 8.20 所示。采用核支持向量机对哨声种类进行分类，其中惩罚参数为 1。惩罚参数表示对错误分类的惩罚程度，即不允许出错的程度，惩罚参数越大，表明模型对分类性能要求越严格；反之，若惩罚参数趋近于 0，则表明模型不会太关注是否分类正确的

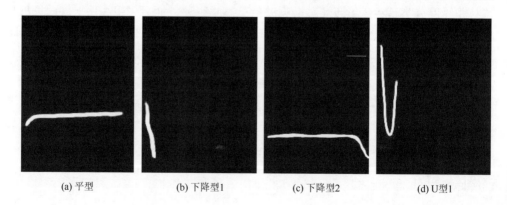

(a) 平型 　　　(b) 下降型1 　　　(c) 下降型2 　　　(d) U型1

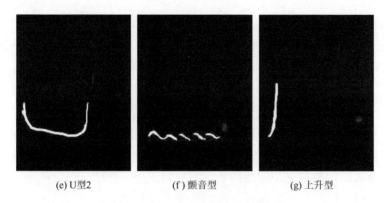

(e) U 型2　　　　　　(f) 颤音型　　　　　　(g) 上升型

图 8.20　FCN 模型输出图像

问题。核函数选择为高斯核函数，分类方式为每次只对一个类别进行分类，即一个类别与其他类别进行划分。则基于全卷积神经网络与核支持向量机（FCN-KSVM）模型对测试集样本哨声信号的分类结果如表 8.16 所示。

表 8.16　FCN-KSVM 模型测试集分类混淆矩阵

实际	预测				
	下降型	平型	颤音型	U 型	上升型
下降型	74	2	0	0	0
平型	7	90	0	0	4
颤音型	0	0	50	0	0
U 型	0	0	0	69	0
上升型	8	3	0	0	78

由混淆矩阵可以看出，颤音型和 U 型哨声分类正确，但平型哨声存在被分为下降型和上升型的可能性，可能是由于图 8.20（a）和（c）的调频特征相似。根据混淆矩阵计算出 FCN-KSVM 模型的分类性能评估参数，如表 8.17 所示。

表 8.17　FCN-KSVM 模型分类性能评估参数

类型	精确率	召回率	F-score	各类别样本数量
下降型	0.84	0.98	0.90	48
平型	0.95	0.98	0.93	63
颤音型	1.00	1.00	1.00	31
U 型	1.00	1.00	1.00	43
上升型	0.96	0.88	0.92	56

由表 8.17 可知，对颤音型和 U 型哨声信号的分类性能最好，下降型、平型以及上升型哨声的分类 *F*-score 均可达到 0.9。上面为每类哨声信号的分类性能，对整体测试样本的分类准确率为 0.95。

8.6 本 章 小 结

本章首先讨论了一种无监督的哨声信号分类方法，即线性判别器，其准确率可以达到令人满意的结果，但是由于训练数据较少，存在过拟合风险，可以在后续条件允许的情况下增加数据样本量，对模型进行验证。随后讨论了基于有监督的哨声分类方法：一种是基于局部二值特征的 *K*-最邻近法，此方法在海豚哨声数据集中的准确率能达到 90%；另一种是使用 *K*-最邻近法的有监督分类方法，其需要局部二值特征。使用时频谱图时，本章介绍了两种基于深度学习的方法：一种基于卷积神经网络；另一种基于微调卷积神经网络。两种方法在白鲸数据集中的分类准确率都达到了 90%；由于将微调卷积神经网络集成的做法过于复杂且计算量庞大，因此又介绍了一种基于语义分割与非线性支持向量机结合的方法对哨声进行分类，该方法在测试集中最终达到了 95% 的分类准确率。结果证明该方法在保证分类准确率的同时，能够有效降低计算复杂度，同时无需大量的训练数据。

参 考 文 献

[1] Li L，Qiao G，Liu S Z，et al. Automated classification of Tursiops aduncus whistles based on a depth-wise separable convolutional neural network and data augmentation[J]. The Journal of the Acoustical Society of America，2021，150（5）：3861-3873.

[2] Zhao H T，Lai Z H，Leang H，et al. Linear Discriminant Analysis[M]//Xanthopoulos P，Pardalos P M，Trafalis T B. Robust Data Mining. New York：Springer，2013.

[3] Ojala T，Pietikainen M，Harwood D. Performance evaluation of texture measures with classification based on Kullback discrimination of distributions[C]. Proceedings of the 12th International Conference on Pattern Recognition，1994，1：582-585.

[4] Peterson L E. *K*-nearest neighbor[J]. Scholarpedia，2009，4（2）：1883.

[5] 王梦佳. 海豚哨声分类识别与通信技术研究[D]. 哈尔滨：哈尔滨工程大学，2019.

[6] Sayigh L，Daher M A，Allen J，et al. The watkins marine mammal sound database：An online，freely accessible resource[C]. Proceedings of Meetings on Acoustics，2016，27（1）：040013.

[7] LeCun Y，Bengio Y，Hinton G. Deep learning[J]. Nature，2015，521（7553）：436-444.

[8] Li Z W，Liu F，Yang W J，et al. A survey of convolutional neural networks：Analysis，applications，and prospects[J]. IEEE Transactions on Neural Networks and Learning Systems，2022，33（12）：6999-7019.

[9] Qassim H，Verma A，Feinzimer D. Compressed residual-VGG16 CNN model for big data places image recognition[C]. The 8th Annual Computing and Communication Workshop and Conference，2018：169-175.

[10] He K，Zhang X，Ren S，et al. Deep residual learning for image recognition[C]. IEEE Conference on Computer

Vision and Pattern Recognition，2016：770-778.

[11]　Iandola F，Moskewicz M，Karayev S，et al. DenseNet：Implementing efficient ConvNet descriptor Pyramids[R]. University of California，Berkeley，2014.

[12]　Long J，Shelhamer E，Darrell T. Fully convolutional networks for semantic segmentation[C]. Proceedings of the IEEE Conference on Computer Vision and Pattern Recognition，2015：3431-3440.

[13]　Meyer D，Wien F T. Support vector machines[J]. The Interface to Libsvm in Package，2015，28（20）：597.

[14]　Tehrany M S，Pradhan B，Mansor S，et al. Flood susceptibility assessment using GIS-based support vector machine model with different kernel types[J]. CATENA，2015，125：91-101.

第 9 章　鲸豚嘀嗒声检测与特征提取

嘀嗒声信号（又称 Click 信号）是鲸豚动物发出的回声定位信号，主要负责探测、定位、导航。海洋哺乳动物的嘀嗒声脉冲信号属于高频、窄脉冲信号，具有持续时间短、频带宽等特点。鲸豚动物能在发射回声定位脉冲的过程中根据定位距离的远近，自适应地改变发声频率、脉冲间隔等时频参数，进而实现对目标的探测。因此，探究鲸豚动物回声定位过程中单脉冲时频参数的变化有利于得到鲸豚动物的回声定位原理，有利于展开对鲸豚动物探测行为机理的研究。本章将围绕鲸豚动物嘀嗒声脉冲串中单个脉冲时频参数的变化展开研究，首先介绍单脉冲的几类检测方法，继而介绍嘀嗒声脉冲串序列的检测，以及嘀嗒声信号的几类重要参数，为探究鲸豚动物回声定位过程机理研究提供参数计算、数据分析支持。

9.1　单嘀嗒声脉冲检测

海豚以脉冲串的形式发射嘀嗒声脉冲信号，通过对回波的处理从而实现各种生理活动。每个脉冲串所包含的脉冲个数并不相等，少的仅几个，多的几百个。因此，为计算脉冲串中每个单脉冲的时频参数，必须先检测出单脉冲在脉冲序列中的位置，并保存数据供后续计算使用。鉴于嘀嗒声脉冲串中包含的单脉冲数量较多，使用海豚哨声信号的端点检测方法检测单脉冲位置较为烦琐，检测门限不容易确定，且虚警与漏报概率会有所增加[1, 2]。对一组脉冲串中的单嘀嗒声脉冲信号的检测方法主要包括基于峰度的单嘀嗒声脉冲检测、基于瞬时能量的单嘀嗒声脉冲检测、基于平均能量的单嘀嗒声脉冲检测等，下面对这几种检测方法进行介绍。

9.1.1　基于峰度的单嘀嗒声脉冲检测

第 4 章对峰度的定义进行了介绍，并给出了峰度的计算公式、物理含义以及简要的应用范围等。接下来介绍基于峰度的单嘀嗒声脉冲检测方法[3, 4]。

在对单嘀嗒声脉冲信号进行检测时，首先要了解鲸豚动物嘀嗒声的先验信息，调整峰度嘀嗒声检测器中的峰度窗长 N_{window} 和阈值窗长 L，继而实现检测单嘀嗒声的目的。由待测信号的先验信息可知，嘀嗒声序列中的单条嘀嗒声间隔为 0.2s。将该数值作为嘀嗒声峰度窗口的原始长度，通过变换峰度窗长和阈值窗长来讨论最佳检测参数。

下面讨论不同峰度窗长时的情况。

1. 峰度窗长 $N_{window} = 0.2s$

由于单条嘀嗒声的间隔是 0.2s，选用 0.2s 作为峰度的计算窗长，讨论阈值窗长 L 为 0.6s、1.8s、2.6s 和 3.8s 的情况。

由图 9.1 可知，当峰度窗长为 0.2s 时，阈值窗长选择为 0.6s 最佳。待测信号中含有 10 条嘀嗒声，在阈值窗长为 0.6s 时，检测到 8 条嘀嗒声，而其他三种窗长分别检测到 2 条、2 条和 1 条嘀嗒声。之所以 0.6s 的阈值窗长比其他三种窗长的阈值估计更加精准，是因为阈值窗长较短，其长度大于两条嘀嗒声之间的间隔，小于嘀嗒声序列长度，该范围能够极大程度上体现局部的变化，而其他三种嘀嗒声信号的阈值窗长过长，导致阈值计算区域较长时段的平均峰度变化，从而忽略了细节部分，使得阈值计算不够准确。表 9.1 为峰度窗长 0.2s 时的检测结果。

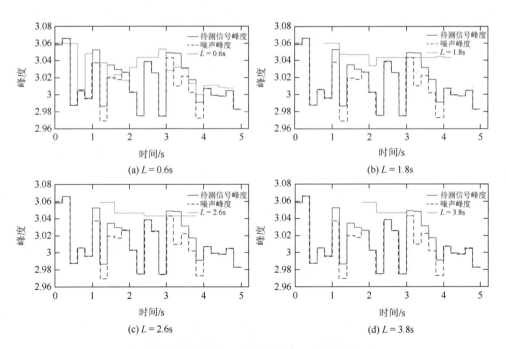

图 9.1　峰度窗长 0.2s 时的检测结果（彩图附书后）

表 9.1　峰度窗长 0.2s 时的检测结果

序号	阈值窗长/s	检测时间范围/s	检测率/%	虚警概率/%
1	0.6	0.2~4.8	82.6	8.7
2	1.8	0.8~4.2	52.9	0
3	2.6	1.2~3.8	53.9	0
4	3.8	1.8~3.2	85.7	0

2. 峰度窗长 $N_{window} = 0.05s$

缩短峰度窗长的目的是聚焦单条嘀嗒声。但是如果选取的窗长过短，不但会加重计算负担，同时考虑的点数过少，会使计算出的峰度值具有偶然性，可能会与实际情况有较大偏差，从而导致检测失误。这里峰度窗长选为 0.05s，换算成采样点数为 9600 个采样点。

根据图 9.2 实验结果曲线可知，当阈值窗长为 0.15s 时，检测器能够达到最佳效果，此时能够将待测信号中的 10 条嘀嗒声全部检出，并且时间窗口较为精确。另外由其他三种阈值窗长结果可知，由于本次计算的峰度窗长较窄，计算出的峰度鲁棒性不强，阈值窗长增加后，考虑的峰度值增多，其中可能包含一些计算偏差较大的峰度，从而会导致阈值拟合准确度降低。

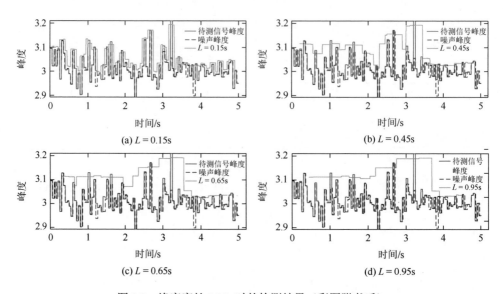

图 9.2　峰度窗长 0.05s 时的检测结果（彩图附书后）

表 9.2 为峰度窗长 0.05s 时的检测结果。

表 9.2　峰度窗长 0.05s 时的检测结果

序号	阈值窗长/s	检测时间范围/s	检测率/%	虚警概率/%
1	0.15	0.05～4.95	95.9	3.1
2	0.45	0.2～4.8	88	4.3
3	0.65	0.3～4.7	89.8	2.3
4	0.95	0.45～4.55	90.2	2.4

表 9.3 汇总了单条嘀嗒声检测结果，通过对比检测时间范围和检测率，可以选取单条嘀嗒声检测最佳参数。

表 9.3　单条嘀嗒声检测结果

序号	峰度窗长/s	最佳阈值窗长/s	检测时间范围/s	检测率/%	虚警概率/%
1	0.2	0.6	0.2～4.8	82.6	8.7
2	0.05	0.15	0.05～4.95	95.9	3.1

经过本节的讨论可知，通过调节峰度窗长和阈值窗长这两个参数，能够在低信噪比的情况下，正确检测到单条嘀嗒声信号。对于当前样本，最佳阈值时峰度窗长为 0.05s，阈值窗长为 0.15s。

9.1.2　基于能量的单嘀嗒声脉冲检测

瞬时能量是由信号当前时刻的幅值计算而来的，平均能量则采用一段时间内的平均幅值进行计算。瞬时能量嘀嗒声检测器、平均能量嘀嗒声检测器和峰度嘀嗒声检测器的具体定义及检测量表达式见表 9.4。

表 9.4　三种检测器介绍

检测器	定义	检测量表达式
瞬时能量嘀嗒声检测器	采用当前时刻的瞬时能量作为嘀嗒声检测量	$T_1 = \dfrac{\|m(n)\|^2}{\sigma^2}$
平均能量嘀嗒声检测器	采用一段时间的平均能量作为嘀嗒声检测量	$T_2 = \dfrac{\sum\limits_{n=1}^{N}\|m(n)\|^2}{N\sigma^2}$
峰度嘀嗒声检测器	采用一段时间的峰度值作为嘀嗒声检测量	$T_3 = k_m^N$

由表 9.4 可知，信号的峰度实际上是一种统计量，需要根据大量的数据计算得出，而基于信号瞬时能量与平均能量的检测量 T_1 和 T_2 是精准的。下面根据蒙特卡罗模拟实验得出待统计的 T_3 样本值、计算样本值的均值作为检测量，计算的具体表达式如式（9.1）所示：

$$E(T_3) = \frac{P_{\text{click}}\left(\dfrac{A}{\sigma}\right)^4 + 6P_{\text{click}}\left(\dfrac{A}{\sigma}\right)^2 + 3}{P_{\text{click}}^2\left(\dfrac{A}{\sigma}\right)^4 + 2P_{\text{click}}\left(\dfrac{A}{\sigma}\right)^2 + 1} \tag{9.1}$$

表 9.5 是三种检测器的检测量的概率密度函数，累积分布函数可以由概率密度函数积分得出，通过设定的虚警概率反推检测阈，再利用检测阈求得检测概率，能够对比三种检测器的性能。其中，峰度嘀嗒声检测器的检测量的概率密度函数是根据蒙特卡罗实验拟合而成的。

表 9.5　三种检测量的概率密度函数

检测器	H_0 条件下的概率密度函数	H_1 条件下的概率密度函数
瞬时能量嘀嗒声检测器	$f_0(T_1) = X_2^1(T_1, 0)$	$f_1(T_1) = X_2^1\left(T_1, \dfrac{A^2}{\sigma^2}\right)$
平均能量嘀嗒声检测器	$f_0(T_2) = X_2^N(T_2, 0)$	$f_1(T_2) = X_2^N\left(T_2, N, P_{\text{click}}\dfrac{A^2}{\sigma^2}\right)$
峰度嘀嗒声检测器	$f_0(T_3) = N\left(3, \dfrac{24}{N}\right), N \to \infty$	$f_1(T_3) = X_2^N\left(T_3, N, P_{\text{click}}\dfrac{A^2}{\sigma^2}\right)$

9.1.3　检测方法性能比较

接受者操作特征（receiver operating characteristic，ROC）曲线是一种常用的模型评价标准。在大部分情况下，一个模型对待测样本的分类，是通过模型对该样本得出一个数值，或是预测出属于某一类别的概率，然后将这个预测值与阈值进行比较得出结果。因此，这个用于判断的阈值的选择对最终的分类结果至关重要。

ROC 曲线就是从这一角度出发，将所有样本结果按照顺序排列，将判断阈值调制最大，则此时所有的样本结果被判定为反例，横坐标假正例率（false positive rate，FPR）为零，纵坐标真正例率（true positive rate，TPR）为零，将这个点设置为绘制 ROC 曲线的原点。再按照顺序将每个样本设为阈值，对所有样本进行预测，从而得出相应的真正例率和假正例率，绘制 ROC 曲线。

利用 ROC 曲线来比较不同模型的识别结果的优劣有两条途径：一是在两条 ROC 曲线没有交点的情况下，若一条 ROC 曲线完全可以被另一条曲线包裹住，则后者的识别效果更佳；二是在两条 ROC 曲线存在交点的情况下，需要计算 ROC 曲线下面积（area under ROC curve，AUC），AUC 越大，识别效果越好。

表 9.6 中，真正例率和假正例率的定义为

$$TPR=\frac{TP}{TP+FN} \tag{9.2}$$

$$FPR=\frac{FP}{TN+FP} \tag{9.3}$$

对于目前的检测情境，横坐标的假正例率对应检测领域中常用的虚警概率，纵坐标的真正例率对应检测概率。

表 9.6 分类结果混淆矩阵

真实情况	预测结果	
	正例	反例
正例	TP（真正例）	FN（假反例）
反例	FP（假正例）	TN（真反例）

信号的信噪比和嘀嗒声覆盖率将会对信号的检测效果产生影响，为了证明峰度嘀嗒声检测器在低信噪比情况下能够正常工作，讨论了三种嘀嗒声检测器在信噪比为 9dB 时的检测性能，其 ROC 曲线结果如图 9.3 所示。

如图 9.3 所示，标号 A 的线代表完全随机的情况，即虚警概率等于检测概率；标号 B 的线代表瞬时能量嘀嗒声检测器，此时的嘀嗒声覆盖率为 10^{-2}；细虚线代表平均能量嘀嗒声检测器；细实线代表峰度嘀嗒声检测器。其中，标号 1 代表嘀嗒声覆盖率为 10^{-4}，标号 2 代表嘀嗒声覆盖率为 10^{-3}，标号 3 代表嘀嗒声覆盖率为 5×10^{-3}，标号 4 代表嘀嗒声覆盖率为 10^{-2}，标号 5 代表嘀嗒声覆盖率为 5×10^{-2}。

由 ROC 曲线可知，在嘀嗒声覆盖率为 10^{-4} 的情况下，峰度嘀嗒声检测器的性能优于平均能量嘀嗒声检测器，但是此时该两种检测器的性能较为接近随机情况。当嘀嗒声覆盖率为 10^{-3} 时，两种检测器的性能有明显的提高，尤其是峰度嘀嗒声检测器。当嘀嗒声覆盖率继续提升，即达到 5×10^{-3} 时，两种检测器的性能相比之前也有明显提升，并且此时嘀嗒声检测率继续增大，峰度嘀嗒声检测器的性能已经达到最佳，曲线不会再变化。在相同的嘀嗒声覆盖率下，峰度嘀嗒声检测器的性能优于瞬时和平均能量嘀嗒声检测器。当嘀嗒声覆盖率大于 5×10^{-3} 时，峰度嘀嗒声检测器的性能优于平均能量嘀嗒声检测器。由此可知，在低信噪比和较

高的嘀嗒声覆盖率的条件下，峰度嘀嗒声检测器的检测性能优于瞬时能量嘀嗒声检测器和平均能量嘀嗒声检测器。

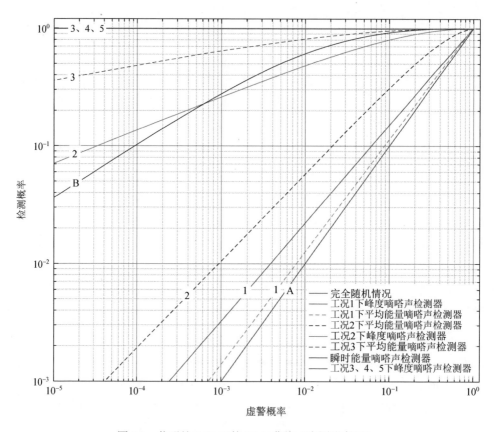

图 9.3　信噪比 9dB 下的 ROC 曲线（彩图附书后）

9.2　嘀嗒声脉冲串检测

以图 9.4 为例，齿鲸回声定位脉冲串内通常包括几十甚至超过 1000 个嘀嗒声信号，其时间间隔变化范围为 7～117ms，同时串内的不同单脉冲之间信号参数也有着很大的区别。为了分析串内信号参数变化规律，如何从回声定位脉冲串内完整地提取出所有串内嘀嗒声脉冲是研究齿鲸动态探测过程的关键之一。本节提出的方法主要包括以下步骤：信号的采集、信号预处理、相关系数计算、多次迭代筛选极大值点、低幅度相关极值过滤、单嘀嗒声脉冲提取，最后一步利用提取出的单嘀嗒声脉冲信号间隔的连续性规律对异常的检测情况进行滤波处理（利用信号参数反馈算法进行修正）[5-7]。

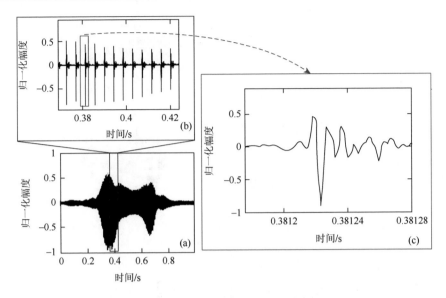

图 9.4　齿鲸回声定位脉冲串时域示例

图 9.5 为整个嘀嗒声信号提取算法的流程图，该流程图展示了一个齿鲸回声定位脉冲信号提取的全过程。将接收到的齿鲸回声定位脉冲串经过 10～150kHz 带通滤波处理，一方面减少实测场地内的低频环境噪声，另一方面将研究的频率范围限制在 10～150kHz 范围内，对不同种类的嘀嗒声信号进行统一研究频率范围处理。观察第一个步骤结果，可以发现经过带通滤波之后脉冲串已经消除了直流分量与相对于嘀嗒声信号的低频脉冲干扰[8, 9]。

利用齿鲸嘀嗒声信号的宽带特性，即自相关函数具有锐利的相关峰，便于检测信号初始时刻。因此，这里使用相关法检测实测信号，其中利用任意齿鲸单嘀嗒声脉冲信号作为计算互相关函数的参考信号，设其中参考信号为 $x(m)$，其互相关函数为

$$(f * g)(n) = \sum_{i=-\infty}^{+\infty} f^*(t)g(t+\tau) \tag{9.4}$$

根据式（9.4）可以获得采集到的脉冲串信号与参考信号的互相关函数，即得到脉冲序列中与参考信号的相关程度。

从时间轴角度观察，在具有高相关系数的时域位置意味着有大的概率出现单嘀嗒声脉冲信号。但是由于齿鲸嘀嗒声信号的脉宽极窄（小于 100μs），易受到其他水下窄脉冲噪声干扰，导致提取出的相关峰位置存在干扰冗余。因此，这里设计一套针对齿鲸回声定位脉冲串的多次迭代局部极大相关值检测方法，该方法主要以嘀嗒声信号幅度连续变化的生物发声规律作为基础。

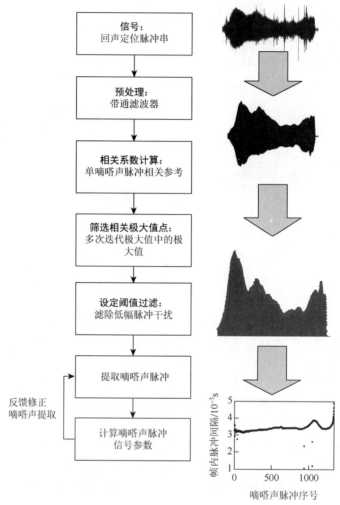

图 9.5　齿鲸回声定位脉冲内信号提取算法流程图（彩图附书后）

　　图 9.6 为齿鲸回声定位脉冲串与参考单脉冲信号的互相关结果，其中 6 幅图分别表示 6 次迭代的结果，图中红色标志表示局部相关峰。第一次迭代中，可以发现具有很多干扰脉冲（如池壁反射、池底反射、其他齿鲸嘀嗒声信号等），但是同时也可以发现干扰脉冲的相关峰明显低于相邻的回声定位脉冲产生的相关峰，即不满足信号幅度连续变化的发声规律。

　　因此，为了消除上述干扰脉冲影响，这里通过对相关峰再次求解局部极大值过滤不满足幅值连续变化的相关峰。利用以上方法，反复筛选相关峰获得回声定位脉冲的真实脉冲起始位置。通过对比最后一幅图中的结果，可以观察当迭代运算进行到第六次时，非感兴趣信号干扰已经被基本抑制，同时帧内单嘀嗒声脉冲

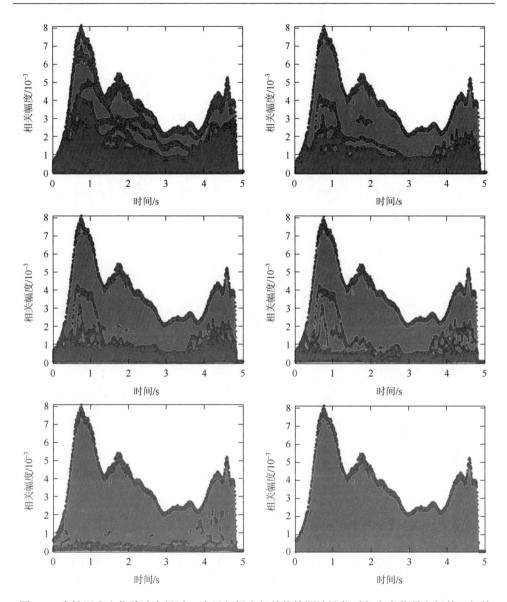

图 9.6　齿鲸回声定位脉冲串经过 6 次局部极大相关值检测法迭代后与参考信号之间的互相关
函数图（彩图附书后）

的起始位置被准确提取出。将单嘀嗒声脉冲起始时刻标记在时间轴上，作为截取
信号的时间起点，该步骤选择 100μs 时间窗将回声定位脉冲从脉冲串中提取出来，
足以覆盖单嘀嗒声脉冲信号的完整时间脉宽。但是需要注意的是，由于多次迭代
滤波，提取出的脉冲串相关峰存在一定的漏检情况，这一问题将导致随后计算的
脉冲间隔出现整数倍（一般为 2～3 倍，即漏检 1～2 个嘀嗒声脉冲）的误差。因

此，利用回声定位脉冲串脉冲间隔连续变化的生物特性，在嘀嗒声检测器的最后部分加上一个基于脉冲间隔反馈修正的模块。在时域上，对脉冲间隔不连续变化的前后嘀嗒声信号间隔之内进行再次脉冲检测与提取以修正漏检问题。

9.3　嘀嗒声特征提取

9.3.1　频率参数特征

中心频率是指信号频谱的平均频率分布，可以理解为信号频率的期望[10-12]。设经过采样后信号的时域波形为 $x(n)$，则快速傅里叶变换后，其中第 k 条谱线频率分量 f_k 的能量谱为 $Y(k)$，每个频率分量的归一化谱概率密度函数为

$$p(k) = \frac{Y(k)}{\sum_{l=0}^{N/2} Y(l)} \tag{9.5}$$

式中，$p(k)$ 为第 k 个频率分量 f_k 对应的概率密度；N 为快速傅里叶变换长度。

那么，中心频率 f_c 的计算公式为

$$f_c = \sum_{k=0}^{N/2} \big(p(k) \cdot f_k \big) \tag{9.6}$$

根据上面的计算方法分别计算六段嘀嗒声脉冲串中每个单脉冲的中心频率，并将计算结果与其单脉冲序号相对应，得到每段脉冲串的中心频率变化，如图 9.7 所示。

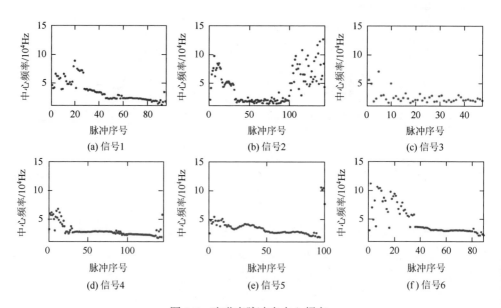

图 9.7　嘀嗒声脉冲串中心频率

　　根据图 9.7 中的中心频率计算结果可以看出，每段信号最前端的几个单脉冲仍然波动较大，原因与分析峰值频率结果时相同；待中心频率的变化稳定后，信号 1、5、6 的中心频率呈明显的下降趋势，均从 40kHz 左右下降到 20kHz 左右，下降范围较大；信号 3、4 的中心频率变化不大，基本稳定在 25～30kHz 的范围内；信号 2 如果去除后半部分的影响，其中心频率也呈较稳定分布，稳定在 15kHz 左右。因此得出结论，海豚在回声定位过程中可能会根据探测目标而改变嘀嗒声脉冲的中心频率[13]。

9.3.2　带宽参数特征

　　本节主要从带宽参数方面观察嘀嗒声脉冲的变化，分别计算单脉冲的有效带宽和-3dB 带宽。

1. 有效带宽

　　信号的有效带宽是指信号频谱所包含的主要谐波分量的频率范围，是信号频率特性中的重要指标，具有实际应用意义。在信号的有效带宽内，集中了信号的绝大部分谐波分量。对于嘀嗒声脉冲的有效带宽计算，可以使用如下方法。

　　设信号经过快速傅里叶变换后，其频谱中第 k 条谱线频率分量 f_k 的归一化谱概率密度函数为 $p(k)$，其中 $p(k)$ 的定义已在前面详细介绍，则该信号的有效带宽 BW_{rms} 计算公式为

$$BW_{rms} = \sqrt{\sum_{k=0}^{N/2}(f_k^2 \cdot p(k)) - \left(\sum_{k=0}^{N/2}(f_k \cdot p(k))\right)^2} \qquad (9.7)$$

式中，N 为快速傅里叶变换长度。实际上，嘀嗒声脉冲有效带宽的计算方法可以理解为信号频率分量平方的期望减去期望的平方，再开根号，即

$$BW_{rms} = \sqrt{\overline{f^2} - (\overline{f})^2} \qquad (9.8)$$

　　根据上面的计算方法分别计算六段嘀嗒声脉冲串中每个单脉冲的有效带宽，并将计算结果与其单脉冲序号相对应，得到每段脉冲串的有效带宽变化，如图 9.8 所示。

　　根据图 9.8 中的有效带宽计算结果可以看出，这六段信号的有效带宽规律不像中心频率呈现出的规律具有一致性，不同的信号之间有效带宽变化规律相差很多。只有信号 4 的有效带宽变化平稳，始终维持在 12kHz 左右，其余信号中，信号 5、6 有效带宽基本呈连续型变化，但信号 5 呈波动变化，信号 6 呈下降趋势；信号 1、2、3 的有效带宽呈离散型波动，信号 3 的波动幅度较小。因此，初步判断在海豚不同的回声定位过程中，有效带宽的变化规律不同。

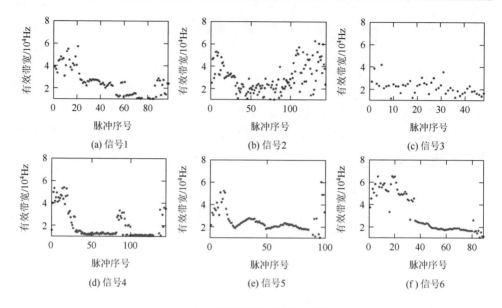

图 9.8　嘀嗒声脉冲串有效带宽

2. −3dB 带宽

信号的−3dB 带宽是指信号频谱的峰值幅度下降 3dB 时，其值界定的频率范围。设信号的−3dB 带宽为 BW_{-3dB}，则

$$BW_{-3dB} = f_{right} - f_{left} \qquad (9.9)$$

式中，f_{right} 和 f_{left} 分别为信号频谱峰值幅度下降 3dB 对应的最高频率和最低频率。

根据上面的计算方法分别计算六段嘀嗒声脉冲串中每个单脉冲的−3dB 带宽，并将计算结果与其单脉冲序号相对应，得到每段脉冲串的−3dB 带宽变化，如图 9.9 所示。

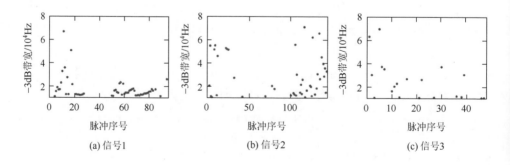

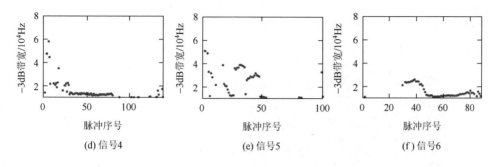

图 9.9 嘀嗒声脉冲串–3dB 带宽

根据图 9.9 中的–3dB 带宽计算结果可以看出，与有效带宽的情况相同，不同嘀嗒声脉冲串–3dB 带宽的变化规律也互不相同，规律性较差。同时，同一信号的有效带宽与–3dB 带宽的变化规律也差距较大。因此，初步判断在海豚不同的回声定位过程中，–3dB 带宽的变化规律不同。

9.3.3　帧内脉冲间隔特征

鲸豚动物嘀嗒声各个单脉冲分量之间的间隔也蕴含着丰富的信息量。本节以白鲸嘀嗒声脉冲串为例对脉冲间隔特征进行介绍与分析。

作为齿鲸类一角鲸科白鲸属中的唯一鲸豚物种，白鲸以能发出丰富的叫声而闻名。同时大量的研究发现，白鲸具有很强的水下探测与识别能力，通过产生高脉冲密度的回声定位脉冲串与目标（鱼或沉底雷等物体）发生声耦合，同时感知环境实现最优水下探测与识别。

为了探究白鲸在完成回声定位过程中回声定位脉冲串内的信号参数的动态变化规律，本节首先通过采集白鲸回声定位脉冲串并进行信号特性动态分析，理解白鲸目标探测的动态机制。选取 2019 年 12 月 17 日在哈尔滨极地馆采集的连续 12h 的数据。该实验通过单自容式水听器采集白鲸的叫声信号，其中包括高频宽带的回声定位脉冲与哨声信号。自容式水听器选用新西兰 Ocean Instruments 公司的 SoundTrap ST300HF，该高频版本是专为海洋哺乳动物叫声检测设计的。该水听器具有适合白鲸回声定位信号的频带响应，具体频率响应范围为 20Hz～150kHz，可以覆盖白鲸嘀嗒声的完整的频率能量分布范围，同时采样率高达 576kHz 满足了高保真的宽带高频叫声采样需求，底噪低于 38dB 对应于频率高于 2kHz 的情况。同时内置可充电电池及 256GB 内存，存储格式为 WAV 音频格式，压缩比为 4∶1，满足了长期观测的能量供应与数据存储的需求。实验配置示意图与所使用的自容式水听器示意图如图 9.10 所示。由于实际白鲸训练池场地较小，

实验中白鲸基本处于静止或者极慢速运动状态，所以可以忽略实验中白鲸与目标的多普勒效应。

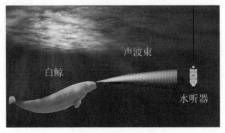

(a) 极地馆数据采集方案配置　　　　　　(b) SoundTrap ST300HF自容式水听器

图 9.10　极地馆数据采集方案配置及 SoundTrap ST300HF 自容式水听器示意图

由于采集方式是针对长期观测的需求，没有相对应的行为信息记录。但是为了建立记录的声学数据与生物行为之间的联系，选取的脉冲串数据都是处于自容式水听器刚刚入水之后的阶段，间接保证白鲸的回声定位信号。在这一阶段，白鲸由于对外来事物好奇，不断地游向水听器，有圈养栅栏相隔可保证白鲸无法接触到水听器。因此，可以简化这一阶段中白鲸在一定距离条件下观察目标（自容式水听器），即白鲸将刚入水的自容式水听器看成未知目标进行探测与识别。

选取白鲸观测数据中最具有代表性的六段回声定位脉冲串，并划分为两组，即类型一与类型二，如图 9.11 所示，观察脉冲串的起伏包络，虽然没有一定的规

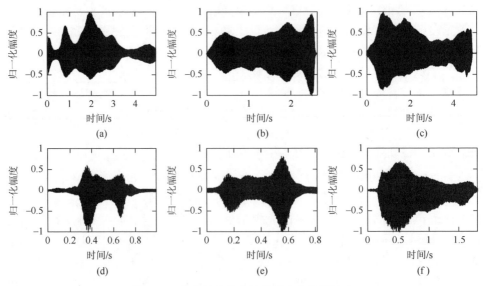

图 9.11　六个具有代表性的回声定位脉冲串

（a）～（c）为类型一，（d）～（f）为类型二

律性，但是这种幅度的起伏将影响串内信号的总能量，进而导致整个动态探测过程的发射波形发生一定变化。此外，类型一的脉冲串信号时长偏长，为 3～4s，而类型二的脉冲串时长较短，一般小于 1s。具体两组数据的划分准则在后续脉冲串内信号特性分析中会进一步说明。

为了从脉冲串内信号特性角度分析，这六个采集到的回声定位脉冲串通过一定的流程完成脉冲串内单脉冲信号提取。首先通过带通滤波器完成滤波，然后通过多次迭代局部极大值算法完成单回声定位脉冲的提取。经过串内脉冲信号提取之后的互相关函数输出（白鲸单脉冲作为参考信号）如图 9.12 所示。红色星号代表相关峰位置，通过相关峰的提取结果可以发现串内脉冲可以被本节提出的提取方法完整捕获，并滤除了低幅度的脉冲干扰（如池壁混响以及其他白鲸的叫声信号）。

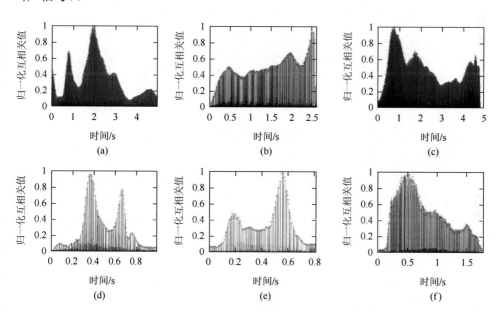

图 9.12 经过串内脉冲信号提取之后六个脉冲串的互相关函数输出（彩图附书后）

针对串内信号特性进行时域分析，对于回声定位脉冲串，主要的时域参数为帧内嘀嗒声脉冲间隔。在目标探测和识别任务中，齿鲸会产生大量嘀嗒声信号组成整个回声定位脉冲串，在这个序列中嘀嗒声的时间间隔会随着探测阶段和目标范围发生一定变化。从图 9.13 中观察六个脉冲内单嘀嗒声脉冲与下一个嘀嗒声脉冲之间的时间间隔，可以发现脉冲间隔变化具有良好的连续性，这满足回声定位脉冲信号提取方法的前提假设条件，同时脉冲串内间隔曲线的连续性也说明了脉冲提取算法具有很强的鲁棒性。

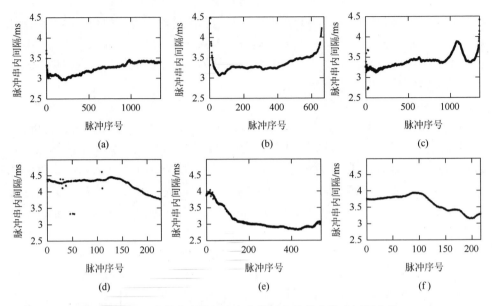

图 9.13　6 个接收白鲸回声定位脉冲串的帧内脉冲间隔曲线

（a）～（c）为类型一，（d）～（f）为类型二

　　脉冲串的脉冲间隔通常会超过探测距离的双程传播时间（即齿鲸发射嘀嗒声与目标耦合，随后产生回波并返回齿鲸进行接收的完整过程）。因此，脉冲间隔可以从侧面说明被探测目标与白鲸之间的相对距离。而选取的 6 个脉冲串脉冲间隔的分布范围为 2.8～4.5ms（包含 230～1400 个单嘀嗒声脉冲），换算成水听器与白鲸的单程距离范围为 2.1～3.375m，推算结果符合现场实验中待测白鲸与水听器的几何位置关系。因此，可以进一步证明脉冲间隔是根据白鲸与目标距离确定的参数，符合实测数据结果。

　　另外，通过观察脉冲间隔曲线的变化趋势，可以将这六个典型脉冲串总结为两个类型，其中图 9.13（a）～（c）属于类型一，而图 9.13（d）～（f）属于类型二。对于类型一脉冲串，脉冲间隔曲线呈现从 3～4.5ms 逐渐上升的趋势。而类型二脉冲串，其脉冲间隔曲线首先经过一段稳定状态，然后逐渐从 4～4.5ms 逐渐下降到 3ms 左右。两种脉冲间隔的变化趋势意味着不同的目标探测识别策略。需要注意的是，白鲸的发射波束具有 10° 左右的–3dB 波束宽度，这意味着白鲸的头部主轴偏离目标将很难接收到信噪比符合要求的脉冲串信号，因此具有更高信号幅度的类型一脉冲串，不代表白鲸远离目标水听器，而是保持波束不变的情况下调整观察位置或角度进行细致声学观察。对于类型二脉冲串，其变化趋势属于白鲸逐渐接近目标水听器的过程，最终稳定在 3ms 主要是因为白鲸与目标水听器中间以栅栏相隔无法进一步靠近有关。综上分析，可以将脉冲间隔对应的可能探测方式（结合）进行总结，大致分为以下三类：

（1）白鲸静止观察目标方式。

（2）白鲸逐渐靠近目标观察方式。

（3）白鲸左右移动变化观察角度。

9.4　本章小结

本章围绕鲸豚动物的回声定位信号展开研究，首先选取了一段较为典型的单嘀嗒声脉冲作为检测标准，使用多次迭代相关法对嘀嗒声脉冲串中的单脉冲进行检测、提取；再在脉冲提取的基础上，选择了六个典型嘀嗒声脉冲串进行时频参数计算并分析，得出结论，即鲸豚在回声定位探测过程中，会不断地改变单脉冲的时频参数。

本章同时对鲸豚动物嘀嗒声信号的各种特征进行了相关研究，分别从单脉冲的频域、时域，以及脉冲间隔等角度对嘀嗒声参数进行了提取总结，为后续深入分析与建模利用奠定了基础。

参 考 文 献

[1]　Au W W L. The Sonar of Dolphins[M]. New York：Springer，1993.

[2]　李松海. 江豚回声定位信号特征及其声呐探测能力[D]. 武汉：中国科学院水生生物研究所，2007.

[3]　陈晟，牛富强，林长伦，等. 不同环境下瓶鼻海豚 Click 信号及仿真分析[J]. 声学技术，2019，38（4）：452-458.

[4]　杨蔚. 鲸豚动物叫声检测识别技术研究[D]. 哈尔滨：哈尔滨工程大学，2021.

[5]　青昕. 典型鲸豚捕猎行为中生物声呐工作机理研究[D]. 哈尔滨：哈尔滨工程大学，2021.

[6]　Johnson M，Madsen P T，Zimmer W M X，et al. Foraging Blainville's beaked whales (*Mesoplodon densirostris*) produce distinct click types matched to different phases of echolocation[J]. Journal of Experimental Biology，2006，209（24）：5038-5050.

[7]　Chua G H，White P R，Leighton T G. Use of clicks resembling those of the Atlantic bottlenose dolphin (*Tursiops truncatus*) to improve target discrimination in bubbly water with biased pulse summation sonar[J]. IET Radar，Sonar & Navigation，2012，6（6）：510-515.

[8]　Dubrovsky N A，Urusovskii I A，Gladilin A V. A model of acoustic click production in the dolphin by analogy with a traveling-wave antenna[J]. Acoustical Physics，2009，55（3）：441-447.

[9]　魏翀. 海豚通讯信号的分类研究及声学保护[D]. 厦门：厦门大学，2011.

[10]　王宸，陶毅，吴剑明. 中华白海豚回声定位信号自动识别[J]. 声学技术，2020，39（4）：425-429.

[11]　Antoni J，Randall R B. The spectral kurtosis：Application to the vibratory surveillance and diagnostics of rotating machines[J]. Mechanical Systems and Signal Processing，2006，20（2）：308-331.

[12]　de la Rosa J J G，Moreno Muñoz A. Higher-order cumulants and spectral kurtosis for early detection of subterranean termites[J]. Mechanical Systems and Signal Processing，2008，22（2）：279-294.

[13]　Davis R I，Qiu W，Hamernik R P. Role of the kurtosis statistic in evaluating complex noise exposures for the protection of hearing[J]. Ear & Hearing，2009，30（5）：628-634.

第10章 鲸豚嘀嗒声建模合成

从海洋中采集的嘀嗒声通常含有大量带内噪声，不能很好地恢复出原始海豚产生的嘀嗒声信号，因此在海洋生物叫声研究领域中，嘀嗒声信号建模合成是重点研究内容之一。海洋嘀嗒声信号是一种短时宽带信号，是鲸豚进行定位、探测、识别的主要信号，具有极高的研究价值。对海豚嘀嗒声信号建模与合成，其主要目的是最大限度地模拟鲸豚嘀嗒声信号的特点，人工合成相似度极高的嘀嗒声信号，嘀嗒声信号的建模与合成一方面可以借此探究鲸豚对嘀嗒声的生理特性反应，促进人类进一步探索海洋生物机理，另一方面也可以将该建模信号应用于仿生声呐设备中，用于实现仿生通信、探测与识别。常见的嘀嗒声合成可以分为对嘀嗒声信号本身的模拟合成，以及模拟实际应用过程中的探测脉冲串回波。前者可以作为后者的基础，下面将介绍常见的合成方法。

10.1 基于双瑞利脉冲模型合成嘀嗒声

本节采用瑞利脉冲作为合成海豚嘀嗒声信号的基本单元，设计双脉冲结构模型来建模海豚嘀嗒声信号，为海豚嘀嗒声的建模与合成提供一种新的方法。该方法通过调节瑞利脉冲信号的参数，可以有效地实现不同类型海豚嘀嗒声信号的合成[1-3]。图 10.1 给出了该模型合成海豚嘀嗒声的流程图。

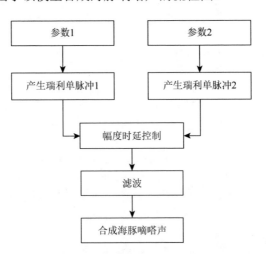

图 10.1 双脉冲结构模型合成海豚嘀嗒声的流程图

根据实际的海豚嘀嗒声信号特点，采用傅里叶变换和短时傅里叶变换分析海豚嘀嗒声信号的时频特性，得到嘀嗒声信号的频率范围，确定嘀嗒声信号的下限频率 f_l 和上限频率 f_h，并将其建模为双脉冲结构模型，确定嘀嗒声信号中两个主要峰值频率 f_{c_1} 和 f_{c_2}、对应的脉宽 T_1 和 T_2、能量 E_1 和 E_2，以及主峰时延差 $\Delta\tau$。

根据估计结果，选取合适的中心频率与脉宽等信号参数，产生两个瑞利脉冲信号 $p_1(t)$ 和 $p_2(t)$，用于合成海豚嘀嗒声。每个瑞利脉冲信号的表达式为

$$p(t) = A\frac{\sqrt{2e}}{\tau}te^{-\left(\frac{t}{\tau}\right)^2} \tag{10.1}$$

式中，A 为信号幅度；e 为自然常数；$\tau = 1/(2\pi f_c)$ 为衰减常数，f_c 为嘀嗒声信号的一个主峰频率，也是该瑞利脉冲信号的中心频率；t 为脉冲信号时间，因为一个脉冲的能量主要集中在 $0 \sim 5\tau$ 范围内，且一般情况下 5τ 与嘀嗒声主峰脉宽 T 相近，所以 t 一般等于 5τ。

基于产生的两个瑞利单脉冲信号 $p_1(t)$ 和 $p_2(t)$，以及双瑞利脉冲结构模型，合成海豚嘀嗒声信号。根据估计出的两个主峰时延 $\Delta\tau$，以及各自的能量 E_1 和 E_2，采用如下公式进行信号合成：

$$s(t) = A_1w_1p_1(t) + A_2w_2p_2(t-\Delta\tau) \tag{10.2}$$

式中，A_1 和 A_2 为两个瑞利波形的幅度系数，其比值 $A_1/A_2 = \sqrt{E_1/E_2}$；w_1 和 w_2 为两个瑞利单脉冲信号 $p_1(t)$ 和 $p_2(t)$ 所对应的窗函数。

基于嘀嗒声信号的下限频率 f_l 和上限频率 f_h，对上述合成的嘀嗒声信号 $s(t)$ 进行滤波，得到该频率范围内的合成嘀嗒声信号。

本节的建模结构是双瑞利脉冲结构，脉冲信号所使用的瑞利单脉冲信号由对高斯波形的求一阶导数获得[4, 5]。

下面给出使用双瑞利脉冲模型对嘀嗒声信号建模的实例。针对采集到的海豚嘀嗒声信号，采用上述海豚嘀嗒声信号的建模与合成方法，实际海豚嘀嗒声信号时域波形如图 10.2 所示，通过傅里叶变换，可以确定该嘀嗒声信号的下限频率 f_l 约为 0Hz，上限频率 f_h 约为 120kHz，嘀嗒声信号中两个主要峰值频率 f_{c_1} 为 50kHz，f_{c_2} 为 100kHz，对应的脉宽 T_1 和 T_2 均约为 7.96μs，能量 E_1 和 E_2 近似相等，两个主峰的时延差 $\Delta\tau$ 约为 25μs。通过短时傅里叶变换，可以得到该嘀嗒声信号的时频谱如图 10.3 所示。

根据估计结果，选取合适的中心频率与脉宽等信号参数，产生两个瑞利脉冲信号 $p_1(t)$ 和 $p_2(t)$，用于合成海豚嘀嗒声。每个脉冲信号的表达式同式（10.1）。

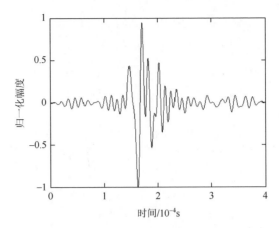

图 10.2　采集到的真实海豚嘀嗒声信号时域波形图

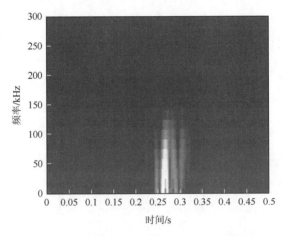

图 10.3　采集到的真实海豚嘀嗒声信号时频谱图

瑞利脉冲信号的频域表达式为

$$p(\omega) = A\omega\tau^2 \sqrt{2\pi}e^{-\frac{\omega^2\tau^2}{2}}$$ （10.3）

式中，$\omega = 2\pi f_c$。相对于中心频率 $-3\mathrm{dB}$ 功率点的最低频率 $f_l = 0.319 f_c$，最高频率 $f_h = 1.922 f_c$，瑞利脉冲信号的带宽 $B = f_h - f_l$。

在嘀嗒声信号合成实验中，根据所得到的结果，可以产生两个中心频率分别为 50kHz 和 100kHz、时长均为 7.96μs 的瑞利脉冲信号，这两个脉冲信号的带宽分别为 80.15kHz 和 160.3kHz。

基于前面产生的两个瑞利单脉冲信号 $p_1(t)$ 和 $p_2(t)$，以及双瑞利脉冲模型，合成海豚嘀嗒声信号。根据前文估计出的两个主峰时延 $\Delta\tau$，以及各自的能量 E_1 和 E_2，采用式（10.2）进行信号合成。

在嘀嗒声信号合成实验中，嘀嗒声信号两个主峰的时延 $\Delta \tau$ 约为 25μs，且两个主峰的能量 E_1 和 E_2 近似相等，因此幅度系数的比值 A_1 / A_2 约为 1，若两个窗函数 w_1 和 w_2 均为矩形窗，则可以将两个瑞利单脉冲信号进行时延叠加后合成如图 10.4 所示的波形。

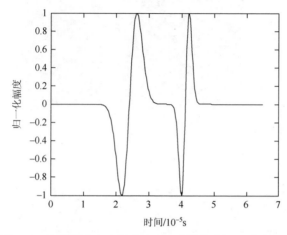

图 10.4　滤波前两个瑞利脉冲合成建模信号的时域波形图

基于第一步得到的嘀嗒声信号的下限频率 f_l 和上限频率 f_h，对合成的嘀嗒声信号 $s(t)$ 进行滤波，得到该频率范围内的合成嘀嗒声信号。

在嘀嗒声信号合成实验中，根据嘀嗒声信号的下限频率 f_l（约为 0Hz）和上限频率 f_h（约为 120kHz），设计了一个上限频率为 120kHz 的有限冲激响应（finite impulse response）低通滤波器，对得到的合成信号进行滤波，得到该频率范围内的海豚嘀嗒声建模合成信号。建模合成的海豚嘀嗒声信号的时域波形如图 10.5 所示，其时频谱如图 10.6 所示。

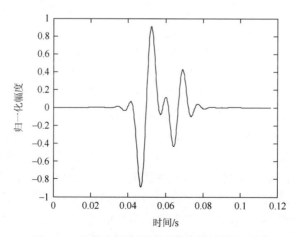

图 10.5　建模合成海豚嘀嗒声信号时域波形图

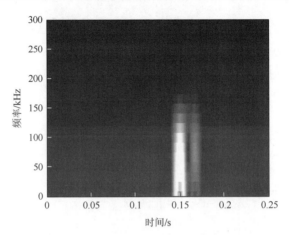

图 10.6　建模合成海豚嘀嗒声信号时频谱图

10.2　基于多分量模型合成嘀嗒声串

嘀嗒声作为一种频率扫描的脉冲串信号,常常出现在鲸豚动物目标识别阶段[6, 7]。下面以白鲸为例,利用其探测信号的多分量结构特性,对白鲸嘀嗒声信号进行建模合成。

白鲸 Click 信号是一种多分量信号,它包含了 7 个信号分量,其中分量 C1 的中心频率为 20kHz,C2 的中心频率为 40kHz、C3 的中心频率为 60kHz、C4 的中心频率为 80kHz、C5 的中心频率为 100kHz、C6 的中心频率为 120kHz、C7 的中心频率为 140kHz。为了模拟多分量信号的结构,使用了 7 个不同时频特性的信号作为信号分量进行叠加合成仿白鲸嘀嗒声信号,如图 10.7 所示。每个信号分量通过乘以高斯函数以保证能量不泄漏,同时给予信号分量高斯包络。7 个信号分量通过 7 个幅度因子 A_1～A_7 对相对幅度比进行调节,最后进行时域叠加形成合成的仿白鲸单嘀嗒声脉冲信号,如图 10.7 右侧子图所示。首先从时域波形的包络可以看出,合成信号与采集到的嘀嗒声脉冲具有高相似度的信号包络形状。然后观察合成信号的频谱,可以清晰地观察到 7 个谱峰,谱峰与谷值有−3dB 的幅度差。该模型通过调整 7 个信号分量的幅度因子对不同频带的谱峰相对的峰值比例,进一步对单嘀嗒声脉冲信号的频域能量分布进行调整[8-10]。

观察大量的实测白鲸回声定位脉冲串,总结出两类具有代表性的脉冲串。而本节挑选了其中的脉冲串 b 与脉冲串 e 作为模拟的模板进行建模。提取模板脉冲串的信号参数,其中包括脉冲幅度与 7 个频率区间(15～25kHz、35～45kHz、55～65kHz、75～85kH、95～105kHz、115～125kHz、135～145kHz)的平均幅值。为了实现任意串内脉冲数的仿生脉冲串合成,在对脉冲串建模之前先对信号参数进行插值处理,例如,e 脉冲串从 217 个脉冲信号通过参数插值拓展至 300 个脉冲。

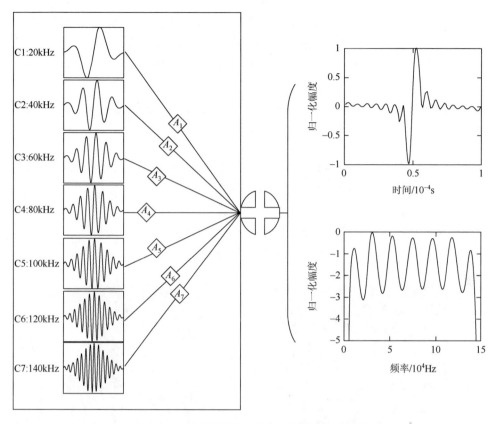

图 10.7　仿白鲸单脉冲嘀嗒声产生机制示意图

基于上述的多分量信号单嘀嗒声脉冲模型与实测白鲸脉冲样本，合成两个仿白鲸回声定位脉冲串，图 10.8 为仿生脉冲串的时域波形，分别对应于实测类型一

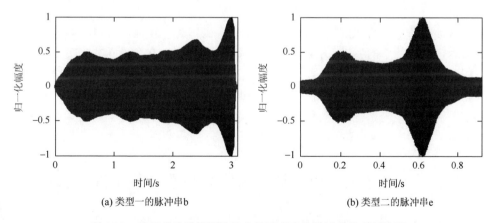

图 10.8　基于多分量模型的仿白鲸回声定位脉冲串的时域波形

的脉冲串 b 和类型二的脉冲串 e。对比可以发现，合成的脉冲串与实测的包络保持一致。另外也说明通过给定脉冲串内信号的幅度分布函数即可得到任意包络形式的合成回声定位脉冲串，进一步说明通过调整串内信号的幅度分布函数可以主动调控串内信号的能量。如对于图 10.8 中的合成类型二的脉冲串，通过脉冲串内幅度的不断波动改变，在 0.2s 与 0.6s 时刻脉冲信号幅度明显增强，即白鲸对 0.2s 与 0.6s 时刻的小区间之内的嘀嗒声信号进行强调。

通过前面提出的脉冲序列-频率联合谱，进一步分析基于多分量模型的仿白鲸回声定位脉冲串的脉冲序列-频率能量分布，如图 10.9 所示。观察类型一脉冲串 b 的情况，合成脉冲串的时间序列-频率能量分布与实测的情况保持一致，并且在第 780 个与第 930 个单脉冲附近，脉冲信号能量相对较高，这一现象与时域波形的幅度起伏趋势一致。再观察类型二脉冲串 e 的情况，时间序列-频率能量分布呈现凹型，即先下降再上升，与实测结果的变化趋势一致。

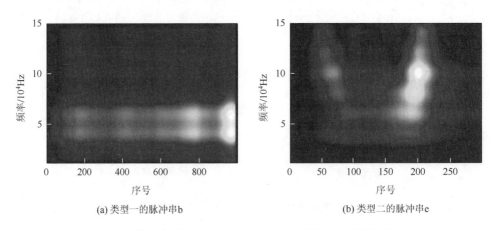

(a) 类型一的脉冲串b　　　　(b) 类型二的脉冲串e

图 10.9　基于多分量模型的仿白鲸回声定位脉冲串的脉冲序列

这证明了仿生合成的脉冲串与实测数据有良好的一致性，可以很好地体现白鲸回声定位脉冲串的特性。并且通过观察第 60 个与第 210 个单脉冲嘀嗒声信号具有相对较高的能量情况，与脉冲串的时域波形的幅度起伏趋势一致。综合两个合成脉冲串的时间序列-频域谱能量分布，可将这一过程理解为一种动态调节机制：通过发射脉冲串内单嘀嗒声脉冲信号幅度的动态调整，实现对不同的频域内容进行强调。

10.3　基于 Comsol 有限元的回波动态参数脉冲串合成

分析白鲸回声定位脉冲串的信息携带能力可以帮助理解白鲸应用回声定位脉

冲实现动态最优化目标探测与识别的过程[2, 11]。下面从回波脉冲串产生机理建模与不同目标特性回波脉冲串参数的角度进行回波脉冲串合成。

10.3.1　基于有限元的回波产生机理分析

由于在真实环境中，无法观察到声与目标柱壳之间耦合的完整过程，因此为了便于分析回波产生机理，本节利用有限元仿真齿鲸回声定位脉冲信号与目标柱壳耦合的完整时域过程。

为验证数值计算的准确性，在图 10.10 中比较了仅在网格元素大小上不同的七个数值模拟的结果。每个波长的离散系数 N 分别为 0.6、1.8、3.0、4.2、5.4、6.0 和 10.0 个三角形有限元作为网格划分标准。与离散系数 10.0 相比，离散系数 0.6、1.8 和 3.0 存在严重的模拟误差。随着离散系数的增大，仿真回波频谱逐渐接近离散系数 10.0 情况下的频谱。离散系数 5.4、6.0 和 10.0 的频谱基本相互一致，并且共振峰出现在相同的频率位置。

同时为研究时间步长因子对仿真数值结果精度的影响，本研究设置 CFL（Courant-Friedrichs-Lewy）数，即库朗数分别为 0.1、0.2、0.4、0.6、0.8 和 1.0 用作数值仿真中的时间步长因子，并比较不同时间步长因子情况下的回波频谱。通过对共振峰位置的观察，以 CFL = 0.1 的仿真结果作为参考进行对比，CFL = 1.0、0.8、0.6、0.4 和 0.2 的仿真结果分别有 1012Hz、602Hz、310Hz、119Hz、18Hz 频移。随着 CFL 的降低，模拟的回波频谱逐渐收敛接近 CFL = 0.1 的仿真回波频谱。这些结果表明,对于离散系数为每个波长 6 个三角形有限元且当时间步长因子 CFL = 0.2 时，离散化和时间步长误差引起的仿真误差可以被忽略满足本研究中的精度需求。

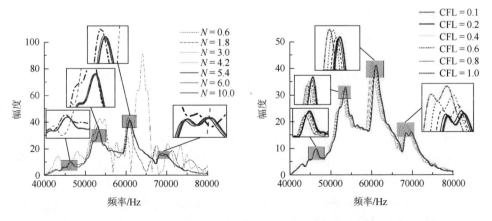

图 10.10　不同划分有限元大小与不同 CFL 情况下的目标回波收敛情况（彩图附书后）

　　将测得的散射回波结果与时域和频域中的数值仿真结果进行了比较，以进一步验证模型的可靠性。图 10.10 显示了厚度为 10mm（外部半径为 50mm、内部半径为 40mm）的目标壳体所产生的背向散射信号，水池实验测量和仿真的背向散射回波之间的相关系数为 0.90。为了进一步解释相关系数，已将相关系数的绝对值分为以下四个不同的匹配程度：0～0.35、0.35～0.67、0.67～0.9 和 0.9～1 分别对应于弱、中、强和高度匹配。实测和仿真背向散射信号之间的相关系数为 0.9，表明数值仿真和实验测量之间的一致性良好。此外，通过回波的时域波形，可以进一步发现存在一系列回波紧随镜面回波分量之后。

　　如图 10.11 所示，在水池测量的回波和仿真波形中都发现了五个主要的弹性分量（e1、e2、e3、e4 和 e5）。为了进一步分析时域中的回波，提取每个分量的峰值幅度和位置。五个弹性分量的峰在时域的相对位置和相对幅度上显示出测量和仿真数据之间的良好一致性，同时得到了它们相应的背向散射频谱。与入射波形的频谱相比，背向散射频谱在 46.26kHz、53.37kHz、60.91kHz 和 68.86kHz 处有明显的峰值，如箭头所示。针对在 54～59kHz 频率范围内仿真和实验的差异，研究推测可能与目标材质的弹性参数和壳厚误差有关（实验对象的公差为±0.1mm）。

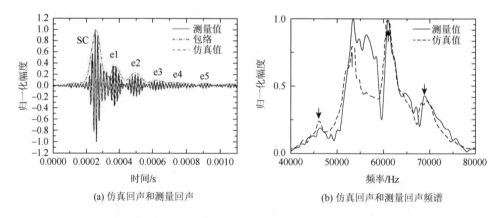

(a) 仿真回声和测量回声　　　　　　　　(b) 仿真回声和测量回声频谱

图 10.11　从厚度为 10mm 的不锈钢壳采集到的背向散射回波（彩图附书后）

　　图 10.12 显示了有限元模型对厚度为 10mm 的壳体的声散射的仿真时域瞬态图。图中绘制了绝对声压的瞬态分布，并用冯·米泽斯（von Mises）应力描绘了壳体中的等效应力分布，其中图 10.12（a）、（b）、（c）、（d）、（e）和（f）分别对应于 0.000321s、0.000437s、0.000570s、0.000727s、0.000879s 和 0.000972s 时刻的瞬态截图。通过时域结果可以清晰地发现，在回声定位脉冲与目标金属壳体相互作用的瞬间，一部分声波能量被目标壳体表面反射，镜面回波从壳体表面散射之后，

引起壳体振动并向周围的流体中持续地辐射弹性散射波。这表明镜面反射分量是目标表面镜面反射产生的，弹性分量是由壳体振动产生的，而跟随在镜面分量之后的弹性回波分量是柱壳内向外辐射的类兰姆波（Lamb 波）的漏波（在临界角情况下）。

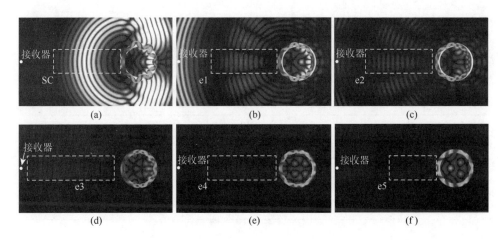

图 10.12　有限元仿真的 6 个瞬态散射声场

同时可以清晰地发现不同时刻的回波振幅都随着时间的增加而逐渐衰减。这种散射机制导致了背向散射回波的多分量结构。此外，在散射声场中存在明显的干涉条纹，表明弹性回波沿着壳中的多个路径向外传播辐射能量，这与壳体的类 Lamb 波的再辐射过程有关。依据回波产生机理，镜面回波包含的目标信息较少，主要是入射声波的镜像部分除了幅度之外不会改变其他回波特征，因此无法通过这一类型回波获得材料和壁厚等目标特征。另外，这种回波产生机理也意味着镜面反射分量对目标特征提取与目标细节差异的区分产生了强烈干扰。

10.3.2　不同参数模型下目标回波脉冲串合成

为了测试仿生合成脉冲串的目标信息携带能力，利用齿鲸目标探测的静态模型模拟计算目标回波进行回波特性分析。通过有限元法模拟出三种不同材质柱壳的目标频率响应（形态函数），如图 10.13 有限元仿真得到的不锈钢、铜、铝柱壳 10～150kHz 频率区间的频率响应所示，三种柱壳的材质分别为 304 不锈钢、黄铜、铝，计算域的流体具体声学参数如表 10.1 所示。

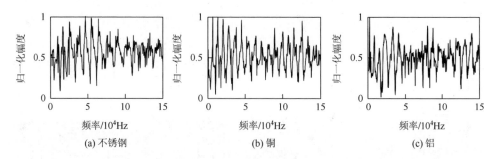

(a) 不锈钢　　　　　　　　(b) 铜　　　　　　　　(c) 铝

图 10.13　有限元仿真得到的不锈钢、铜、铝柱壳 10～150kHz 频率区间的频率响应

表 10.1　柱壳材质的声学参数

参数	固体			流体
材质	304 不锈钢	黄铜	铝	水
密度/(kg/m³)	7700	8900	2730	1000
压缩波波速/(m/s)	6010	4700	6120	1500
剪切波波速/(m/s)	3300	2260	3083	—

　　如图 10.13 所示，在 10～150kHz 宽的频率范围内具有超过 10 个谱峰，不同材质的目标的谱峰与频谱凹陷位置具有很大差异，如第 3 章中的详细描述，这种差异可以用来区分不同材质的目标，也是目标识别与分类的重要信息，因此模拟并生成目标回波是理解脉冲串目标特性携带能力的重要途径。将回波产生的过程看成一个线性系统，发射波形的频谱与目标频率响应函数的乘积即目标回波的频率响应函数。因此，这里通过傅里叶合成方法，并利用有限元模拟的目标频率响应函数与仿生合成的脉冲串实现对脉冲串的目标回波模拟，形成目标回波的时间序列-频率谱，如图 10.14 所示。

　　对比两类仿生合成脉冲串的目标回波，可以发现类型二的脉冲串具有频率扫描的特性，与类型一脉冲串相比，可以覆盖更多的目标回波的谱峰与谷值。换而言之，在发射功率限制的条件下（对于齿鲸生物声呐发射机），类型二脉冲串可以通过动态调节串内单嘀嗒声脉冲信号的分量幅度权值，产生具有动态中心频率的脉冲串，进一步改变局部信噪比，这样一来可以方便白鲸提取回波的频谱凹陷信息。这种动态调整局部信噪比的模式可以提高白鲸等齿鲸类生物的目标识别与分辨能力。而类型一脉冲串更加稳定凸显相对低频的 30～70kHz 区域，虽然获取目标信息量较低，但是可以进一步强调局部的目标特征。

　　通过以上分析，两种脉冲串不同的动态能量分布特性导致不同类型的脉冲串在探测过程中有着不同的功能。因此，通过类型二脉冲频率扫描的脉冲串性质，可以推测类型二脉冲串可能主要应用于目标特性未知情况下的探索阶段，通过扫描感兴趣的频带的目标反应建立对未知目标的认知。而对于类型一脉冲串，由于其相对恒定频率的脉冲-频谱分布特性，可以推测类型一脉冲串主要应用于确认阶段，即通过已有的先验知识去判别目标是否为已知目标。

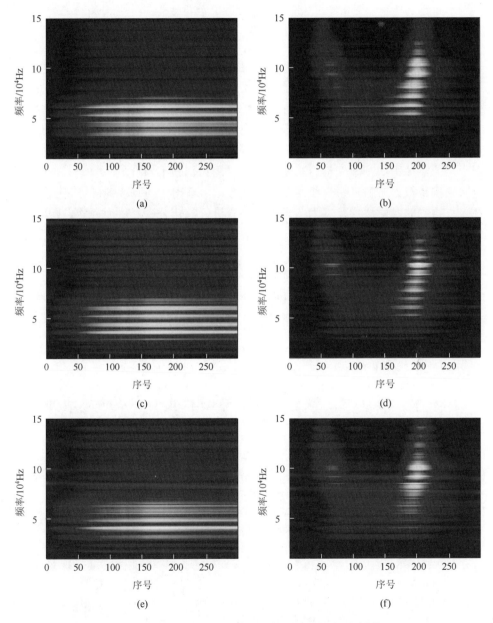

图 10.14　仿生合成脉冲串的目标回波时间序列-频谱

（a）、（c）、（e）为类型一，（b）、（d）、（f）为类型二

综上所述，本节主要通过实测白鲸数据的分析、建模，再通过仿真模拟白鲸可能接收到的回波完成系统接收部分，通过接收到的信号分析发射的动态特性。

10.4　本章小结

本章在第 9 章针对嘀嗒声信号的特征提取的基础上，研究了基于双瑞利脉冲模型以及多分量模型的嘀嗒声脉冲合成方法，并通过对实测白鲸与齿鲸的声与行为记录综合分析方法，分别进行了白鲸回声定位脉冲串的采集实验以及齿鲸的目标探测实验。通过开展齿鲸目标探测实验，进一步研究了齿鲸针对特定目标的动态调整规律机理。通过将水听器与待测目标相捆绑的方式以采集入射目标的来波，实现了齿鲸发射的回声定位脉冲信号的采集工作。实验结果发现采集到的齿鲸的回声定位脉冲串的频域能量分布随着目标探测识别的不同阶段而改变。通过白鲸实验中实验数据与仿真模拟相结合的研究方法，获得了仿真模拟回波，结合回波及采集得到的发射波形、行为信息等多要素进行综合分析，从而探索白鲸的声行为机理。

参 考 文 献

[1]　Muller M W, Allen J S, Au W W L, et al. Time-frequency analysis and modeling of the backscatter of categorized dolphin echolocation clicks for target discrimination[J]. The Journal of the Acoustical Society of America, 2008, 124 (1): 657-666.

[2]　青昕. 典型鲸豚捕猎行为中生物声呐工作机理研究[D]. 哈尔滨：哈尔滨工程大学, 2021.

[3]　Turl C W, Penner R. Differences in echolocation click patterns of the beluga (Delphinapterus leucas) and the bottlenose dolphin (Tursiops truncatus)[J]. The Journal of the Acoustical Society of America, 1989, 86: 497-502.

[4]　刘淞佐, 乔钢, 马天龙, 等. 一种海豚嘀嗒声信号建模与合成的方法：CN106503336B[P]. 2019-09-27.

[5]　Au W W L, Andersen L N, Rasmussen A R, et al. Neural network modeling of a dolphin's sonar discrimination capabilities[J]. The Journal of the Acoustical Society of America, 1995, 98 (1): 43-50.

[6]　杨蔚. 鲸豚动物叫声检测识别技术研究[D]. 哈尔滨：哈尔滨工程大学, 2021.

[7]　Supin A Y, Popov V V. Evoked-potential recovery during double click stimulation in a beluga whale: Implications for biosonar gain control[J]. Journal of the Acoustical Society of America, 2015, 137 (5): 2512-2521.

[8]　Au W W L, Ford J K B, Horne J K, et al. Echolocation signals of free-ranging killer whales (Orcinus orca) and modeling of foraging for Chinook salmon (Oncorhynchus tshawytscha)[J]. The Journal of the Acoustical Society of America, 2004, 115 (2): 901-909.

[9]　刘淞佐, 乔钢, 刘冰洁, 等. 一种基于超宽带信号的仿海豚嘀嗒声水声通信方法：CN105391500B[P]. 2018-02-13.

[10]　Dubrovsky N A, Urusovskii I A, Gladilin A V. A model of acoustic click production in the dolphin by analogy with a traveling-wave antenna[J]. Acoustical Physics, 2009, 55 (3): 441-447.

[11]　Williams K L. An effective density fluid model for acoustic propagation in sediments derived from Biot theory[J]. The Journal of the Acoustical Society of America, 2001, 110 (5): 2276-2281.

第 11 章　基于嘀嗒声信号定位鲸豚

进行海洋生物研究往往需要获取生物的位置信息。前文提到嘀嗒声信号具有鲜明的声学特征，基于这些特征，进行海豚发声信号的提取与分析处理，计算到达时延差，结合信号传播的几何模型，可求出海豚在水中的位置信息。利用嘀嗒声信号对水系中鲸豚生物位置信息的解算可以分为测距和定位两部分，测距是定位的先行条件；接下来分别介绍使用单水听器与多水听器的测距方法，使用十字阵列的定位方法以及常见的利用鲸豚嘀嗒声信号的三角定位方法。

11.1　基于嘀嗒声信号的测距方法

11.1.1　基于单水听器的嘀嗒声测距

单水听器定位的原理利用信号多径传播的延时效应，即水听器接收到的海豚声信号包括直达信号、海面反射信号、海底反射信号以及多次反射信号，每个信号到达水听器的时间不同，传播路径如图 11.1 所示。其中，海水深度 b 及水听器深度 a 属于已知量，直达信号与海面反射信号时间差 Δt_s 以及直达信号与海底反射信号时间差 Δt_b 需要从测量信号中提取。对于浅水区域近距离的计算，实际应用中一般忽略多次反射的信号，只分析一次海面反射和一次海底反射的信号[1]。

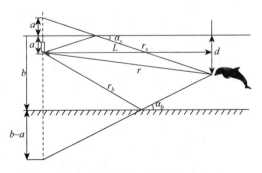

图 11.1　单水听器测量定位原理

由图 11.1 中的几何关系可得

$$r_b^{\,2} = [(b-a)+(b-d)]^2 + L^2 \tag{11.1}$$

$$r_s^{\,2} = (a+d)^2 + L^2 \tag{11.2}$$

式中，r_s 为海面反射路径的长度；r_b 为海底反射路径的长度；d 为海豚深度；L 为水听器与海豚之间的水平距离。海豚的距离和深度经过计算可得

$$r = \frac{\left(\dfrac{c\Delta t_b}{2}\right)^2 + b(a-b) - \left(\dfrac{c\Delta t_s}{2}\right)^2\left(1-\dfrac{b}{a}\right)}{\dfrac{c\Delta t_s}{2}\left(1-\dfrac{b}{a}\right) - \dfrac{c\Delta t_b}{2}} \tag{11.3}$$

$$d = \frac{\left(\dfrac{c\Delta t_b}{2}\right)^2 + \left(\dfrac{c\Delta t_b}{2}\right)r}{a-b} + b \tag{11.4}$$

11.1.2 基于多水听器的嘀嗒声测距

多水听器测距要求布置更多的水听器，将研究区域予以覆盖。虽然这种配置可用于军事测试范围，但这种配置实施起来过于昂贵。作为一种替代方法，多路径测距尝试利用水下声音传播的复杂性来定位声源[2, 3]。

图 11.2 描绘了多路径测距的原理。该图在其左侧表示出一个所处深度为 h 的水听器，在其右侧有一个处于深度 d 的水听器。水听器和声源之间的水平距离表示为 x，深度为 b。深度数值均为负值，是为了用 z 轴向上的右手坐标系表示。虚线为展开的反射声音路径，其中，R_x 表示声音路径的长度，R_0 为直达声路径，R_S 为表面反射声音路径，R_B 为海底反射声音路径，R_{BS} 为海底—海面反射声音路径，R_{SB} 为海面—海底反射声音路径。

在图 11.2 中，所有声学路径都以反射路径和展开路径的形式呈现。展开不仅有助于发展不同的路径长度公式，还解释了多路径测距背后的基本几何概念。从图 11.2 中可以清楚地看到，所有反射声音路径均可被位于真实水听器正上方或正下方的虚拟水听器阵列当成录音处理，即假设真实水听器的多个抵达声的到达时间和它们到达构建的垂直阵列的时间是完全相同的。这种方法只适用于严格径向传播的声音，即球面波，因而假设声速恒定、海洋边界是平行且平坦的[4-6]。

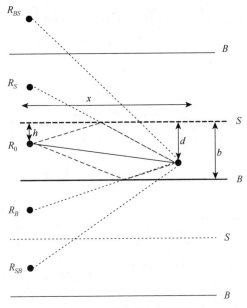

图 11.2　多路径测距原理

粗水平虚线表示海面，粗水平实线表示海底，细水平虚线和实线表示反射

　　因为多路径测距等于使用了一个垂直阵列，所以受垂直阵列缺点的影响，它给出了一个模糊解，即纯多路径测距给出了声源的距离范围和深度，而没有给出水平方向或方位。

　　根据几何关系可得出直达声、一次和二次反射声音路径的关系式：

$$R_0^2 = x^2 + (h-d)^2 \tag{11.5}$$

$$R_S^2 = x^2 + (h-d)^2 \tag{11.6}$$

$$R_B^2 = x^2 + \left[(b-d)+(b-h)\right]^2 = x^2 + \left[2b-(h+d)\right]^2 \tag{11.7}$$

$$R_{BS}^2 = x^2 + \left[(b-d)+(b+h)\right]^2 = x^2 + \left[2b+(h-d)\right]^2 \tag{11.8}$$

$$R_{SB}^2 = x^2 + \left[(b+d)+(b-h)\right]^2 = x^2 + \left[2b-(h-d)\right]^2 \tag{11.9}$$

　　可继续添加更多反射，对于海面—海底—海面反射声音路径，可以得到

$$R_{SBS}^2 = x^2 + \left[2b+(h+d)\right]^2 \tag{11.10}$$

形成了不同区间估计值之间的差异，得到

$$R_S^2 - R_0^2 = 4hd \tag{11.11}$$

$$R_B^2 - R_S^2 = 4b^2 - 4b(h+d)$$

$$= 4b\left[b-(h+d)\right] \tag{11.12}$$

$$R_B^2 - R_0^2 = 4b^2 - 4b(h+d) + 4hd$$
$$= 4(b-d)(b-h) \tag{11.13}$$

很明显，还有许多其他"自然"差异：

$$R_{BS}^2 - R_{SB}^2 = 8b(h-d) \tag{11.14}$$

$$R_{SBS}^2 - R_B^2 = 8b(h+d) \tag{11.15}$$

$$R_{BS}^2 - R_B^2 = 4b(h-d) + 4b(h+d) - 4hd$$
$$= 8bh - 4hd \tag{11.16}$$

$$R_{SB}^2 - R_B^2 = -4b(h-d) + 4b(h+d) - 4hd$$
$$= 8bd - 4hd \tag{11.17}$$

所有这些不同可被考虑为独立测量值，适用于估计声源的距离和深度。

11.2　基于嘀嗒声信号的定位方法

11.2.1　基于单水听器的嘀嗒声定位方法

将直达路径方程及表面反射路径方程相结合，在测量了到达路径差 δR_{S_0} 后，得到

$$2(\delta R_{S\_0})R_0 + (\delta R_{S\_0})^2 = 4hd \tag{11.18}$$

倾斜距离 R_0 变为

$$R_0 = \frac{4hd - (\delta R_{S\_0})^2}{2(\delta R_{S\_0})} \tag{11.19}$$

该解要求海豚深度是已知的，否则倾斜距离 R_0 会是动物所处深度的线性函数（对于给定延时）。

估算深度 d 而不使用附加反射的一个替代方法就是去测量直达声的仰角（图 11.3），对于直达路径仰角 ϑ_0，定义为

$$d - h = R_0 \sin \vartheta_0 \tag{11.20}$$

同时，结合方程（11.18），可以得到 d 和 R_0 所在的两个线性方程：

$$\begin{cases} d - h = R_0 \sin \vartheta_0 \\ 2(\delta R_{S\_0})R_0 + (\delta R_{S\_0})^2 = 4hd \end{cases} \tag{11.21}$$

改为矩阵形式可得

$$\begin{bmatrix} 1 & -\sin \vartheta_0 \\ 4h & -2(\delta R_{S\_0}) \end{bmatrix} \begin{bmatrix} d \\ R_0 \end{bmatrix} = \begin{bmatrix} h \\ (\delta R_{S\_0})^2 \end{bmatrix} \tag{11.22}$$

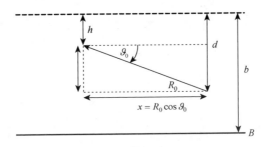

图 11.3　几何和仰角的定义（在本图中是负数）

方程（11.22）可通过标准方法求解。通过一个海面延迟和一个角度测量，即使海底深度未知，仍然可以完成声源的完整定位，因此该方法为多路径测距的首选方法[7-9]。

图 11.4 为直达声和表面反射声波路径到达角的几何形状及定义。为估计倾斜距离 R_0 和海豚深度 d，需要使用另一数据集。下一自然因素是基于海底反射的，具体如下：

$$R_B^2 - R_0^2 = 4(b-d)(b-h) \qquad (11.23)$$

对于两个未知数 R_0 和 d，现在有两个方程：

$$\begin{cases} 2(\delta R_{S\_0})R_0 + (\delta R_{S\_0})^2 = 4hd \\ 2(\delta R_{B\_0})R_0 + (\delta R_{B\_0})^2 = 4(b-d)(b-h) \end{cases} \qquad (11.24)$$

用矩阵表示法写为

$$2\begin{bmatrix} 2h & -\delta R_{S\_0} \\ 2(b-h) & -\delta R_{B\_0} \end{bmatrix}\begin{bmatrix} d \\ R_0 \end{bmatrix} = \begin{bmatrix} (\delta R_{S\_0})^2 \\ 4b(b-h) + (\delta R_{B\_0})^2 \end{bmatrix} \qquad (11.25)$$

倾斜距离 R_0 和海豚深度 d 的值可用经典方法进行求解。

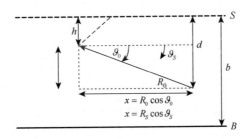

图 11.4　直达声和表面反射声波路径到达角的几何形状及定义

该解决方法要求海水深度 b 是已知的。该信息既可从海图中获取，也可在现场用回声测深仪测量得出。为从数据中估计出海水深度，还需一个附加反射延迟测量方程。例如，可选择以下三个线性方程，里面的 d 和 b 上未显示有交叉项。

$$R_S^2 - R_0^2 = 4hd \tag{11.26}$$

$$R_{BS}^2 - R_{SB}^2 + R_{SBS}^2 - R_B^2 = 16bh \tag{11.27}$$

$$R_{BS}^2 - R_B^2 = 8bh - 4hd \tag{11.28}$$

经过一些处理后，可用矩阵表示法写为

$$2\begin{bmatrix} 2h & 0 & -\delta R_{S\_0} \\ 0 & 8h & -\delta R_{BS\_SB} - \delta R_{SBS\_B} \\ -2h & 4h & -\delta R_{BS\_B} \end{bmatrix}\begin{bmatrix} d \\ b \\ R_0 \end{bmatrix}$$

$$= \begin{bmatrix} (\delta R_{BS\_B})^2 \\ (\delta R_{BS\_SB})(\delta R_{BS\_SB} + 2\delta R_{SB\_0}) + (\delta R_{SBS\_B})(\delta R_{SBS\_B} + 2\delta R_{B\_0}) \\ (\delta R_{BS\_B})(\delta R_{BS\_B} + 2\delta R_{B\_0}) \end{bmatrix} \tag{11.29}$$

该线性方程可用标准方法进行求解。方程（11.29）要求 6 个不同延时测量值，而这仅仅适用于某些情况，其实用性有一定的限制。

多路径测距要求多径存在以及水听器能够识别单个到达声，因为多径主要是由声音在边界（海面和海底）上的反射导致，检测多径到达声的存在严重依赖于整体几何结构。判断是否有明显的反射可以通过反射声的声能与直达声的声能进行比较。对于全向声发射，如声源处于海边界附近时，就可能发生；对于有指向性的声音，如回声定位嘀嗒声，声能是集中于一个方向的，假如动物朝向接收器，同时将声束指向边界、海面或海底，那么就会发生有规律的反射。一般来说，识别多种海洋边界反射是困难的，但有了额外的信息就会容易很多。据了解，深潜海豚能够接近海底觅食，对于这种海豚，尤其是水听器与海底的距离小于水听器与海面的距离（即水听器的深度）时会在海底产生早期反射。一般接近海面产生的声音会产生较早的海面反射。从原理上讲，因为第一海面反射的特征是由于水-空气界面的反射，导致信号发生 180° 相移，应可以区分第一海底反射和第一海面反射。然而，正确识别高阶反射可能会变得非常困难，并且可能需要额外的信息，如来自动物行为建模的信息。

11.2.2 基于水听器阵列的嘀嗒声定位方法

多水听器组成的阵列可以克服测量环境对单水听器定位的限制，并根据实际需要和实验条件，可以组成垂直阵列或者十字阵列，垂直阵列用于海豚的定距，十字阵列用于海豚的空间定位和轨迹追踪[10]。

垂直阵列的阵元数量可根据实际水深和实验要求设置，最少要求 3 个阵元，阵元数量增加可以提高定位的精确度。根据嘀嗒声信号的脉宽和水中的声速，为了确保信号时延间隔清晰以准确获取不同水听器接收信号的时间差，阵元间距应大于 0.5m，阵元间用硬连接以保证阵元间距稳定，阵元下方绑缚重块以保持各个阵元在一个垂直平面内。水听器线缆需绑缚在硬质连接管和连接绳上，以减小系统振动带来的噪声和误差。计算时以中心阵元为参考点，建立二维坐标系，如图 11.5（a）所示，a 为阵元间距，r_1、r_2 和 r_3 分别为中心阵元 A_1、中心阵元下方水听器 A_2 和上方水听器 A_3 与海豚的距离。

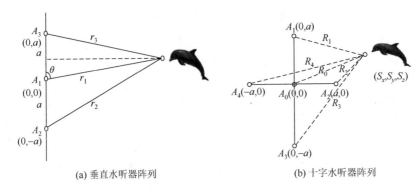

(a) 垂直水听器阵列　　　　　　　(b) 十字水听器阵列

图 11.5　垂直水听器阵列和十字水听器阵列测量定位原理

根据几何关系，可求得

$$r_1^2 \sin^2 \theta + (a + r_1 \cos \theta)^2 = (r_1 + \Delta r_3)^2 \tag{11.30}$$

$$r_1^2 \sin^2 \theta + (a - r_1 \cos \theta)^2 = (r_1 + \Delta r_2)^2 \tag{11.31}$$

联立式（11.30）和式（11.31），可得

$$\cos \theta = \frac{(\Delta r_3 - \Delta r_2)(a^2 + \Delta r_2 \Delta r_3)}{2a^3 - a(\Delta r_3^2 + \Delta r_2^2)} \tag{11.32}$$

式中，Δr_2、Δr_3 为声源到中心阵元与下方、上方水听器之间的距离差；θ 为图 11.5（a）中所示夹角。再由方程（11.31）可求得

$$r_1 = \frac{a^2 - \Delta r_2^2}{\dfrac{2(\Delta r_3 - \Delta r_2)(a^2 + \Delta r_2 \Delta r_3)}{2a^2 - (\Delta r_2^2 + \Delta r_3^2)} + 2\Delta r_2} \tag{11.33}$$

十字阵列的连接需要固定的支架保持阵列稳定，阵元之间需要硬连接以保证阵元间距。本研究的设计阵元数量为 5，并以 4 为基数增加，阵元越多，定位精度越高。相比于垂直阵列，十字阵列可以对海豚进行空间位置定位和运动轨迹追踪，但精度受到阵元间距稳定性的影响。如果测量过程中阵元间距发生变化会对

测量结果产生很大影响，因此对硬件固定的要求较高。其几何模型为：以十字阵列中心阵元为原点（0, 0, 0），阵元平面为 XY 平面建立空间坐标系，则声源点坐标为（S_x, S_y, S_z），如图 11.5（b）所示。图 11.5（b）中（S_x, S_y, S_z）为声源坐标，A_i 为水听器的序号，R_i 为声源与不同水听器的距离，设 v 为水中的声速，t_0 为海豚发声信号传输至中心阵元所需的时间，Δt_i 为同信号各阵元与中间阵元的时延，a 为阵元间距，根据距离几何关系可得以下方程组：

$$\begin{cases} S_x^2 + S_y^2 + S_z^2 = R_0^2 = v^2 t_0^2 \\ S_x^2 + (S_y - a)^2 + S_z^2 = R_1^2 = v^2 (t_0 + \Delta t_1)^2 \\ (S_x - a)^2 + S_y^2 + S_z^2 = R_2^2 = v^2 (t_0 + \Delta t_2)^2 \\ S_x^2 + (S_y + a)^2 + S_z^2 = R_3^2 = v^2 (t_0 + \Delta t_3)^2 \\ (S_x + a)^2 + S_y^2 + S_z^2 = R_4^2 = v^2 (t_0 + \Delta t_4)^2 \end{cases} \tag{11.34}$$

化简可求得

$$t_0 = \frac{2a^2 - v^2 \Delta t_2^2 - v^2 \Delta t_4^2}{2v^2 \Delta t_2 + 2v^2 \Delta t_4} = \frac{2a^2 - v^2 \Delta t_1^2 - v^2 \Delta t_3^2}{2v^2 \Delta t_1 + 2v^2 \Delta t_3} \tag{11.35}$$

则二者间的距离 $r = vt_0$，另将 t_0 代入方程（11.34），可得

$$S_x = \frac{a^2 - v^2 \Delta t_2^2 - 2v^2 t_0 \Delta t_2}{2a} = \frac{v \Delta t_4^2 - a^2 + 2v^2 t_0 \Delta t_4}{2a} \tag{11.36}$$

$$S_y = \frac{a^2 - v^2 \Delta t_1^2 - 2v^2 t_0 \Delta t_1}{2a} = \frac{v \Delta t_3^2 - a^2 + 2v^2 t_0 \Delta t_3}{2a} \tag{11.37}$$

$$S_z = \sqrt{v^2 t_0^2 - S_x^2 - S_y^2} \tag{11.38}$$

　　理论上精确定位最少需要四个非同一直线阵元的接收数据，加入第五个阵元可以很大程度简化计算过程，并且多组的计算结果间可以进行平均以减小计算误差，实验中也便于固定水听器阵列和保证系统的稳定。

11.2.3　基于三角测量的嘀嗒声定位方法

　　被动法估计声源距离中的一个经典方法是三角测量，是从不同的位置测量其与声源的方向，并估计这些方向相交的位置（图 11.6）。

　　给出两个水听器的位置 h_1 和 h_2，以及两个已测声音方向（即方位 γ_1、γ_2），高度角 β_1、β_2，则每个声音矢量可表示为

$$w_i = h_i + m_i R_i \tag{11.39}$$

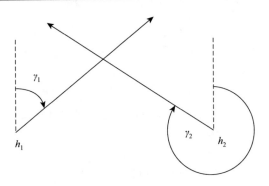

图 11.6　双矢量三角法（水平方向）

式中

$$h_i = \begin{bmatrix} x_i \\ y_i \\ z_i \end{bmatrix} \tag{11.40}$$

方位 m_i 为

$$m_i = \begin{bmatrix} \sin\gamma_i\cos\beta_i \\ \cos\gamma_i\cos\beta_i \\ \sin\beta_i \end{bmatrix} \tag{11.41}$$

根据两个矢量的交叉点定义出海豚位置，得到

$$h_2 - h_1 + \begin{bmatrix} \sin\gamma_2\cos\beta_2 \\ \cos\gamma_2\cos\beta_2 \\ \sin\beta_2 \end{bmatrix} R_2 - \begin{bmatrix} \sin\gamma_1\cos\beta_1 \\ \cos\gamma_1\cos\beta_1 \\ \sin\beta_1 \end{bmatrix} R_1 = 0 \tag{11.42}$$

通过适当倍增方程，对于 x 和 y 分量，可以得到

$$\begin{bmatrix} (x_2 - x_1)\cos\gamma_1 \\ (y_2 - y_1)\sin\gamma_1 \end{bmatrix} + \begin{bmatrix} \cos\gamma_1\sin\gamma_2\cos\beta_2 \\ \sin\gamma_1\cos\gamma_2\cos\beta_2 \end{bmatrix} R_2 - \begin{bmatrix} \cos\gamma_1\sin\gamma_1\cos\beta_1 \\ \sin\gamma_1\cos\gamma_1\cos\beta_1 \end{bmatrix} R_1 = 0 \tag{11.43}$$

在减去两个方程后，消除 R_1 的系数，得到距离估计 R_2 为

$$R_2 = \frac{(x_2 - x_1)\cos\gamma_1 - (y_2 - y_1)\sin\gamma_1}{\sin(\gamma_1 - \gamma_2)\cos\beta_2} \tag{11.44}$$

通过使用原始矢量方程中的一个方程，对海豚位置进行了估计：

$$w = h_2 + m_2 R_2 \tag{11.45}$$

这里通过第二个传感器来估计海豚位置。理论上，通过求解 R_1，可找到同一解。实际上，这一替代性方法可导致海豚的位置略微不同，这主要是三维方向估计的略微不一致性［方程（11.16）］造成的。其结果是，仅利用方向矢量的水平分量来估计距离更好，这样可确保有解；同时还因为基于真实测量的两个方向矢量在三维空间中可能不会相交，只要从水听器到海豚的方向有显著的水平分量，这种方法即在数学上可行。假如海豚接近一个水听器的上方或下方，则可以使用另一水听器作为三角测量的参考点。

以上方法在估计两个方位时均假设海豚静止。用分布的水听器阵列进行测量，然而，当某一个移动测向仪在不同时间点进行测量时，如果传感器的速度比海豚的速度明显快很多，则海豚可被认为几乎静止，这种技术仍有效。

三角测量要求被动声监测系统能够测量描述"声音传来方向"的角度，可通过定向水听器或密集排列水听器完成该测量。

11.3　本 章 小 结

对生物空间位置的定位是研究鲸豚动物的重要环节，也是海洋生物声学研究的主要应用场景之一。鲸豚动物发出嘀嗒声信号的频率很高，这种在时域与频域具有鲜明特征的信号可以用来进行鲸豚动物的定位。本章介绍的基于鲸豚嘀嗒声信号对生物的测距与测向方法涵盖了大多数的实际场景，其中，使用单水听器的测向与定位成本较低，使用水听器阵列的定位方法效果良好，计算量较小，精度更高，读者可以根据实际需求选择适合的方案。

参 考 文 献

[1]　薛睿超，杨燕明，王先艳，等. 浅水海豚三维空间定位与发声源级测量[J]. 声学学报，2021，46（1）：46-54.

[2]　Madsen P T，Wahlberg M. Recording and quantification of ultrasonic echolocation clicks from free-ranging toothed whales[J]. Deep Sea Research Part I：Ocean Ographic Research Papers，2007，54（8）：1421-1444.

[3]　Aubauer R，Lammers M O，Au W W L. One-hydrophone method of estimating distance and depth of phonating dolphins in shallow water[J]. The Journal of the Acoustical Society of America，2000，107（5）：2744-2749.

[4]　强夕竹. 游泳池溺水报警及定位系统的设计与实现[D]. 哈尔滨：哈尔滨工程大学，2017.

[5]　宁津生，吴永亭，孙大军. 长基线声学定位系统发展现状及其应用[J]. 海洋测绘，2014，34（1）：72-75.

[6]　Mao G Q，Fidan B，Anderson B D O. Wireless sensor network localization techniques[J]. Computer Networks，2007，51（10）：2529-2553.

[7]　彭宇，王丹. 无线传感器网络定位技术综述[J]. 电子测量与仪器学报，2011，25（5）：389-399.

[8]　Lin L X，So H C，Chan F K W，et al. A new constrained weighted least squares algorithm for TDOA-based localization[J]. Signal Processing，2013，93（11）：2872-2878.

[9]　高剑，徐德民，严卫生，等. 应答器未校准情况下的水下长基线定位方法研究[J]. 西北工业大学学报，2005，23（6）：754-758.

[10]　薛睿超，杨燕明，王先艳，等. 浅水海豚三维空间定位与发声源级测量[J]. 声学学报，2021，46（1）：46-54.

索　引

A

鞍点数 ……………………… 91
ARTS ……………………… 45

B

被动声呐方程 …………………… 33
本底噪声 …………………… 42
本征模态函数 …………………… 116
扁峰 …………………… 60
表面声道 …………………… 24
波束指向性函数 …………………… 6

C

残差 …………………… 141
持续时间 …………………… 85
冲激响应 …………………… 59
冲激响应函数 …………………… 22
处理增益 …………………… 59
传递函数 …………………… 23
磁致伸缩 …………………… 36
CFL …………………… 223
CTD …………………… 16

D

单目标跟踪 …………………… 151
倒谱域 …………………… 129
等相位面 …………………… 19
等效平面波混响级 …………………… 32
低压差线性稳压器 …………………… 49

电子计算机断层扫描 …………………… 5
动窗加权平均滤波 …………………… 141
动态范围 …………………… 42
端点检测 …………………… 114
短时傅里叶变换 …………………… 62
短时能量 …………………… 114
多径效应 …………………… 22
多路径测距 …………………… 230
多目标跟踪 …………………… 149
多普勒扩展 …………………… 28
多普勒频偏 …………………… 27
多普勒系数 …………………… 28
多普勒效应 …………………… 27
DFT …………………… 61
DSP …………………… 41
DTAG …………………… 45

E

二值化 …………………… 150

F

发射指向性 …………………… 30
反射 …………………… 18
非线性失真 …………………… 42
分贝 …………………… 29
分辨率 …………………… 41
分层介质模型 …………………… 20
分帧 …………………… 109
峰度 …………………… 60

峰值频率 ··96
幅频特性 ··43
傅里叶变换 ··60
覆盖率 ···156
FPGA ···41

G

概率假设密度 ···151
高斯白噪声 ··60
拐点 ··91
GPS ··49

H

亥姆霍兹-基尔霍夫积分 ·································6
汉明窗 ··75
汉宁窗 ···110
核支持向量机 ···193
亨氏单位值 ··5
互相关 ··58
环境噪声级 ··31
混合概率假设密度 ·····································151
混淆矩阵 ···179

J

极值 ··91
极坐标图 ··38
加窗 ···110
检测阈 ··32
降噪 ···111
交叉项干扰 ··74
接收灵敏度 ··36
接受者操作特征 ·······································202
经验模态分解 ···116
局部二值模式 ···172
局部最大值检测器 ·····································120

矩形窗 ···110
卷积神经网络 ···178
绝对频率梯度 ··91
绝热压缩系数 ··16

K

卡尔曼滤波 ···141
空化噪声 ··52
K-最近邻法 ··175
k-means 聚类 ······································129

L

拉格朗日乘子法 ·······································172
连续小波变换 ··65
轮廓系数 ···134
LC 谐振 ···40

M

马氏距离 ···155
脉冲间隔 ··94
锚系式 ··35
梅尔倒谱系数 ···129
模糊函数 ··99
模数转换器 ··35
目标强度 ··31
MCU ··41

N

能量谱熵比法 ···125

P

匹配滤波器 ··58
频率分辨力 ··62
频率响应曲线 ··37
频率响应特性 ··37

平滑伪维格纳分布 ·············74
平均频率误差 ···············79
谱减法 ··················111
谱轮廓 ···················61
谱熵法 ··················123
谱图平滑 ·················126

Q

气穴现象 ··················12
迁移学习 ·················180
前置放大器 ················35
球面波 ···················230
全卷积网络 ···············191
群延迟 ···················40

S

三角定位 ·················229
散射 ····················18
哨声信号 ··················61
声传播损失 ················31
声道轴 ···················26
声束 ····················234
声速 ····················16
声速剖面 ··················18
声速梯度 ·················20
声线 ····················20
声压级 ···················29
声压灵敏度 ················36
声源级 ···················30
时间分辨力 ················62
时频分辨力 ················61
时频分析 ·················58
矢量水听器 ················53
梳状滤波器 ················23
双门限 ···················114

双矢量三角法 ··············237
Snell 定律 ················21

T

特征参数聚类 ··············129
特征提取 ··················47
通用串行总线 ··············45
同步误差 ··················43
同步压缩小波变换 ············70
统计直方图 ···············174
突发脉冲 ··················4
图像正规化 ···············150
Teager 算子 ··············116

U

U 形组织脊 ················8

V

VHF ····················45

W

微调卷积神经网络 ···········180
伪维格纳分布 ··············74
稳态声场 ··················6
无源滤波器 ················40

X

希尔伯特变换 ··············74
线性判别分析 ·············171
相频特性 ··················43
信噪比 ···················42

Y

有限元模型 ················5
有效带宽 ··················97

有源滤波器 ……………………… 40

有源压控 ………………………… 48

语义分割 ………………………… 191

圆筛滤波 ………………………… 141

Z

增益带宽积 ……………………… 40

占空比 …………………………… 52

折射 ……………………………… 18

支持向量机 ……………………… 193

直流-直流转换器 ………………… 49

指数移动平均 …………………… 150

中心频率 ………………………… 97

中值滤波 ………………………… 150

主成分分析 ……………………… 129

主动声呐方程 …………………… 33

自适应阈值 ……………………… 126

自相关 …………………………… 58

自由场电压灵敏度 ……………… 36

自由无损音频压缩编码 ………… 52

最大值法 ………………………… 79

最小二乘法 ……………………… 143

彩 图

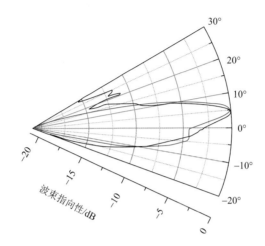

图 1.4　宽吻海豚仿真波束指向性与 Whitlow 实测数据（红色）对比

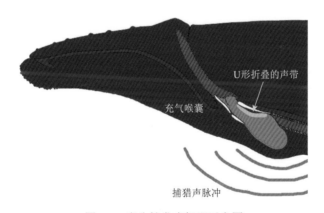

图 1.5　座头鲸发声机理示意图

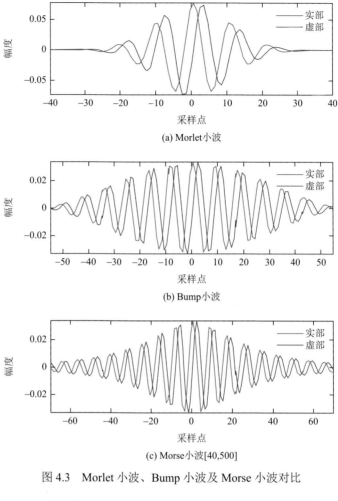

(a) Morlet小波

(b) Bump小波

(c) Morse小波[40,500]

图 4.3　Morlet 小波、Bump 小波及 Morse 小波对比

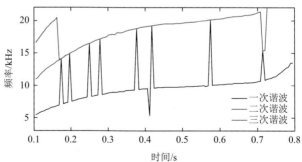

图 7.5　直接提取短时谱轮廓结果

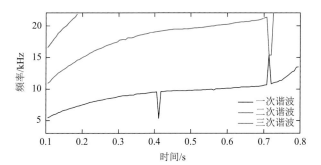

图 7.6 结合哨声特点提取短时谱轮廓结果

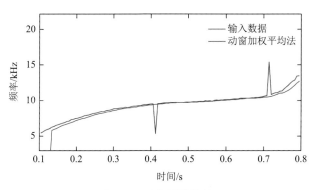

图 7.7 动窗平滑结果

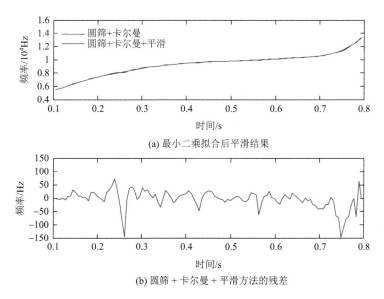

(a) 最小二乘拟合后平滑结果

(b) 圆筛 + 卡尔曼 + 平滑方法的残差

图 7.12 最小二乘拟合后平滑结果、圆筛 + 卡尔曼 + 平滑方法的残差

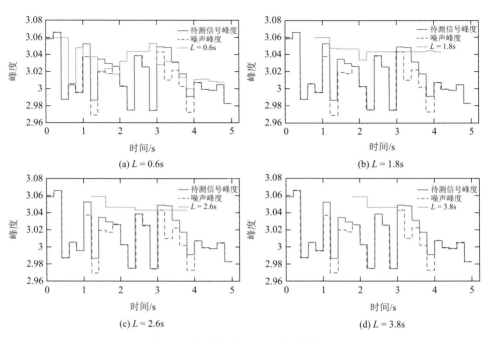

图 9.1　峰度窗长 0.2s 时的检测结果

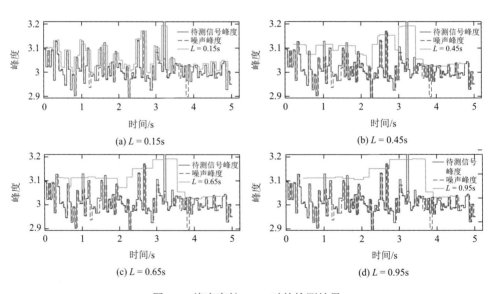

图 9.2　峰度窗长 0.05s 时的检测结果

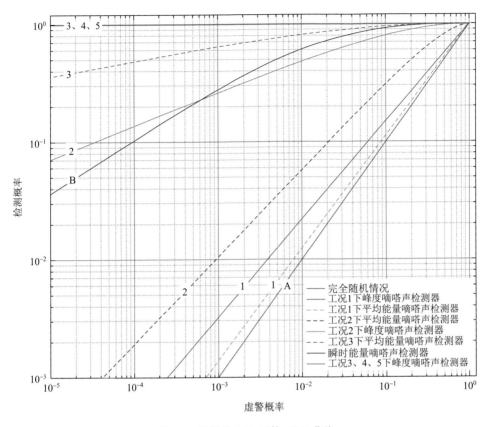

图 9.3　信噪比 9dB 下的 ROC 曲线

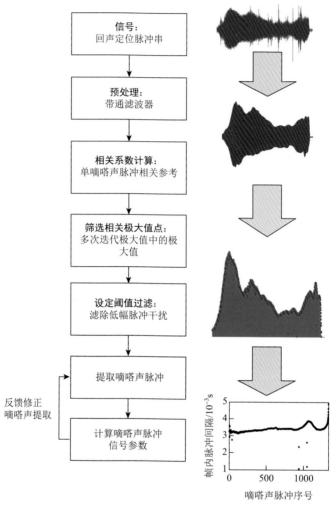

图 9.5　齿鲸回声定位脉冲内信号提取方法流程图

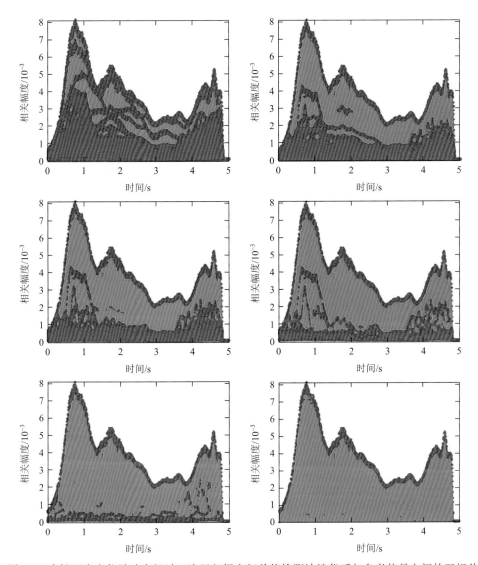

图 9.6 齿鲸回声定位脉冲串经过 6 次局部极大相关值检测法迭代后与参考信号之间的互相关
函数图

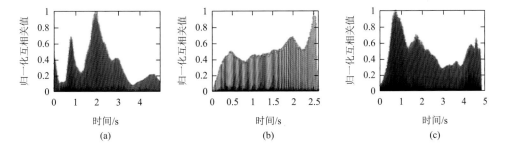

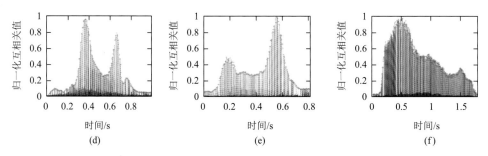

图 9.12　经过串内脉冲信号提取之后六个脉冲串的互相关函数输出

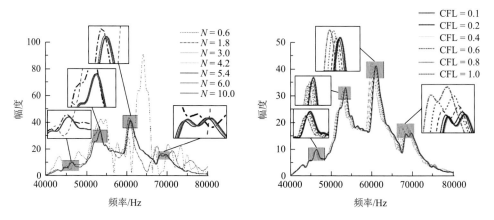

图 10.10　不同划分有限元大小与不同 CFL 情况下的目标回波收敛情况

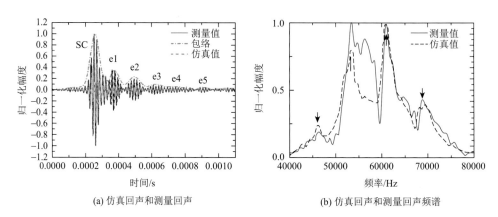

图 10.11　从厚度为 10mm 的不锈钢壳采集到的背向散射回波